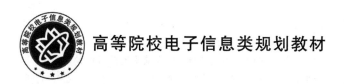

高等院校电子信息类规划教材

现代光学实验教程

（第 2 版）

王仕璠　刘　艺　余学才　张　静 编著

北京邮电大学出版社
www.buptpress.com

内 容 简 介

本书系统介绍了现代光学实验(重点是信息光学实验)的相关实验课题,内容涉及激光器参数测量、全息照相和显示、全息光学元件、全息信息存储、全息干涉计量、激光散斑计量、空间滤波与光学信息处理、数字全息、光电混合光信息综合处理、光电子技术等共 51 个实验,其中部分实验是为培养研究生的实验技能而设计的。

本书的读者对象为光学、光电信息科学与工程、应用物理、光学仪器、光学工程等专业的高年级本科生和研究生,也可供相关专业的工程技术人员和高校教师参考。

图书在版编目(CIP)数据

现代光学实验教程 / 王仕璠等编著 . -- 2 版 . -- 北京:北京邮电大学出版社,2023.3
ISBN 978-7-5635-6805-5

Ⅰ.①现… Ⅱ.①王… Ⅲ.①光学—实验—高等学校—教材 Ⅳ.①O43-33

中国版本图书馆 CIP 数据核字(2022)第 222262 号

策划编辑:马晓仟　**责任编辑:**王晓丹　左佳灵　**责任校对:**张会良　**封面设计:**七星博纳

出版发行:北京邮电大学出版社
社　　址:北京市海淀区西土城路 10 号
邮政编码:100876
发 行 部:电话:010-62282185　传真:010-62283578
E-mail: publish@bupt.edu.cn
经　　销:各地新华书店
印　　刷:保定市中画美凯印刷有限公司
开　　本:787 mm×1 092 mm　1/16
印　　张:17.25
字　　数:447 千字
版　　次:2004 年 8 月第 1 版　　2023 年 3 月第 2 版
印　　次:2023 年 3 月第 1 次印刷

ISBN 978-7-5635-6805-5　　　　　　　　　　　　　　　　　　　　**定价:46.00 元**

第 2 版前言

《现代光学实验教程》一书自 2004 年 8 月出版以来,已经历了 18 年时间,其间科技发展迅速,教学方面也出现了许多新变化,新的实验课题不断涌现。为了适应新的形势,实验教学也必须赶上去。为此,近些年来,我们在现代光学实验教学方面做了一些新的探索,为学生开设了一系列新实验。现将这些新实验列在本书中,供各教学单位选用。

本书除对原有实验项目做了一些必要的修改外,重点增加了第 8 章"数字全息"和第 9 章"光电混合光信息综合处理",分别由张静副教授和刘艺副教授执笔。此外,在实验 2-2"像全息图与一步彩虹全息图"中,给出了成像设置的一种新技巧,可提高物像亮度;在实验 2-3"二步彩虹全息图"后,新增了实验 2-4"预置狭缝的高亮度二步彩虹主全息图记录",该方法可有效地提高二步彩虹全息图所记录的物像的亮度。这些都是由刘艺副教授补充的。这样一来,就使实验由原来的 34 个增加到了现在的 51 个。另外,在第 5 章"全息干涉计量"的各实验中,除原有的扩展 Basic 程序外,在每个实验后又增加了 MATLAB 程序,以便读者参考。

衷心感谢北京邮电大学出版社对本书出版给予的支持,也衷心感谢电子科技大学研究生院和教务处对作者们在长期教学中的支持、帮助和鼓励!

由于作者水平有限,书中错误之处在所难免,恳切期望读者批评指正。

作者谨识
2021 年 10 月
于电子科技大学

第 1 版前言

近 20 年来，我们陆续为我校应用物理、光电子技术、光学、光学工程等专业的高年级本科生和研究生开设了"现代光学实验""光电子技术实验"等课程，同时也为研究生的实验技能培养设计了一些综合实验（这部分实验大多是通过我们的科研成果转化而来的）。为此，我们曾数次编写了相关的实验讲义，取得了良好的效果。部分实验内容曾在一些兄弟院校做过交流，也接受过兄弟院校的访问学者来校进修。1996 年冬天还受教育部外资贷款办公室委托，利用世界银行贷款在我校举办了"师范教育发展项目"实验仪器使用与维修技术培训班。本教程中的部分实验课题也曾在这个培训班上讲授并演示，引起了来自全国 80 余所高校教师的兴趣。

众所周知，科学实验是自然科学的根本，是工程技术的基础，大量重要的发现来源于实验和对自然的观察。为了在教学中进一步加强对学生（包括本科生和研究生）实验技能的培养，我们在多年从事实验教学的基础上编写了这本实验教程，希望能对当前比较薄弱的实验教学环节起一点促进作用。

本书编写分工如下：王仕璠教授撰写实验 2-4,2-5,2-7,3-1,4-1,4-2,5-1,5-2,5-3,5-4,6-1,6-2,6-3,7-1,7-2,7-3,7-5,7-6,7-7 及附录；刘艺副教授撰写实验 1-3,2-1,2-2,2-3,2-6,3-2,3-3,6-4,7-4；余学才副教授撰写实验 1-1,1-2,8-1,8-2,8-3,8-4。全书由王仕璠教授任主编，并负责统稿及全书的最后审校、定稿。

衷心感谢北京邮电大学出版社对本书出版给予的支持；也衷心感谢电子科技大学研究生院和教务处对编者们在长期教学中的支持、帮助和鼓励！研究生王刚、韩振海、刘秋武、向根祥等帮助查阅了部分参考文献资料，在此，作者也向他们表示衷心的感谢！

由于我们的水平有限，书中错误之处在所难免，恳切期望读者批评指正。

作者谨识
2004 年 6 月
于电子科技大学

目　　录

第1章　激光器参数测量

激光器是现代光学设备中最常用的一种光源。激光束所具备的特性是自然光和其他光无法比拟的。就其光的空间分布而言,激光的定向性比任何其他光都强,而其频谱宽度也比任何其他光都窄,单色性极好;就相干性而言,它是最好的相干光,具有很好的时间相干性和空间相间性。

本章讨论激光器的基本参数及其测量方法,为后面的实验打下基础。

实验 1-1　He-Ne 激光器的增益系数测量

【实验目的】
(1) 了解激光器的结构、特性、工作条件和工作原理。
(2) 掌握外腔式激光器调整的原理和技巧。
(3) 验证激光器的输出功率公式。
(4) 利用可变输出镜法测量激光器增益系数。

【实验原理】
在半内腔式 He-Ne 激光器内放一玻璃平板分光片(见图 1-1-1),该分光片与谐振腔轴线成某交角。在满足振荡条件时,分光片两边有一定功率的激光输出。

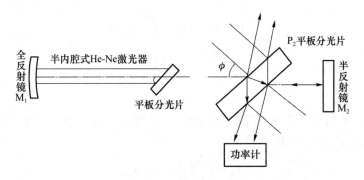

图 1-1-1　可变输出镜法测量激光器透射率原理图

分光片每个表面对光的反射率 R_ϕ 是入射角 ϕ 的函数。由菲涅耳公式得到

$$R_\phi = \frac{\tan^2\left[\phi - \arcsin\dfrac{\sin\phi}{n}\right]}{\tan^2\left[\phi + \arcsin\dfrac{\sin\phi}{n}\right]} \tag{1-1-1}$$

实验用的平板分光片材料为 K1 玻璃,其折射率 $n=1.52$。

不考虑分光片本身的吸收和散射,且在较大入射角的斜入射情况下,平行于平面玻璃的两个面之间将产生激光的多次反射和透射(见图 1-1-2),总反射系数为

$$R_{\text{total}} = R_\phi + R_\phi(1-R_\phi)^2 + R_\phi^3(1-R_\phi)^2 + R_\phi^5(1-R_\phi)^2 + \cdots$$

$$= 2R_\phi(1-R_\phi+R_\phi^2-R_\phi^3+R_\phi^4-R_\phi^5+\cdots) = \frac{2R_\phi}{1+R_\phi} \tag{1-1-2}$$

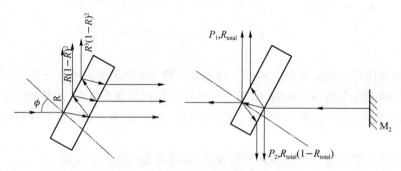

图 1-1-2　激光束发生多次反射与透射的图示

激光在腔内来回一次,在分光片两个表面所反射的光强与入射光强之比称为分光片的输出率 T,即

$$T = |R_{\text{total}} + R_{\text{total}}(1-R_{\text{total}})| = \frac{4R_\phi}{(1+R_\phi)^2} = 1 - \left(\frac{1-R_\phi}{1+R_\phi}\right)^2 \tag{1-1-3}$$

分光片的输出率可视为激光器输出窗的透射率。若入射角 φ 连续变化,则该分光片将起到一个反射率可变的平面耦合输出镜的作用。

现定义 α 为激光腔除输出率之外往返一次的光学损耗,称为内损耗;令 L 为激活介质的长度,g_0 为小信号增益系数,P_{out} 为耦合输出功率,P_s 为饱和功率。移动半反射镜可改变激光器的腔长。理论分析表明:当 He-Ne 激光管较长时,其纵模间隔的宽度会小于由碰撞加宽等因素引起的均匀加宽宽度,此时其增益饱和可以用均匀加宽方法来近似处理,则激光器的输出功率为

$$P_{\text{out}} = P_s T\left(\frac{2g_0 L}{\alpha + T} - 1\right) \tag{1-1-4}$$

当 T 为最佳输出率 T_{opt} 时,P_{out} 最大。由 $\dfrac{\mathrm{d}P_{\text{out}}}{\mathrm{d}T}=0$ 得

$$T_{\text{opt}} = [\alpha(2g_0 L)]^{\frac{1}{2}} - \alpha \tag{1-1-5}$$

旋转分光片,增加输出率 T,使腔内总损耗 $\alpha+T$ 增加。定义激光刚熄灭时的输出率为阈值输出率 T_g,则式(1-1-4)可转化为

$$T_g P_s\left(\frac{2g_0 L}{\alpha + T_g} - 1\right) = 0$$

即

$$2g_0 L = \alpha + T_g \tag{1-1-6}$$

联解式(1-1-5)和(1-1-6)，得

$$2g_0L = \frac{(T_g - T_{opt})^2}{T_g - 2T_{opt}} \tag{1-1-7}$$

通过旋转平面分光片，即可在不同的入射条件下测量分光片的输出功率值，记录输出功率最大时的入射角，以求出最佳输出率 T_{opt}，再测得阈值输出率 T_g，便由式(1-1-7)可得到该激光器的增益 $2g_0L$。

还可采用图解法求得腔内损耗 α 及饱和光强 I_s。由式(1-1-4)得

$$T^2 - \left(2g_0L - \alpha - \frac{P_{out}}{P_s}\right)T + \frac{P_{out}\alpha}{P_s} = 0 \tag{1-1-8}$$

这是一个关于 T 的一元二次方程，可解得两个根 T_1 和 T_2。由根与系数的关系，可得

$$T_1 + T_2 = 2g_0L - \alpha = \frac{P_{out}}{P_s} \tag{1-1-9}$$

$$T_1 T_2 = \frac{P_{out}\alpha}{P_s} \tag{1-1-10}$$

再由式(1-1-9)和式(1-1-10)联解得

$$T_1 T_2 + \alpha(T_1 + T_2) - \alpha(2g_0L - \alpha) = 0 \tag{1-1-11a}$$

或

$$(T_1 + T_2) + \frac{1}{\alpha}T_1 T_2 - (2g_0L - \alpha) = 0 \tag{1-1-11b}$$

可以看出，式(1-1-11)是关于 $T_1 + T_2$ 与 $T_1 T_2$ 的直线方程。因此用 $T_1 + T_2$ 对 $T_1 T_2$ 作图(见图 1-1-3)，再根据直线的斜率 K_2 可决定损耗 α，由直线截距可以求出增益系数 g_0。

$$\alpha = \frac{1}{K_2}$$

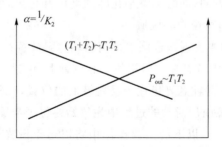

图 1-1-3　$T_1 + T_2$ 与 P_{out} 对 $T_1 T_2$ 的关系

令 $T_1 T_2 = 0$，得 $T_1 + T_2$ 轴上的截距为 $2g_0L - \alpha$。

从式(1-1-10)还可得

$$P_{out} = \frac{P_s}{\alpha}T_1 T_2 = K_2 T_1 T_2 P_s \tag{1-1-12}$$

于是，用 P_{out} 对 $T_1 T_2$ 作图，从直线斜率可求得饱和功率 P_s，再根据式(1-1-13)便可得到饱和光强 I_s：

$$I_s = \frac{1.26P_s}{\pi W_0^2} \tag{1-1-13}$$

式中：W_0 为高斯光束的束腰半径。

相对于每一个输出功率 P_{out}，均可在最佳透射率两侧找到对应的两个输出率 T_1 和 T_2。

对于稳定平凹腔,在平面镜上的光斑半径为

$$W_0 = \sqrt{\frac{\lambda}{\pi}} \left[L(R-L) \right]^{\frac{1}{2}} \qquad (1-1-14)$$

式中:L 为腔长,R 为凹镜曲率半径。

【实验步骤】

本实验的核心是 He-Ne 激光器,它是一种半内腔式结构。激光器的一个全反射镜与毛细管、储气套等做成一体,并将全反射镜与毛细管调至垂直,而另一个半反射镜则被安装在一个精密的二维调整架上,可灵活移动。

1. 激光器的调整

实验装置如图 1-1-4 所示。调整 He-Ne 激光器中半反射镜的相对位置,只有当谐振腔的两个反射镜与激光器毛细管垂直时,才有可能产生激光。本实验采用 LD 激光作为基准,用自准直的方法使激光谐振腔达到谐振,产生 He-Ne 激光。其调整过程如下。

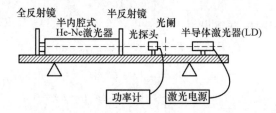

图 1-1-4　实验装置图

(1) 打开激光器及功率指示计电源,LD 发出激光。

(2) 松开激光管调整架上的 6 个调整螺钉,使激光管处于自由悬挂状态。

(3) 调整 LD 的高度和方向,同时调整小孔屏的高度和位置,使通过小孔的 LD 激光束可打在 He-Ne 激光管的布儒斯特窗中心区域。

(4) 将 He-Ne 激光器的半反射镜连同二维精密调整架放置在 He-Ne 激光器前的滑块上,调整反射镜架的高度使激光大致打在反射镜的中心位置上,锁紧反射镜架。

(5) 前后滑动半反射镜,并注意光斑在半反射镜上的位置,反复调整 LD 和小孔屏(光阑)的方向和位置,使在半反射镜前后滑动的过程中光斑始终位于半反射镜膜片的中心区域,这时 LD 激光束基本上与导轨平行。以下的实验操作中将以这条激光束为基准来调整谐振腔,即在实验过程中这个基准不再变动。

(6) 取下 He-Ne 激光器半反射镜,这时 LD 激光束又会落在 He-Ne 激光器的布儒斯特窗上,通过激光器的玻璃外壳会看到这束 LD 激光是否进入了毛细管(这时 He-Ne 激光器光源应处于"关"状态,以便于观察)。调整布儒斯特窗这端的二维调整架,使 LD 光束进入毛细管,这时在小孔屏上可以看见从 He-Ne 激光器的另一个反射镜反射回来的光,一般为圆环形。调整设备尽量使之明亮。

(7) 调整 He-Ne 激光器全反射镜的二维调整架,小孔屏上反射光的强度和形状也随之变化,尽量使这个环形光斑变小、变强并成为一个亮点。

(8) 反复调整 He-Ne 激光器前后的两个二维调整架,使反射到小孔屏的亮点尽可能对称、明亮,并重合于小孔,此时可认为毛细管基本与 LD 激光束(基准)相重合,全反射镜与 LD 激光束垂直。

（9）将步骤（6）中取下的半反射镜重新放回导轨上，调整高度使 LD 光斑落在膜片的中心位置。

（10）调整半反射镜架上的两个精密调整螺钉，使该半反射镜反射回小孔屏上的光斑落于小孔中心。

（11）用脱脂棉和丙酮擦拭布儒斯特窗。

（12）打开 He-Ne 激光电源，调整电流到 5.5 mA 左右（不可过大以免损坏激光管和电源），这时应有 He-Ne 激光输出。如果没有，那么仔细调整半反射镜架上的两个精密调整螺钉，直到有 He-Ne 激光输出为止。

（13）将功率计探头放入光路，探测 He-Ne 激光器的输出功率。反复仔细地调整半反射镜上的两个精密调整螺钉，以使功率达到最大。

调整激光器中的注意事项如下：

① 绝对避免激光束直射人眼，只能从侧面观察激光散斑；

② 激光管阳极有几千伏的高压，注意不要碰触电极；

③ 激光器的膜片是非常易损的光学元件，绝对避免触、摸、碰、刮。

2. 测量腔长与激光功率、横模、束腰、发散角的关系

（1）用功率指示计测量其最大功率。用显示屏在全反射端一定距离处（2～3 m）观察光斑的大小和形状。光斑的大小反映了发散角的大小，光斑的形状即为激光的横模。观察半反射镜上的光斑（束腰）大小。

（2）松开半反射镜架滑块上的螺钉，移动反射镜，在适当位置重新锁紧，以改变谐振腔的腔长和腔型。重复 1 中（9）、（10）、（12）的必要步骤，重复 2 中（1）的测量和观察步骤，以了解、掌握这些参数的变化规律。

3. 激光增益的测量

（1）将半反射镜放在布儒斯特窗前 10 cm 处，调出激光。

（2）将分光片表面擦净，放入旋转平台上的镜片架并插入腔外光路，用功率指示计监测功率。

（3）调整两个水平调整螺钉和旋转平台，使激光功率最大。

（4）将分光片表面擦净，放入旋转平台上的镜片架并插入腔内光路，仔细调整激光谐振腔和分光片，使分光片转轴与激光束和布儒斯特窗法线相垂直，使输出功率达到最大。

（5）仔细调整旋转平台，使激光正好消失，这时损耗与激光增益相当。

（6）连同滑块一起取下分光片，放置在腔外光路中，测出损耗，即得到需要的激光增益。

【思考题】

（1）将分光片旋转到与激光束相垂直的位置上，并读出转台的角度读数，此时反射镜入射角 $\phi = 0$。注意观察在入射角等于或近于零时激光强度有什么变化？为什么会发生这种变化？怎样确定分光片与激光束相垂直的确切位置？

（2）讨论在垂直入射和近于垂直入射时所观察到的现象并解释之。

【实验仪器】

光学实验导轨	1 个	小孔屏	1 个
LD 激光准直光源	1 个	二维反射镜架	1 台
半内腔式 He-Ne 激光管	1 只	分光片（增益测量组件）	1 个
激光电源	1 个	激光管调整架	1 台
激光功率计	1 台		

参 考 文 献

[1-1-1]　郭永康,鲍培谛.光学教程[M].成都:四川大学出版社,2001.

[1-1-2]　周炳琨,高以智,陈倜嵘,等.激光原理[M].北京:国防工业出版社,2000.

实验 1-2　He-Ne 激光器的模式分析

【实验目的】

(1) 观察 He-Ne 激光器的输出频谱。

(2) 了解 F-P 扫描干涉仪的结构和性能,掌握它的使用方法,测量干涉仪的性能指标。

(3) 利用 F-P 扫描干涉仪测量 He-Ne 激光的纵模间距和横模间距。

【实验原理】

1. He-Ne 激光器的模式结构

激光器的谐振腔具有无数个固有的、分立的谐振频率。不同的谐振模式具有不同的光场分布。光腔的模式可以分解为纵模和横模,它们分别代表光腔模式的纵向光场分布和横向光场分布。用模指数 m,p,q 可标示它们不同的模式。

由无源谐振腔理论得到 m,p,q 模式的频率为

$$\nu_{mpq} = \frac{c}{4nL}\left\{2q + \frac{2}{\pi}(m+p+1)\arccos\left[\left(1-\frac{L}{R_1}\right)\left(1-\frac{L}{R_2}\right)\right]\right\} \tag{1-2-1}$$

式中:n 为介质折射率;c 为真空中的光速;L 为腔长;R_1 和 R_2 分别为谐振腔两个反射镜的曲率半径;q 为纵模指数,一般为很大的正整数;m,p 为横模指数,一般为 0,1,2,…。当 $m=p=0$ 时称为基横模,其对应光场分布在光腔轴线上的振幅最大,从中心到边缘振幅逐渐减小;当 m 或 $p\neq0$ 时,称为高阶横模。

不同阶横模(m,p 不同)有不同的横向(垂直于谐振腔轴线方向)光强和频率分布,从光斑图样可以了解不同阶横模之间强度分布的差异,图 1-2-1 为强度分布的实例,但不同阶横模所对应的振荡频率亦有差异,人们正是利用它来分析横模结构的。

由式(1-2-1)可知,当 m,p 相同时,即对于同一阶横模,相邻纵模间隔是等间距的,其频率差为

$$\nu_{mp(q+1)} - \nu_{mpq} = \frac{c}{2nL} \tag{1-2-2}$$

对于纵模阶次相同的模式,横模阶次越高,谐振频率越高,不同阶横模间的频率间隔为

$$\nu_{mp'q'} - \nu_{mpq} = \frac{c}{4nL}\left\{(\Delta m+\Delta p)\frac{2}{\pi}\arccos\left[\left(1-\frac{L}{R_1}\right)\left(1-\frac{L}{R_2}\right)\right]\right\} \tag{1-2-3}$$

式中:$\Delta m = m'-m$;$\Delta p = p'-p$。

当 $L=R_1=R_2$ 时,谐振腔为共焦腔,如图 1-2-2 所示。这时,不同阶横模间的频率间隔为

$$\Delta\nu_{mp,m'p'} = \frac{c}{4nL}(\Delta m+\Delta p) \tag{1-2-4}$$

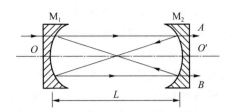

图 1-2-1　横模光斑举例　　　　　　图 1-2-2　共焦腔结构示意图

不同纵模（即 q 值不同）虽对应不同的纵向（沿腔轴线方向）光强分布，但由于不同纵模光强分布差异极小，从光斑图样无法分辨，因此只能根据不同纵模对应不同频率这一点来分析激光束的纵模结构。

设某个纵模的频率为

$$\nu_q = \frac{c}{2nL} q \tag{1-2-5}$$

则不同纵模间的频率差为

$$\Delta\nu_{q,q+\Delta q} = \frac{c}{2nL} \Delta q \tag{1-2-6}$$

由式（1-2-4）可知，当横模阶数的变化（Δm 或 Δn）为 2 时，两相邻横模间的频率差等于 $\frac{c}{2nL}$，另外，由式（1-2-6）可知，这时两相邻纵模间的频率差等于 $\frac{c}{2nL}$，即这时共焦腔的横模和纵模发生了简并，其简并情况如图 1-2-3 所示。

由于各种因素可能引起谱线加宽，使激光介质的增益系数有一定的频率分布，如图 1-2-4(a) 所示，该曲线称为增益曲线。He-Ne 激光器是以多普勒增宽为主的激光器，只有频率落在工作物质增益曲线范围内并满足激光器阈值条件的那些模式才能形成激光，如图 1-2-4(b) 所示。例如，300 mm 的 He-Ne 激光管的输出光中可出现 3 个频率（$\nu_{q-1}, \nu_q, \nu_{q+1}$），即出现 3 个纵模。

显然 L 越大，$\Delta\nu_q$ 越小，因而同样的荧光线宽中可出现的纵模数越多。

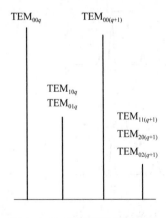

图 1-2-3　横模和纵模的简并

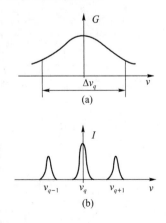

图 1-2-4　激光的纵模

2. 共焦球面扫描干涉仪工作原理

本实验所用的共焦球面扫描干涉仪是由两块镀有高反射膜且曲率半径相同的凹面反射镜

组成的,它们共轴放置,其间的距离等于它们的曲率半径 $L=R_1=R_2$,构成一共焦系统。当波长为 λ 的光束入射到干涉仪内时,在干涉仪内走 X 形路径,如图 1-2-2 所示,光经过 4 次反射后与原入射光重合,其光程差 $\Delta=4L$,光线每走一个来回经过一次点 A 或点 B,就有一部分光强透射出去,形成透射光束,如果透射的相邻两束光程差是波长的整数倍,即满足 $4L=K\lambda$(K 为整数),则透射光束相干叠加产生光强极大值。

当固定干涉仪的腔长和介质的折射率时,其透射光波长是分立的。如果改变干涉仪的腔长和介质的折射率,那么可改变其透射光波长。本实验中使用的扫描干涉仪是通过连续改变腔长而实现对透射光波长进行扫描的。干涉仪的一个反射镜 M_1 固定不动,另一反射镜 M_2 与一压电陶瓷环相连,压电陶瓷环在 OO' 方向上的长度变化量与所加电压成正比。设在某电压作用下,压电陶瓷环长度微小的变化使干涉仪腔长由 L 变为 L',透射光波长变为 λ',则当 $4L'=K\lambda'$ 时,透射光束将产生干涉极大值。如果用锯齿电压加在压电陶瓷环上,那么干涉仪的腔长将产生连续的周期变化,透射光波长也将产生相应的连续变化。

实验装置图如图 1-2-5 所示,用光电二极管接收透过干涉仪的光信号,其输出的电信号经放大后送到示波器的 y 轴输入端,同时将驱动压电陶瓷环的锯齿电压送到示波器的 x 轴输入端,则示波器的横向扫描与干涉仪的腔长扫描同步,示波器的横向坐标是干涉仪的频率变化,在示波器的荧光屏上就可以得到激光模式的频率谱。共焦球面干涉仪的透射谱如图 1-2-6 所示。

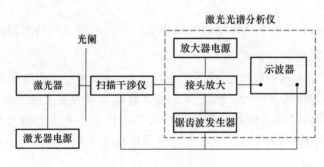

图 1-2-5　实验装置图

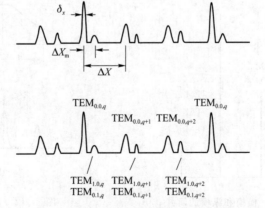

图 1-2-6　示波器上显示的激光频谱

像其他干涉仪一样,共焦球面扫描干涉仪有以下几个重要性能指标。

（1）自由光谱区 $\Delta\nu_F$：表示扫描干涉仪腔长变化四分之一波长（相邻透射峰的波长差）时所对应的透射波长或频率的变化量，它决定了扫描干涉仪能够测量的不发生干涉级次重叠的最大波长差或频率差，即

$$\Delta\nu_F=\frac{c}{4nL} \text{ 或 } \Delta\lambda_F=\frac{\lambda^2}{4nL} \tag{1-2-7}$$

（2）有效精细常数 N_e：表征自由光谱范围内能分辨的最大谱线数目。

$$N_e=\frac{\Delta\nu_F}{\delta\nu} \tag{1-2-8}$$

式中：$\delta\nu$ 是仪器带宽（横的频率半宽），代表干涉仪透射谱线的半宽度。

本实验可以测定干涉仪的仪器带宽 $\delta\nu$，进而计算出 N_e，具体的方法是取两个相距比较近且频率间隔已知的模谱 $\Delta\nu_1$，测出间距 ΔX_1 和单个模谱的半宽度 δx，于是有

$$\delta\nu=\frac{\delta x}{\Delta X_1}\Delta\nu_1 \tag{1-2-9}$$

$$\Delta\nu=\frac{\Delta X}{\Delta X_F}\Delta\nu_F \tag{1-2-10}$$

鉴别纵横模，确定自由光谱区 $\Delta\nu_F$ 所对应的荧光屏上的距离 ΔX_F，选定两个较大而相邻的透射谱线测定它们之间的距离，并算出它们之间的频率间隔，将其与式（1-2-6）算出的纵模间隔比较，从而确定各个纵模，余下的位于一个自由光谱区的模必定为高阶横模。在确定它们的阶次时，首先测出横模频率间隔与纵模频率间隔之比，然后由式（1-2-3）和式（1-2-6）算出 $\Delta\nu_{mn,m'n'}$ 和 $\Delta\nu_{q,q+\Delta q}$ 之比，与实验值比较，可估算出横模的阶次。

【实验步骤】

（1）接通 He-Ne 激光器电源使激光器正常工作，进行激光器与干涉仪的初步准直工作。

（2）熟悉激光光谱分析仪各旋钮的作用。

（3）用一台已知腔长（纵模间隔已知）的 He-Ne 激光器标定扫描干涉仪的自由光谱范围。

（4）测出 ΔX_F，ΔX_1 和 δx，计算干涉仪的有效精细常数 N_e。

（5）利用扫描干涉仪分析两支激光管输出激光的模式，区别哪些谱线属于同一纵模，哪些谱线属于不同横模，分别测出纵模间距和横模间距，并与理论值比较。

【实验仪器】

光学实验导轨	1 个	放大器电源	1 个
半内腔式 He-Ne 激光管	1 支	锯齿波发生器	1 台
激光电源	1 个	示波器	1 台
扫描干涉仪	1 台	小孔屏	1 个
光电接收器	1 台	激光管调整架	1 台
放大器	1 个		

参 考 文 献

[1-2-1]　周炳琨,高以智,陈倜嵘,等.激光原理[M].北京:国防工业出版社,2000.

实验 1-3　迈克耳孙干涉仪和马赫-曾德尔干涉仪

迈克耳孙干涉仪和马赫-曾德尔干涉仪是两种基本又典型的干涉仪。现代光学的许多实验都是以这两种干涉仪的光路为基础的。通过对迈克耳孙干涉仪和马赫-曾德尔干涉仪的各个元部件的拼搭、调节和使用,既可初步训练光路调整的技能,又可以测量一些相关参数,如实验台的防震性能、激光器的相干长度等,还可以为进一步的实验光路搭建奠定一定的基础;同时,细心体会这两种干涉仪光路的巧妙设计和其在精确测量方面的多种应用,可以对光学实验方案的设计有新的思索和探究。

【实验目的】

(1)熟悉两种干涉仪的工作原理,并通过搭建光路,掌握两种干涉仪光路的调整方法。

(2)观察双光束干涉现象并据此观察光学平台防震性能对干涉条纹的影响。

(3)改变干涉仪两光臂之一的长度,测量所用激光器的相干长度。

【实验原理】

1. 迈克耳孙干涉仪

迈克耳孙干涉仪是用分振幅法产生双光束干涉的仪器。它由一个半反半透分束镜和两个彼此垂直的平面镜组成,分束镜等分两反光镜 M_1 和 M_2 的夹角,其工作原理示意图如图 1-3-1 所示。激光光源 S 发出的光束经分束镜 BS 分解为振幅相等的反射光 O_1 和透射光 O_2;光束 O_1 经平面反射镜 M_1 反射后折回再透过分束镜 BS 到扩束镜 L;光束 O_2 通过与 BS 厚度、角度和折射率均一致的补偿板 G 后入射到平面反射镜 M_2,然后经 M_2 反射折回通过 G 到分束镜 BS,BS 上的半反射膜将光部分地反射到扩束镜 L。由于 O_1 和 O_2 是相干光,因此在屏 P 处发生干涉形成干涉图样。由于补偿镜 G 的存在,系统的两光臂可以在近似相等时,通过调节补偿镜的角度实现光束 O_1 和 O_2 的光程差为零。

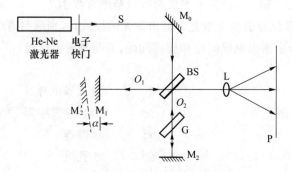

图 1-3-1　迈克耳孙干涉仪的光路设置

沿光轴移动反射镜 M_1 或 M_2,可以调节两光路的光程差,以获得最佳的条纹对比度,调节反射镜 M_1 或 M_2,使其做水平旋转,可改变干涉条纹的疏密。干涉条纹可看成是由 M_2 对分束镜 BS 所成的虚像 M_2' 和反射镜 M_1 形成的空气隙产生的。由于入射的是未经扩束的细激光束,且光学元件是由实验者在实验台上自行摆放的,很难保证反射镜 M_1 和 M_2 绝对垂直,即 M_1 和 M_2' 间有一定倾角,故得到的干涉条纹是等厚条纹。它是一组平行等距的直线条纹,条纹间距为 $\frac{\lambda}{2\alpha}$,其中 α 为 M_1 与 M_2' 间的夹角,此角度很小。

2. 马赫-曾德尔干涉仪

马赫-曾德尔干涉仪的光路如图1-3-2所示,它是一种呈四边形光路分布的干涉仪。激光束经扩束镜 L_0 和准直镜 L_1 组成的聚焦系统产生平行光,此平行光束在半反半透分束镜 BS_1 上被分成两束,各自被平面反射镜 M_1 和 M_2 反射后,重新聚集在半透半反分束镜 BS_2 上,分别经透射、反射构成叠合的相干光束。一般在使用时,首先把其中一块分束镜稍微倾斜,使视场内出现为数不多的几条直条纹,然后在其中任一支光路中插入被测介质,从干涉条纹的变化来判断其光学性质。即光路2的平面波面 M_2 与光路1在光路2中的虚平面波面 M_1' 形成等厚干涉,在屏 P 处观察到明暗相间的干涉条纹图。若 M_2 上的点到 M_1' 的垂直距离为 h ,则两光束的相位差为

$$\delta = \frac{2\pi}{\lambda}nh \tag{1-3-1}$$

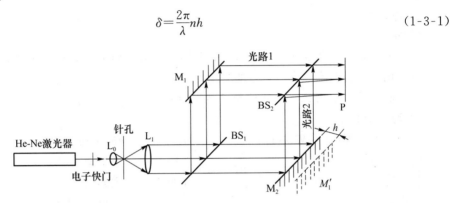

图1-3-2 马赫-曾德尔干涉仪光路

马赫-曾德尔干涉仪的特点是两光束分得很开,光束只经过被测介质一次,而迈克耳孙干涉仪中光束将来回两次通过被测介质,因此马赫-曾德尔干涉仪特别适用于研究被测介质相关状态的变化(如折射率、密度等)。

【实验步骤】

1. 迈克耳孙干涉仪光路的设置

(1) 按图1-3-1所示搭建迈克耳孙干涉仪光路,由于使用激光作为光源,因此光路中不必放置补偿镜 G。从分束镜位置开始,确定两光束的光程基本相等。

注意应使光束的光轴与台面平行,且两细激光束 O_1、O_2 叠合良好。这里的关键并不是分束镜 BS 的角度要与入射光束和反射光束严格成45°(严格确定角度不太容易),而是两反射镜 M_1 和 M_2 须严格垂直于其入射光束,使反射光束沿原入射方向反射,这样就能保证细激光束 O_1、O_2 最终能够良好地叠合。

(2) 在光路中置入扩束镜 L,使其光轴与叠合后的细激光束重合。在屏 P 上观察等厚干涉条纹。稍微旋转 M_1 或 M_2,使两光束在水平方向稍微分开和合拢,观察垂直方向的平行条纹间距的变化。

(3) 固定光路中的各光学元件,用手轻压光学平台台面,观察干涉条纹的变化;再用手轻敲光学平台台面,观察干涉条纹的跳动,并从恢复时间来估计防震台的稳定性。

(4) 在 M_1 或 M_2 的光路中插入一块普通玻璃,玻璃面与细光束垂直。慢慢转动玻璃,观察并解释条纹的移动;再将玻璃转动一定的角度,记录条纹的移动数目,并估计玻璃的厚度。

(5) 固定 M_1,记录下 M_2 的初始位置,将 M_2 沿光束方向向后逐渐移动一段距离,观察干涉条纹对比度的变化,直到屏 P 面上的条纹消失。测量 M_2 的当前位置,并与 M_2 的初始位置

比较,确定所用激光器的相干长度。

2. 马赫-曾德尔干涉仪光路

(1) 根据图 1-3-2 搭建马赫-曾德尔干涉仪光路。注意,首先不加入准直透镜和扩束镜,而是用细激光束调节光路,使两细光束呈一小角度会聚到屏 P 上,分束镜和反射镜尽量在中心区域通过细激光束;然后加入准直透镜 L_1,注意使细激光束透过准直透镜的光轴;最后加入扩束镜 L_0,调节前后位置获得平行光输出。为了滤去扩束镜上的尘埃等脏物所引起的衍射光,可以在扩束镜的焦点处安置一针孔滤波器。

(2) 类似于迈克耳孙干涉仪的观察,通过微调节 M_2 的角度、在光路中插入平板玻璃、轻敲或轻压台面,在平面 P 上观察相应的干涉条纹的变化和疏密特性。注意与迈克耳孙干涉仪的结果相对照。

【讨论】

(1) 在迈克耳孙干涉仪光路中,插入一片玻璃,若玻璃表面有一定的起伏,则干涉条纹将有哪些变化?能否据此计算其平整度?

(2) 能否用马赫-曾德尔干涉仪测量激光器的相干长度?为什么?

【实验仪器】

He-Ne 激光器(40 mW 左右)	1 台	φ50 mm 准直镜	1 个
电子快门	1 个	干板架	1 个
扩束镜	1 个	观察白屏	1 个
分束镜	2 个	米尺(公用)	1 把
反射镜	3 个		

参 考 文 献

[1-3-1]　贺安之,阎大鹏.激光瞬态干涉度量学[M].北京:机械工业出版社,1993.

[1-3-2]　王绿苹.光全息和信息处理实验[M].重庆:重庆大学出版社,1991.

第 2 章　全息照相和显示

全息显示主要利用全息照相能重现物体三维图像的特性,是全息照相术极有发展前景的应用之一。由于全息图能够给出和原物大小一样、细节精美、形态逼真的三维形象,它已成为原物最好的替代物。因此,全息显示在图示艺术上的应用极富魅力。

供显示用的全息照相术有透射和反射全息、像面全息、彩虹全息、真彩色全息、动态点阵全息等。其中除有的透射全息图需要用激光照明重现外,其余均可用白光照明重现,从而使在白昼自然环境中可观察其三维景象。这就便于寻常百姓家里也可拥有或保存全息照片,并可随时欣赏。

对显示全息的要求是:衍射效率高、景深长、幅面广、视角大、重现像清晰、物化性能稳定等。为此,要求激光器具有优良的时间相干性和空间相干性;要求在曝光期间,光学系统稳定;要求记录介质具有较高的分辨率,且应与物、参光束夹角选择相适应;要求光路布置和物、参光强比适当;等等。在满足这些要求的前提下,全息工作者可以充分发挥自己的创造力,发展和改善各种全息图的记录方法,拍摄出多种优美的全息图来。

本章重点介绍全息照相技术中常用的几种全息图的拍摄方法。

实验 2-1　透射全息图与反射全息图的拍摄

【实验目的】

(1) 通过拍摄漫反射物体的透射全息图和反射全息图,加深对全息照相基本原理的理解。

(2) 通过观察透射全息图的重现像,领会并总结全息照相的特点及其与普通照相的本质区别。

(3) 通过观察反射全息图的重现像,弄清反射全息图的重现条件,总结体积全息图与平面全息图的不同特点。

(4) 通过光路布置过程,熟悉和掌握各种光学元件的特性及其调节方法。

【实验原理】

1. 全息图的记录和重现

普通照相是把物体通过几何光学成像方法记录在照相底片上,每一个物点转换成相应的一个像点,得到的仅仅是物的亮度(或强度)分布。全息照相不仅要记录物体的强度分布,还要记录传播到记录平面上的完整的物光波场。这就意味着既要记录振幅,又要记录位相。振幅(或强度)是容易记录的,问题在于记录位相。所有的照相底片和探测器都只对光强起反应,而对光波场各部分之间的位相差则是完全不灵敏的。英籍匈牙利物理学家 D. 盖伯应用物理光学中的干涉原理,在物波场中引入一个参考光波使其与物光波在记录平面上发生干涉,从而将物光波的位相分布转换成了记录在照相底片上的光强分布,这样就把完整的物光波场都记录下来了。由此获得的照片,称为全息照片或全息图(Hologram)。盖伯证明了用这样一张记录下来的全息照片最后可以得到原来物体的像。

记录全息图的一种光路布置如图 2-1-1 所示。由激光器发出的高度相干的单色光经过分束镜 BS 时被分成两束光:一束光经反射镜 M_1 反射、扩束镜 L_1 扩束后,用来照明待记录的物体,称为物光束;另一束光经反射镜 M_2 反射、扩束镜 L_2 扩束后,直接照射全息底片(又称全息干板)H。后一束光提供一个参考光束,当其与来自物体表面的散射光均照射到全息干板上时,物体散射光与参考光进行相干叠加,产生极精细的干涉条纹(条纹间距最小可达 5×10^{-4} mm 量级),被记录在全息干板上,从而形成一张全息图底片。

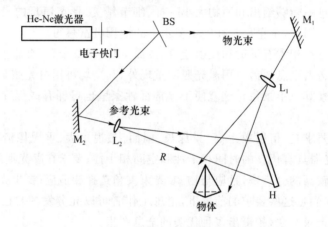

图 2-1-1 全息记录的一种光路

上述全息图底片经显影定影后,用原参考光束照明,就可得到清晰的原物体的像。这个过程称为全息图的重现(或称为再现),如图 2-1-2 所示。在重现过程中,全息图将重现光衍射而产生表征原始物光波前特性的所有光学现象。即使原来的物体已经拿走,它仍可以形成原来物体的像。如果重现波前被观察者的眼睛截取,则其效果就和观察原始物波一样:观察者看到的是原始物体的真实的三维像。当观察者改变他的观察方位时,景象的配景改变,视差效应是很明显的。如果全息图的记录和重现都是用同一单色光源来完成的,那么不存在任何视觉标准能够用以区别真实的物体与重现的像。

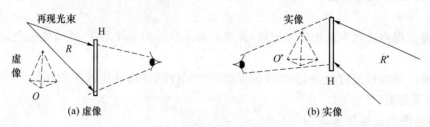

图 2-1-2 全息图的重现

2. 全息照相的特点

（1）全息图具有三维特性。这也是它最突出的特点，即所记录的是物体的三维形象。这可通过观察全息重现像来加深理解。

（2）全息图具有弥散性。即使一张打碎的透射全息图的碎片，仍可通过激光照明重现出所拍摄物体的完整的形象。

（3）全息图可同时重现出虚像和实像。尤其在参考光采用平行光照明的情况下，特别容易观察到。重现时，只需将全息底片做一次翻转即可。

（4）全息照相可进行多重记录。只需适当改变参考光相对于全息底片的入射角即可在同一张全息底片上记录多个全息图。

全息图的类型可以从不同的观点来划分。一般地，按参考光波与物光波主光线是否同轴来分类，可以分为同轴全息图和离轴全息图，离轴全息图是经常采用的；按全息图的结构和观察方式分类，可以分为透射全息图和反射全息图。透射全息图在拍摄时物光与参考光从全息底片的同一侧射来；而反射全息图在拍摄时则需要物光与参考光分别从全息图两侧射来。当被照明重现时，对透射全息图，观察者与照明光源分别在全息图的两侧；而对反射全息图，观察者与照明光源则在同一侧。

【透射全息图的拍摄】

图 2-1-1 所示为透射全息图的一种记录光路。为了便于观察所记录物体的实像，建议在光路设计的时候将参考光设置为平行光。此时只需在参考光路中加入一个准直透镜即可。

【实验步骤】

1. 光路调整

根据上述基本光路，按照全息台面的大小和激光器的位置，考虑各光学元器件的特点，在台面上大致设计好光路的摆放。在安放光路时要注意以下几点：

（1）物光与参考光两光束的夹角应控制在 $30°\sim60°$，以便重现时衍射物光与零级透射光容易分开。

（2）从分束镜到记录平面应使参考光和物体中心部位物光的光程相等。由于激光的相干长度有限（一般约 20 cm），当物体存在较大尺度或较大景深时，应采用景深扩展技术（详见实验 2-6）。

（3）由 M_2 反射的细激光束应射到拍摄所用的干板的中心，干板架到反射镜 M_2 的距离应大于准直透镜的焦距，且准直透镜不能遮挡干板架上的物光。

（4）物体与干板架的距离一般应控制在 25cm 以内，太大会导致物光较弱，不利于记录。

2. 调节分束镜的分光比

使干板面上的物光与参考光强度之比约为 $1:2\sim1:6$。光束比最好用光探测器测量。如果没有光探测器，可分别遮挡物光和参考光，通过白屏直接用人眼观察二者的强弱，当感觉参考光的平均光强稍强于物光的平均光强而又相差不大时即可。

3. 调节曝光时间

应根据所用激光器的功率、被拍摄物面的反射率以及所用全息底片的灵敏度，确定适合的曝光时间，并在曝光前预先试验一次以观察快门设定的曝光时间是否符合预定要求。

4. 曝光与冲洗

首先关闭实验室的照明灯光，使实验室处于暗室环境；然后将全息干板置于干板架上，应注意将乳胶面面向物光方向，锁紧后静置 1～2 分钟再行曝光。将曝光后的全息底片在暗室中进行常规的显影、定影、漂白、水洗、烘干等处理。应注意的是,底片从显影液、定影液和漂白液中取出时,都必须经过清水充分的漂洗,特别是从漂白液中取出后,应在流水中冲洗至乳胶面变白(黄色的是漂白液的残留),最后烘干才能使用。处理过程中,应使干板的乳胶面保持朝上,避免其与水槽底部摩擦。

5. 重现与观察

将处理好的全息图放回原位,用挡光屏遮挡物光束,保持用参考光照明;在全息图后面观察重现的物体虚像。通过上下、左右移动头部来观察虚像的变化,并可用一张带有小孔的黑纸板分别遮住全息图的不同部位,再通过小孔来观察重现像。然后将全息图片绕垂直方向旋转180°,这时原参考光虽未动,实际上采用了共轭参考光 R^*(当原参考光为平行光时)照明全息图,因此可用毛玻璃在全息图前的实像位置接收到实像。这时如果将眼睛聚焦到毛玻璃处,然后移开毛玻璃,即可看到实像悬浮在全息图片之外的空间中。

【反射全息图的拍摄】

图 2-1-3 所示为反射全息图的一种拍摄光路,采用单光束照明方式。该光路针对的是具有高反射率的物体,如硬币、白色表面体等。此时物体反射一束光到全息底片上作为物光,另一束光作为参考光从相反方向照射到干板上,二者发生干涉,经显影、定影等处理后形成反射全息图。由于物体与干板相距很近,因此对光程差的调节可以忽略,光路简洁。实验中应使全息底片的乳胶面朝向拍摄物,拍摄物与全息干板成一小角度以利于离轴记录。拍摄实验步骤与透射全息图的拍摄步骤类似。

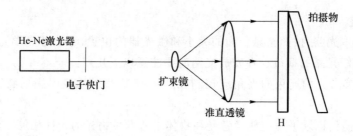

图 2-1-3 高反射率物体反射全息图的一种拍摄光路

记录中,要注意此时全息干板面上的总亮度不易观察,可以按入射的激光亮度为准进行曝光时间的设定。由于入射的照明激光能量集中,曝光时间一般在 1~5 s 之间。

重现时,通过白光照明反射重现,在一定角度下可看到被摄物的绿色像(像变为绿色是由于乳胶在处理过程中收缩引起的)。当乳胶面相对重现光时,全息图重现为实像;当乳胶面背对重现光时,全息图重现为虚像。反射全息图之所以可用白光重现,是因为由它形成的体积光栅具有波长选择性,从而避免了普通全息光栅对白光的色散[2-1-1]。

【讨论】

(1)与普通照相相比,全息照相有哪些特点?将全息图片挡去一部分后,为什么重现像仍然是完整的?如果只用全息图片的很小一部分来重现,情况又如何?

(2)试将全息图的波面重现成像与平面镜成像进行比较,说明二者有何异同点。

(3)为什么在同一张全息底片上可重叠记录多个全息图?

(4)为什么全息照相对光源的相干性有很高的要求?在布置全息记录光路时,为什么要求物光与参考光的光程相等?又为什么要求在全息照相过程中保持全息台面的稳定?

【实验仪器】

He-Ne 激光器（40 mW 左右）	1 台	干板架	1 个
电子快门	1 个	观察白屏	1 个
扩束镜	2 个	米尺（公用）	1 把
分束镜	1 个	载物平台	1 个
反射镜	2 个	待记录物体	2 个
φ100 mm 准直镜	1 个	全息干板	若干小块

参 考 文 献

[2-1-1]　王仕璠,朱自强.现代光学原理[M].成都:电子科技大学出版社,1998.

[2-1-2]　于美文.光学全息及其应用[M].北京:北京理工大学出版社,1996.

实验 2-2　像全息图与一步彩虹全息图

【实验目的】

（1）掌握像面全息图的记录和重现原理,并制作一张像全息图,在白光下观察其重现像。试比较其与实验 2-1 重现的三维全息图的不同之处。

（2）掌握制作一步彩虹全息图的原理和方法,并制作一张一步彩虹全息图,在白光下观察其重现的准单色像。

【实验原理】

1. 像全息图

将物体靠近记录介质,或利用成像透镜使物体成像在记录介质附近,或使一个全息图重现的实像靠近记录介质,都可以在引入参考光后记录下像全息图。当物体的像正好位于记录介质面上时,得到像面全息图。它是像全息的一种特例。

在记录像全息图时,如果物体靠近记录介质,则不便于引入参考光,故通常采用两种成像方式产生像光波:一种方式是采用透镜成像,如图 2-2-1 所示;另一种方式则是利用全息图的重现实像作为像光波,这时需要对物体先记录一张菲涅耳全息图 H_1,然后用原参考光波的共轭光波 R^* 照明全息图 H_1,重现出物体的实像 O^*,再用此实像作为物体记录像全息图 H_2。因此,第二种方式包括二次全息记录与一次全息重现,过程比较繁杂。本实验中只研究像全息图的第一种记录方式。

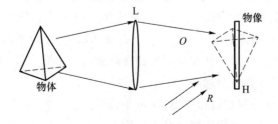

图 2-2-1　像全息图的透镜成像记录方式

由于像面全息图是把成像光束作为物光波来记录的,相当于"物"与全息干板重合,物距为零,因此当用多波长的复合光波(如白光)重现时,重现像的像距也相应为零,各波长所对应的重现像都位于全息图上,将不出现像模糊与色模糊。因此,像全息图可以用扩展白光光源照明重现,观察到清晰的像。

2. 彩虹全息图

彩虹全息是像全息与狭缝技术相结合的产物,因此彩虹全息图也和像全息图一样,可以用白光照明重现出物体的像。彩虹全息图又分为一步彩虹全息图与二步彩虹全息图,本实验先研究一步彩虹全息图。

一步彩虹全息图与像全息图在记录时的主要差别在于,一步彩虹全息在记录光路中插入了一个狭缝,使物体和狭缝的像同时被记录于全息底片中,当重现物体的像时,狭缝的像也将被重现出来。根据狭缝放置位置的不同,一步彩虹全息图的记录光路有两种:一种是赝像记录光路;另一种是真像记录光路。

(1) 真像记录

真像记录原理光路如图 2-2-2 所示。物体和狭缝均置于透镜焦点之外,它们都在透镜的另一侧成实像 O' 和 S',将全息干板 H 放在两个实像之间。对于干板而言,O' 是实物,S' 将成为虚物。经曝光、显影、定影、漂白处理后,用原参考光重现时,得到物的原始像是虚像,狭缝的像是实像。当用白光重现时,由于白光波长连续变化,每一波长都在不同的位置形成自己的重现像及狭缝像,从而会出现按彩虹颜色排列的狭缝实像。在这些狭缝像的位置上,人眼便可看到不同色彩的准单色像。当眼睛沿垂直于狭缝实像的方向移动时,因人眼的瞳孔大小有限,在一个固定方向上只能看到一个准单色的彩色像,因此随着眼睛的移动可依次看到像的颜色的变化,犹如天空的彩虹。彩虹全息图由此得名。

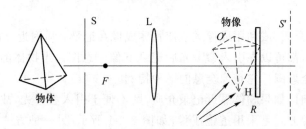

图 2-2-2　一步彩虹全息真像记录原理光路

(2) 赝像记录

赝像记录原理光路如图 2-2-3 所示。用会聚光作参考光。狭缝 S 置于透镜焦点以内,在透镜的同侧得到其放大的虚像 S';物体仍置于透镜焦点以外,则其像成于透镜另一侧。当用参考光的共轭光 R^* 照明重现时(如图 2-2-4),形成狭缝的实像和物体的虚像,眼睛位于狭缝实像处可以观察到重现的物体虚像 O',它是一个赝像(即重现像的凹凸与物体正好相反)。当用白光照明重现此全息图时,每一种波长的光都将形成一个狭缝实像和一个物体虚像,它们的位置随波长变化,最终形成彩虹全息图。

一步彩虹全息的优点是制作过程简单、噪声小;缺点是视场受透镜孔径限制较大,且由于物体经透镜成像时景深压缩,因此物像相对于原物体而言景深较小。

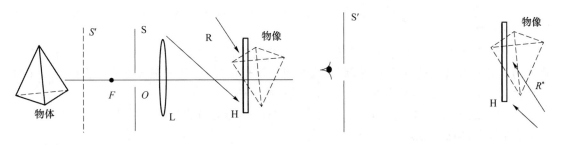

图 2-2-3　一步彩虹全息赝像记录原理光路　　　　图 2-2-4　一步彩虹全息赝像重现光路

最后还应指出以下几点：

① 由于记录彩虹全息图时用了一个狭缝，光能损失很大，因而狭缝的宽度应选择适当。缝太宽，重现像会产生"混频"现象，色彩不鲜艳；缝太窄，则通光量过小，影响像的亮度。一般实验时狭缝的宽度以 5～8 mm 为宜。

② 在记录彩虹全息图时，由于成像光束受到了狭缝的限制，物体确定点的信息只记录在全息图沿缝方向上很狭小的区域内，故彩虹全息图在垂直于狭缝的方向上失去了立体感，其碎片已无法重现完整的物体像。像全息图也有类似的特点。

【实验步骤】

（1）按图 2-2-5 制作一张像面全息图。注意使物光和参考光尽量等光程。物光和参考光的平均夹角在 30°～60° 之间。夹角过大过小均不利于记录和重现。

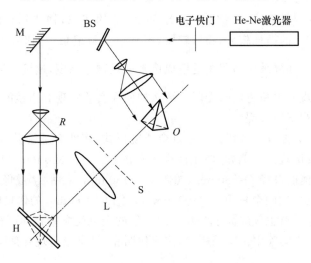

图 2-2-5　制作像面全息图和一步彩虹全息图的一种光路

（2）在制作像面全息图的基础上，再在图 2-2-5 中加入一狭缝 S，制作一步彩虹全息图。布置光路时，因保留物体的横向视差，需将狭缝竖直放置，故要将被拍摄物体水平卧放。观察重现像时，全息图片要在面内旋转 90°。如果拍摄时物体竖放而狭缝横放，则参考光必须从斜上方自上而下入射，光路布置不便。

（3）用毛玻璃确定物体实像的位置，调整物距以获得适当的物像大小，并调整物的方向，获得良好的物像。在像后约 1 cm 处放置干板架，再在干板架后面用毛玻璃找狭缝的像，调整狭缝，使狭缝的像到干板架的距离约 25～30 cm（人眼的明视距离处，以便观测物像），然后通过狭缝的像观察物体的像是否完整。若物的像左右不全，则可加大狭缝宽度，但不要超过

1 cm。若物的像仍不全,则只能更换小一点的物体(或更换成像透镜,或改变物距和像距,或改变狭缝的位置)。

(4)调节分束镜,使参考光与物光在干板平面处的强度之比约为 3:1。注意参考光相对于物像的入射方向,最好从底部向顶部,因为在用共轭光观察时(赝像记录方式),人们习惯于灯光从顶部向下方照明,否则最终观察到的物像是倒放的。

(5)两张全息图拍摄好后,用白炽灯照明重现,选择适当的观察角度,即可观察到记录的像面全息图和彩虹全息图。

【讨论】

1. 一步彩虹全息图记录时狭缝位置的确定

狭缝位置的确定固然可以通过用毛玻璃进行观察确定;但更好的,应该是通过计算。计算的依据是狭缝像距离物像的距离大约为 30 cm,由此确定像距,从而推算出狭缝与透镜间的物距。如果透镜的焦距已经超过 30 cm,则可直接在透镜后(透镜与物像之间)距物像 30 cm 处加入狭缝。

2. 成像透镜对一步彩虹记录的影响

一步彩虹记录中,成像透镜的存在对成像有两个重要影响:

(1)透镜的口径,将限制狭缝像的长度,即限制物体的视角;

(2)透镜的焦距,将改变(主要是压缩)物像沿光轴的三维度,从而导致物像在观察时有所失真,甚至可能因为像散的原因而更失真,因此透镜需要采用消像差透镜。

3. 一种成像改善方案

即使采用最短的成像方式,即物距和像距都是 $2f$ 的成像,物体到成像面最短也需要 $4f$ 的距离,距离较长,物光的损耗较大,物像较弱,不利于实验记录。同时,实验室的透镜相对孔径比 $\dfrac{D}{f}$ 一般在 4 附近,如果采用短焦距透镜成像来增强物像亮度,透镜口径又将受到较大的限制,物像亮度和重现观察视角将同时受限。那么如何在实验室现有透镜的基础上,增强物像亮度,保持较大的重现观察视角呢?

一种简单有效的成像改善方案是使用复合透镜形式,将两个透镜共轴紧贴组合在一起来代替实验中原有的成像透镜。例如,使用两个紧贴的焦距 $f=300$ mm、口径 $D=80$ mm 的傅里叶透镜,则复合透镜的口径 $D=80$ mm、焦距 $f'\approx150$ mm,采用 $2f$ 成像,整个成像距离仅略大于 600 mm,就算是使用两个焦距 $f=400$ mm、口径 $D=100$ mm 的傅里叶透镜,组合透镜焦距 $f'\approx200$ mm,成像距离也仅略大于 800 mm,一般的全息光学平台均可轻松完成光路设置。

本方案在指导学生实验中多次采用,物体成像明亮,且全息重现视角明显增大。

4. 思考题

① 为什么像面全息图可以用白光扩展光源重现?

② 在一步彩虹全息图中,狭缝的作用是什么?其宽度对记录和重现有何影响?

【实验仪器】

He-Ne 激光器(40 mW 左右)	1 台	反射镜	1 台
电子快门	1 个	干板架	2 个
分束镜	1 个	待拍摄物体	1 个
扩束镜	2 个	载物平台	1 个
φ100 mm 准直镜	1 个	观察屏	1 个
φ100 mm 成像透镜	1 个	全息干板	若干小块

参 考 文 献

[2-2-1]　王仕璠,朱自强.现代光学原理[M].成都:电子科技大学出版社,1998.

[2-2-2]　于美文.光全息学及其应用[M].北京:北京理工大学出版社,1996.

[2-2-3]　王仕璠.信息光学理论与应用[M].4 版.北京:北京邮电大学出版社,2020.

实验 2-3　二步彩虹全息图

【实验目的】

(1) 掌握制作二步彩虹全息图的原理和方法。

(2) 制作一张二步彩虹全息图,并在白光下观察其重现像。

【实验原理】

一步彩虹全息图记录方式简捷,噪声较小,但由于其需要通过成像透镜获得物体的像,景深和视场受到透镜限制,因而全息图像与真实物体相比三维效果较差,并且成像透镜还可能带来各种像差。二步彩虹全息图则没有以上问题。因此在当前彩虹全息图的应用中,一般更多地采用二步彩虹全息记录方式。

二步彩虹全息包括两次全息记录过程。图 2-3-1 就是用二步法记录彩虹全息图的一般过程。第一步,对物体记录一张菲涅耳型离轴全息图 H_1,称为主全息图,如图 2-3-1(a);第二步,如图 2-3-1(b),将该全息图 H_1 作为母片,用共轭参考光 R_1^* 照明 H_1,产生物体的赝实像,再在 H_1 的后面放置一狭缝,将全息底片 H_2 置于实像前靠近赝实像处,这样,干板 H_2 上得到的物光仅仅是从狭缝 S 透过的光波。用略微会聚的参考光 R_2 照明 H_2,便得到与物体记录时共轭的物像 O^*。

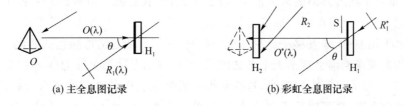

(a) 主全息图记录　　　　　　　　(b) 彩虹全息图记录

图 2-3-1　二步彩虹全息图的记录过程示意图

重现时用与 R_2 共轭的发散光 R_2^* 照明 H_2,则产生第二次赝实像,由于 H_2 记录的是原物的赝实像,故再现的第二次赝实像对原物来说,就是一个正常的像。此外,在用 R_2^* 照明 H_2 时,还会在 H_2 后面出现狭缝 S 的再现实像。这样将眼睛置于狭缝的位置就可看到物体的重现虚像。当用白光照明 H_2 时,则对于不同波长的光,狭缝的像和物体的重现像的位置都不相同。但由于记录时物体离全息干板非常近,所以各个波长重现像的位错并不十分明显,而狭缝的位错却比较大。由于狭缝像位置不同,将看到不同颜色的像。因此,当用白光沿 H_2 的共轭参考光方向 R_2^* 重现时,各颜色光 λ_i 相应的狭缝像 S_i'(如 $i=r,g,b$)将在空间位置上产生分离,如图 2-3-2 所示,眼睛处于不同的狭缝像位置时,观测到的物像基本为相应的颜色(由于狭缝有一定宽度,因此看到的物像颜色也有一定的范围,基本上是一个准单色像)。图中 r 代表红色、g 代表绿色,b 代表蓝色。

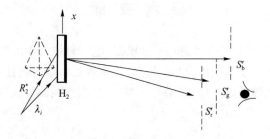

图 2-3-2　彩虹全息图的白光再现

由全息学基本成像公式可知,$S_i'(i=r,g,b)$ 的空间位置为

$$\begin{cases} z_r=(\lambda/\lambda_r)z_0 \\ z_g=(\lambda/\lambda_g)z_0 \\ z_b=(\lambda/\lambda_b)z_0 \end{cases} \qquad \begin{cases} x_r=x_0+(\lambda/\lambda_r-1)z_0\tan\theta \\ x_g=x_0+(\lambda/\lambda_g-1)z_0\tan\theta \\ x_b=x_0+(\lambda/\lambda_b-1)z_0\tan\theta \end{cases} \qquad (2\text{-}3\text{-}1)$$

式中:z_0 是记录时物像与狭缝的距离;λ 是记录激光的波长;θ 是共轭参考光 R_1^* 与光轴间的夹角。从式(2-3-1)可以看到

$$(x_r-x_g)/(z_r-z_g)=(x_g-x_b)/(z_g-z_b)=(x_b-x_r)/(z_b-z_r) \qquad (2\text{-}3\text{-}2)$$

式(2-3-1)和式(2-3-2)表明,$S_i'(i=r,g,b)$ 并不是处于同一平面上,而是随重现光波长的变化而变化的。这对 H_2 的观察很有利,我们便可以在较宽的范围内观察物体的彩虹全息像。

通常彩虹全息图再现时,取红、绿、蓝光的波长分别为

$$\lambda_r=645.2\ nm \qquad \lambda_g=526.3\ nm \qquad \lambda_b=444.4\ nm$$

如果取 $z_0=300\ mm$,$\theta=45°$,并用 $\lambda=632.8\ nm$ 的 He-Ne 激光记录彩虹全息图 H_2,则 S_i' 的最大间距为

$$\left[(x_r-x_b)^2+(z_r-z_b)^2\right]^{\frac{1}{2}}=134.63\ mm$$

由此可见,在垂直于狭缝方向的较大范围(约 15 cm)内,我们都可以观察到彩虹全息图的重现像。由于在记录彩虹全息图时一般保留物像的水平视差,故水平移动全息图或眼睛时,观测到的是物像的水平视差;而垂直移动全息图或眼睛时,观察到的是物像颜色的变化。

如果希望重现像能够呈现出更丰富的色彩,可以利用上述彩虹全息像的假彩色混合的方法,用不同波长的激光进行多次曝光,这样获得的彩虹全息图其重现像将呈现新的混合色彩,称为彩色彩虹全息图;也可以采用多缝技术,将单个缝变为根据不同波长计算的相应位置的多个缝。

二步彩虹全息术的优点是视场大、立体感强;缺点是记录工艺较为复杂,并且存在由两次记录过程而带来的较大的散斑噪声。

【实验步骤】

(1) 首先按图 2-3-3(a)布置光路,制作主全息图 H_1。其中参考光 R_1 需要采用平行光,待记录的图文或实物应水平横卧放置。

(2) 按图 2-3-3(b)布置好光路,注意事项同“一步彩虹全息”。狭缝 S 竖直放置,缝宽取 5 mm 左右。

(3) 放上 H_1,用 R_1^* 照明 H_1,用毛玻璃观察 H_1 产生的赝实像,把全息底片 H_2 置于赝实像前面不远处。

(4) 用适当会聚的参考光 R_2 照明全息底片 H_2，调节物、参光光强比，拍摄彩虹全息图 H_2。

(5) 底片经显影、定影、漂白、烘干后，用白炽灯从 R_2^* 方向照明，观察 H_2 的重现彩虹全息像。

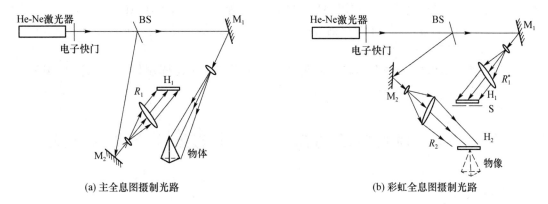

(a) 主全息图摄制光路　　　　　　　　(b) 彩虹全息图摄制光路

图 2-3-3　二步彩虹全息图的一种拍摄光路

【注意事项】

(1) 由于第二步记录时狭缝的引入使物像的亮度较弱，因此，必须充分重视参考光和物光的光强比，以获得良好的全息记录；同时主全息图的亮度也很关键。

(2) 由于彩虹全息图采用了像面全息记录，干板与物像几乎是一一对应的位置关系。因此，在处理和冲洗时应注意干板表面的清洁，否则将影响观察效果。

(3) 按照白光观察时的习惯，保留物体的横向视差，需要将狭缝竖直放置，因此必须将被拍摄物体水平横卧放置；否则，若狭缝横放，则参考光需要从斜上方自上而下入射，不便记录。

【讨论】

(1) 二步彩虹全息图的视角，将由记录时物体与狭缝的距离和狭缝的长度确定；一般地，受人眼明视距离的影响，物体和狭缝的距离确定为 25～30 cm；因此其视角将主要由狭缝的长度决定。由于全息干板的长度有限，物像观察的视角受到较大的限制。为此，可以考虑一些增大二步彩虹全息图视角的方法。

(2) 由于第二步记录需要引入狭缝，使照射到 H_1 上的大量光能不能充分利用，造成 H_2 上物像亮度不高。为此，可以采用综合狭缝的方法，或将二步彩虹记录过程中第二步引入的狭缝移到第一步的主全息图记录过程中。

(3) 在第二步记录时，成像光路受到狭缝的限制，所记录的彩虹全息图在垂直方向失去视差，其碎片将无法再现完整的物体像。

【实验仪器】

He-Ne 激光器（40 mW 左右）	1 台	干板架	3 个
电子快门	1 个	待拍摄物体	1 个
分束镜	1 只	载物平台	1 个
扩束镜	2 只	狭缝	1 只
$\phi100$ mm 准直镜	2 只	观察屏	1 个
反射镜	2 个	全息干板	若干小块

参 考 文 献

[2-3-1]　王仕璠,朱自强.现代光学原理[M].成都:电子科技大学出版社,1998.

[2-3-2]　于美文.光全息学及其应用[M].北京:北京理工大学出版社,1996.

[2-3-3]　关承详,刘秀清.三维漫反射体彩虹全息综合狭缝方法[J].光电子·激光,1990,
1(3):155-158.

[2-3-4]　刘艺,王仕璠.一种简单高效的高亮度二步彩虹主全息图制作方法[J].中国激光,
1996,A23(4):359-362.

实验 2-4　预置狭缝的高亮度二步彩虹主全息图记录

【实验目的】

(1) 掌握制作预置狭缝的高亮度二步彩虹主全息图的原理和方法。

(2) 制作一张预置狭缝的高亮度二步彩虹主全息图,并在激光下观察其重现像。

【实验原理】

二步彩虹全息术中,狭缝的存在能带来一系列的优点,但同时会在第二步记录时造成狭缝外光能的浪费,使重现物像的亮度难以提高,直接影响彩虹全息图的清晰度和亮度。特别是在二步彩虹全息实验中,为实验的方便,一般使用的全息干板面积均较小,在狭缝宽度有限的情况下,在第二步记录时难以获得足够的重现光照明面积,物像记录困难,不利于学生进行实验。

一般的解决方案如下:在第二步记录时用柱面透镜将光束会聚到狭缝位置,提高光能的利用率;利用横向面积分割法,提高主全息图的光能利用率,以及采用无狭缝成像技术,在一步彩虹拍摄时平移物体或透镜,或等速平移物体和透镜,使重现光场中形成类似于狭缝的结构。但上述方案增加了设备和操作的困难。

利用光路可逆原理和狭缝的引入使彩虹全息图重现像的亮度提高,实验使用的预置狭缝的高亮度主全息图的记录和重现光路如图 2-4-1 所示。记录时,在物体和全息干板间的适当位置引入宽度为 b 的狭缝,使物体的全部信息通过狭缝记录在宽为 L_H 的干板上,此时物体每一个确定点的信息只能记录在干板上与狭缝方向垂直的狭小区域 δ 内,如图 2-4-1(a)所示;重现时,如图 2-4-1(b),根据光路可逆原理,狭缝像与物像同时在主全息图衍射光场中形成,因此可直接进行彩虹全息图的记录。这样,第二步记录彩虹全息图时不再需要引入狭缝,再现时主全息图面积得到充分利用。由图 2-4-1(b)还可看到,彩虹全息图 H_2 上的线全息图 ΔH 是由主全息图 H_1 的对应区域形成的,这正体现了彩虹全息图的特点。

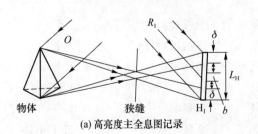

(a) 高亮度主全息图记录

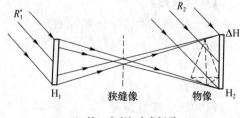

(b) 第二步彩虹全息记录

图 2-4-1　高亮度主全息图记录的光学系统示意图

如果主全息图衍射效率均为 η，重现光强均为 I，全息图长度为 L，则使用传统记录方式（即在物体的菲涅耳全息图上加宽度为 b 的限制狭缝重现）获得的重现像的光能量为

$$I_1 = \eta ILb \tag{2-4-1}$$

现在宽度为 L_H 的主全息图重现像光能量为

$$I_2 = \eta ILL_H \tag{2-4-2}$$

两者光能利用之比为

$$\frac{I_2}{I_1} = \frac{L_H}{b} \tag{2-4-3}$$

全息记录的银盐干板宽度 $L_H \approx 9.0\,\text{cm}$，狭缝宽 $b = 0.5\,\text{cm}$。即使在一般的实验中，干板宽度也有 $4.5\,\text{cm}$。显然，新实验方案的光能利用率和重现物像亮度可轻易获得数倍以上的提高。

下面进行主全息图记录时狭缝位置的分析和计算。如图 2-4-2 所示，根据一般彩虹全息图的拍摄规范，物体和干板平行正对，图中 z_0 为观察距离，参考光与干板夹角为 θ，狭缝宽为 b，要求光路上可行，则

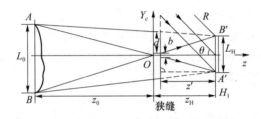

图 2-4-2　高亮度主全息图记录光路参数分析

（1）狭缝处的挡板相对于全息干板来说，应挡除狭缝外的一切物光；

（2）挡板位置不能影响参考光对干板的照明。

由图中各三角形的相似，有：

① 干板位置　　　　　　　　$z_H = z_0 L_H / L_0$ 　　　　　　　　(2-4-4)

② 狭缝到干板的距离　　　$z' = z_H (1 - b/L_H) \approx z_H$ 　　(2-4-5)

又因为　　　　　　　　　　$\overline{OC} = L_H \cdot z_0 / (z_0 + z_H)$ 　(2-4-6)

挡板宽　　　　$d = \overline{OC} \cdot z'/z_H = \overline{OC} = L_H \cdot z_0 / (z_0 + z_H) < L_H$ 　(2-4-7)

故为使参考光顺利入射，应有

$$z' \tan \theta \geqslant d + b/2 + L_H/2 = d + L_H/2 \tag{2-4-8}$$

由式(2-4-7)，只需　　　　　$z' \tan \theta \geqslant 1.5 L_H$ 　　　　(2-4-9)

代入式(2-4-4)、式(2-4-5)及 θ 值，取 $\theta = 45°$，得 $z_0 \geqslant 1.5 L_0$。

取观察距离为明视距离 $z_0 = 25\,\text{cm}$，狭缝宽 $b = 0.5\,\text{cm}$，即只要被记录物体长度在 15 cm 以内，光路布置是完全可行的。这个条件对一般的实验拍摄物体来说很容易被满足。若 L_0 较大，如 $L_0 = 50\,\text{cm}$，则相应增大 z_0 即可，这对大物体的记录和观察也很必要。

总的来说，新记录方案将在原来传统二步彩虹记录过程中第二步引入的狭缝移到第一步的主全息图记录过程中，实质上是把原记录过程中第二步狭缝对物光场的减弱作用转移到第一步主全息图的记录中。由于一般银盐全息干板衍射效率的存在，狭缝对彩虹全息记录时物光场的减弱非常关键，实验中第二步的重现像亮度较低，而第一步记录添加狭缝后仍然有较明亮的物像，干板记录的曝光时间仍然较短，不会导致制作主全息图难度的加大。新方法充分利

用了主全息图的面积,大幅度提高了光能利用率,对彩虹全息图记录质量的提高是很有帮助的。

【实验步骤】

(1) 首先按图 2-4-2 布置光路,制作主全息图 H_1。其中参考光 R_1 需要采用平行光,待记录的图文或实物仍应水平横卧放置。

(2) 按图 2-4-1(b)布置好光路,或直接使用实验 2-3 的二步彩虹记录光路,只是不再加入狭缝;注意事项同"实验 2-3 二步彩虹全息图",狭缝 S 竖直放置,缝宽取 5 mm 左右。

(3) 放上 H_1,用 R_1^* 照明 H_1,用毛玻璃观察 H_1 产生的赝实像和狭缝像;把全息底片 H_2 置于赝实像前面不远处。

(4) 用适当会聚的参考光 R_2 照明全息底片 H_2,调节物、参光光强比,拍摄彩虹全息图 H_2。

(5) 底片经显影、定影、漂白、烘干后,用白炽灯从 R_2^* 方向照明,观察 H_2 的重现彩虹全息像。

【注意事项】

(1) 与彩虹全息图类似,由于新方案主全息图记录中已引入了狭缝,主全息图重现像失去 y 方向的视差,全息图碎片不可能重现整个物体信息。

(2) 注意依据记录物体和干板宽度的大小,在第一步记录中适当调节狭缝的位置。

(3) 注意狭缝挡板的宽度设置,避免遮挡照明光和参考光。

(4) 如果实验时间有限,可以仅进行高亮度主全息图 H_1 的记录,并用 R_1^* 照明再现 H_1,观察同时重现的赝实像和狭缝像。

【讨论】

(1) 二步彩虹全息图的视角由记录时物体与狭缝的距离和狭缝的长度确定;本实验方案由于在第一步引入了狭缝,全息干板同等长度时,物体到干板的距离更远,因此视角将有所减小。

(2) 在本方案第一步记录时,全息光路受到狭缝的限制,所记录的主全息图在水平方向失去视差,其碎片将无法再现完整的物体像。

【实验仪器】

He-Ne 激光器(40 mW 左右)	1 台	干板架	3 个
电子快门	1 个	待拍摄物体	1 个
分束镜	1 只	载物平台	1 个
扩束镜	2 只	狭缝	1 只
φ100 mm 准直镜	2 只	观察屏	1 个
反射镜	2 个	全息干板	若干小块

参 考 文 献

[2-4-1] 王仕璠,朱自强.现代光学原理[M].成都:电子科技大学出版社,1998.

[2-4-2] 于美文.光全息学及其应用[M].北京:北京理工大学出版社,1996.

[2-4-3] 刘艺,王仕璠.一种简单高效的高亮度二步彩虹主全息图制作方法[J].中国激光,1996,A23(4):359-362.

[2-4-4] 国承山,程传福,刘文贤,等.用预置狭缝法制作彩虹全息图[J].中国激光.1997(06),543-545.

实验 2-5　傅里叶变换全息图

【实验目的】

（1）理解透镜的傅里叶变换性质，学会拍摄傅里叶变换全息图，并观察其重现像，为以后的全息高密度存储和特征识别实验做准备。

（2）掌握无透镜傅里叶变换全息图的工作原理，学会拍摄无透镜傅里叶变换全息图，并观察其重现像。

（3）巩固对傅里叶变换全息图基本原理的认识，分析、比较上述两种傅里叶变换全息图的特点。

【实验原理】

1. 傅里叶变换全息图的记录和重现

傅里叶变换全息图不是记录物光波本身，而是记录物光波的傅里叶变换频谱。利用透镜的傅里叶变换性质，将物置于透镜的前焦面上，在透镜的后焦面上就得到物光波的频谱，再引入一参考光与之相干涉，便可记录下物光波的傅里叶变换全息图。

记录傅里叶变换全息图可采用平行光（平面波）照明和点光源（球面波）照明两种方式。图 2-5-1 是采用平行光照明方式记录和重现傅里叶变换全息图的原理光路。

在图 2-5-1(a) 中，设物光波分布为 $g(x,y)$，则其频谱分布为

$$G(f_x,f_y) = \iint_{-\infty}^{\infty} g(x,y)e^{-i2\pi(f_x \cdot x + f_y \cdot y)}\,\mathrm{d}x\mathrm{d}y \tag{2-5-1}$$

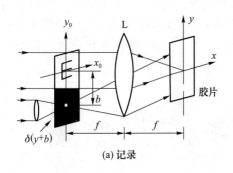
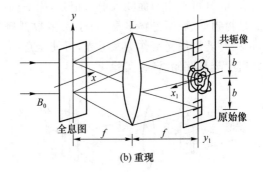

(a) 记录　　　　　　　　　　　(b) 重现

图 2-5-1　傅里叶变换全息图的记录与重现（平面波照明方式）

式中：$f_x = x_f/\lambda f$，$f_y = y_f/\lambda f$；f_x, f_y 是空间频率；f 是透镜焦距；x_f, y_f 是后焦面上的位置坐标。参考光是由位于物平面上点 $(0, -b)$ 处的点源 $A_R\delta(0, y+b)$ 产生，并通过透镜后形成倾斜的平行光。因此，在后焦面上记录的合光场及其光强分别为

$$A(f_x,f_y) = G(f_x,f_y) + A_R e^{i2\pi f_y b} \tag{2-5-2}$$

$$I(f_x,f_y) = |G|^2 + A_R^2 + A_R G e^{-i2\pi f_y b} + A_R G^* e^{i2\pi f_y b} \tag{2-5-3}$$

在线性记录条件下，全息图的振幅透过率为

$$\tau = \tau_0 + \beta I = \tau_0 + \beta(|G|^2 + A_R^2) + \beta A_R G e^{-i2\pi f_y b} + \beta A_R G^* e^{i2\pi f_y b} \tag{2-5-4}$$

重现时，假定用振幅为 B_0 的平面波垂直照明此全息图〔见图 2-5-1(b)〕，则其透射光波的复振幅为

$$A'(f_x, f_y) = \tau_0 B_0 + \beta B_0 (|G|^2 + A_R^2) + \beta B_0 A_R G e^{-i2\pi f_y b} + \beta B_0 A_R G^* e^{i2\pi f_y b} \qquad (2\text{-}5\text{-}5)$$

式中第 4 项包含原始物的空间频谱,第 5 项包含其共轭频谱,这两个频谱分布在相反的方向,各有一个位相倾斜,倾斜角为 $\alpha = \pm \arcsin\left(\dfrac{b}{f}\right)$。

为了得到物体的重现像,必须对全息图的透射光场做一次逆傅里叶变换。为此,可将全息图置于透镜的前焦面上,在透镜的后焦面上就可得到物体的重现像。根据傅里叶变换有关定理,后焦面上的光场分布为

$$
\begin{aligned}
A(x_1, y_1) &= \iint_{-\infty}^{\infty} A'(f_x, f_y) e^{i2\pi(f_x x_1 + f_y y_1)} \, \mathrm{d}f_x \mathrm{d}f_y \\
&= \tau_0 B_0 \delta(x_1, y_1) + \beta B_0 g(x_1, y_1) \otimes g(x_1, y_1) + \beta B_0 A_R^2 \delta(x_1, y_1) + \\
&\quad \beta B_0 A_R g(x_1, y_1 - b) + \beta B_0 A_R g * [-x_1, -(y_1 + b)]
\end{aligned}
\qquad (2\text{-}5\text{-}6)
$$

式中:第 1,3 项是 δ 函数,表示直接透射光经透镜会聚在像面中心产生的亮点;第 2 项是物光分布的自相关函数,形成焦点附近的一种晕轮光;第 4 项是原始像的复振幅,中心位于反射坐标系的点 $(0, b)$;第 5 项是共轭像的复振幅,中心位于反射坐标系的点 $(0, -b)$,两者都是实像。设物体在 y 方向的宽度为 ω_y,则其自相关函数的宽度为 $2\omega_y$,因此,欲使重现像不受晕轮光的影响,从图 2-5-1(b)可见,必须使 $b \geqslant \dfrac{3\omega_y}{2}$,在安排记录光路时应保证满足这一条件。

记录傅里叶变换全息图还可采用球面波照明方式,使物体置于透镜的前焦面,在点源的共轭像面上得到物光分布的傅里叶变换频谱。用倾斜入射的平面波作为参考光,如图 2-5-2(a)所示。重现时也可用球面波照明全息图,利用透镜进行逆傅里叶变换,在点源的共轭像面上获得重现像,如图 2-5-2(b)所示。

注意,上述两种记录和重现的方式是完全独立的,既可以用平面波入射做记录,用球面波照明重现;又可以用球面波入射做记录,平面波照明重现。此外,由于傅里叶变换全息图记录的是物频谱,而不是物本身,对于大多数低频物来说,其频谱都非常集中,直径仅 1 mm 左右,记录时若用细光束作为参考光,可使全息图的面积小于 2 mm^2,所以这种全息图特别适用于高密度全息存储(详见实验 4-1)。

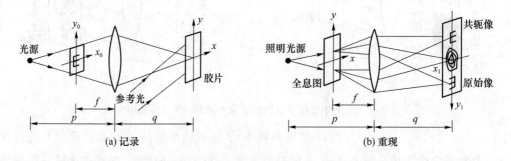

图 2-5-2 傅里叶变换全息图的记录与重现(球面波照明方式)

2. 无透镜傅里叶变换全息图的记录和重现

这种全息图应用了菲涅耳衍射与傅里叶变换之间的关系,其原理光路如图 2-5-3 所示。用平行光照明物体,物体与参考光点源位于同一平面内,在距离 z 处放置记录介质。根据菲涅耳衍射的傅里叶变换关系,在全息底片平面上的物光分布可以写成

$$
\begin{aligned}
u_0(x, y) &= \frac{e^{ikz}}{i\lambda z} e^{i\frac{k}{2z}(x^2 + y^2)} \iint_{-\infty}^{\infty} g(x_0, y_0) e^{i\frac{k}{2z}(x_0^2 + y_0^2)} e^{-i2\pi(f_x x_0 + f_y y_0)} \, \mathrm{d}x_0 \mathrm{d}y_0 \\
&= c e^{i\frac{k}{2z}(x^2 + y^2)} G(f_x, f_y)
\end{aligned}
\qquad (2\text{-}5\text{-}7)
$$

式中

$$G(f_x,f_y)=\mathscr{F}\{g(x_0,y_0)e^{i\frac{k}{2z}(x_0^2+y_0^2)}\}\,,\text{其中}\ f_x=\frac{x}{\lambda z},f_y=\frac{y}{\lambda z}$$

参考光在全息底片平面上的光场可写成

$$R(x,y)=A_R e^{i\frac{k}{2z}(x^2+y^2)}\mathscr{F}[\delta(y_0+b)]=A_R e^{i\frac{k}{2z}(x^2+y^2)}e^{i2\pi f_y b} \tag{2-5-8}$$

从而在记录平面上,物光与参考光叠加后所产生的曝光强度为

$$I(x,y)=|u_0(x,y)+R(x,y)|^2$$
$$=|u_0|^2+A_R^2+CA_R G(f_x,f_y)e^{-i2\pi f_y b}+CA_R G^*(f_x,f_y)e^{i2\pi f_y b} \tag{2-5-9}$$

式(2-5-9)与式(2-5-3)完全类似,因此可对它进行与式(2-5-3)完全相同的分析。由于物光与参考光中的二次位相因子在曝光强度表达式中相互抵消,故在上式中已不再含有与 x、y 有关的二次位相因子,这就是可以省去透镜记录傅里叶变换全息图的原因。

无透镜傅里叶变换全息图有以下 3 种重现方式。

第一种方式重现时无须透镜,采用单色点光源照明重现,如图 2-5-4 所示。设点源与全息图的距离仍为 z,则在式(2-5-9)中代表原始像的项为

$$u_3=\beta c A_R e^{i\frac{k}{2z}(x^2+y^2)}G(f_x,f_y)e^{-i2\pi f_y b} \tag{2-5-10}$$

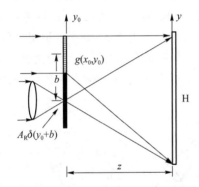

图 2-5-3　无透镜傅里叶变换全息图原理光路

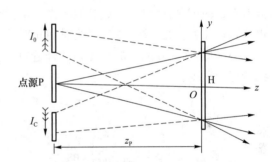

图 2-5-4　无透镜傅里叶变换全息图重现光路之一

式(2-5-10)与式(2-5-7)比较,只相差一个位相倾斜因子,说明观察 u_3 时,它好像是从物 $g(x_0,y_0)$ 中发出来似的,该像只是向上平移了距离 b,是一个正立的虚像。

同理,由式(2-5-9)中的第 4 项可得

$$u_4=\beta c A_R e^{i\frac{k}{2z}(x^2+y^2)}G^*(f_x,f_y)e^{i2\pi f_y b} \tag{2-5-11}$$

它是一个共轭像,与原始像在同一平面上,只是向下平移了距离 b,是一个倒立的虚像。

第二种重现方式是借助于一个紧贴全息图的透镜,在其后焦面上得到倒立的原始像 I_0 和正立的共轭像 I_C,如图 2-5-5 所示,两个像都是实像,对称地处于透镜焦点两侧。

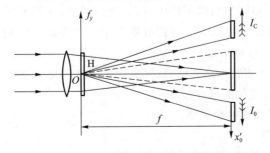

图 2-5-5　无透镜傅里叶变换全息图重现光路之二

第三种重现方式是用细激光束照明全息图,可以不用透镜就能在远处屏上直接显示出原始像和共轭像。

【实验步骤】

1. 拍摄傅里叶变换全息图

(1) 光路布置与调整

按图 2-5-6 布置实验光路,其操作步骤如下。

① 在全息台面上大体设计好光路的摆放,先用细激光束进行调整,使从分束镜 BS 到全息干板面中心的物光和参考光的光程相等;全息干板与物光路的光轴垂直,并使由反射镜 M_1、M_2 反射的两束光在全息干板中心重合(调整时在全息干板处放置毛玻璃观察)。

② 在两束光中分别置入准直镜 L_1 和 L_2,使其中心位置与激光束中心重合,办法是观察由各透镜两表面反射的系列光点是否位于同一条直线上,然后将扩束镜 L_3、L_4 分别放置在 L_1、L_2 的前焦面上,使两束光经扩束、准直后形成平行光,并使其在 H 面上重合。

③ 在物光光路中置入傅里叶变换透镜 L,调节其位置,使其焦点位于全息干板的中心,并在 L 的前焦面上安放物体。参考点源 $\delta(y-b)$ 要与物面处于同一平面。

④ 调整物光与参考光的光强比。一般来说,在物的空间频谱中,低频成分多于高频成分。如果要在记录中强调低频成分,那么可以让参考光束强一些,曝光时间短一些,这样对低频成分有合适的记录,而对高频成分则曝光不足,使重现像的高频损失较多;如果要突出高频成分,那么可以让参考光束弱一些,曝光时间相对长一些,此时低频成分可能会由于曝光过度而使衍射效率降低,而高频成分的曝光则是合适的,这样重现像中其低频成分损失较多,高频成分得到较好的重现。

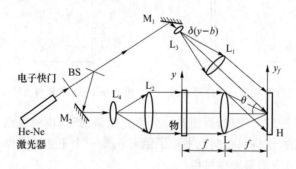

图 2-5-6　拍摄傅里叶变换全息图的实验光路

(2) 曝光、显影和定影处理

曝光时间通常控制在 1~5 s。暗室内的处理过程与一般全息照相相同。

(3) 观察重现像

遮去原来光路中的参考光束,取下物体,换上全息图片,在原安放全息干板的位置用毛玻璃观察,可以看到重现的原始像及其共轭像分别处于中央亮斑的两侧。中央亮斑是原物的自相关。

将全息图沿垂直于光轴的方向平移,观察重现像的位置是否发生变化;将全息图沿光轴向透镜 L 移动,观察重现像变化的情况。

2. 拍摄无透镜傅里叶变换全息图

(1) 光路布置与调整

按图 2-5-7 布置实验光路,其操作步骤如下。

① 在未放入扩束镜和准直镜前,先用细激光束调整光路,使由分束镜 BS 到全息干板面(先用白屏代替)中心的物光和参考光的光程相等,并使由反射镜 M_2、M_3 反射的两束光在干板面上重合。

② 在分束镜 BS 的透射光路中加入扩束镜 L_0 和透镜 L_1,使产生的球面波经反射镜 M_2 反射会聚于 P 点,再由 P 点发散到记录面作为参考光。

③ 在分束镜 BS 的反射光路中加入扩束镜 L_0 和准直镜 L_2,使两者共焦调成平行光,此平行光到达 H 处应与参考光严格重合,并使物面和 P 点到记录面中心的距离相等,P 点要尽量靠近物面,然后把毛玻璃和物(透明底片或黑纸板上刻出的通光孔)置入此光路中。

④ 调整分束镜 BS,使在记录平面上参考光和物光的光强比为 2∶1 左右,选择合适的曝光时间。关闭激光器后,从干板架上取下白屏,放上全息底片。

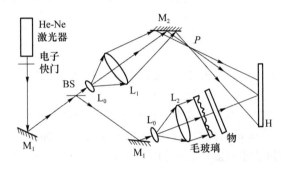

图 2-5-7　制作无透镜傅里叶变换全息图实验光路

(2)曝光、显影和定影处理

曝光时间视激光器功率大小而定,一般在 20～40 s。干板经曝光、显影、定影等处理后再进行漂白,以提高衍射效率。

(3)观察重现像

可以用图 2-5-4 和图 2-5-5 中任一种光路对已拍摄的无透镜傅里叶变换全息图进行重现,通过毛玻璃观察重现的原始像和共轭像。

【讨论】

如果将无透镜傅里叶变换全息图对着白炽灯观察,并使全息图做匀速旋转,将观察到什么现象?

【实验仪器】

He-Ne 激光器(40 mW 左右)	1 台	准直镜	2 个
电子快门	1 个	毛玻璃	1 块
分束镜	1 个	干板架	3 个
反射镜	3 个	实验物(透明底片或纸孔板)	2 个
扩束镜	2 个	全息干板	若干小块
傅里叶变换透镜	1 个		

参 考 文 献

[2-5-1]　王仕璠.信息光学理论与应用[M].4 版.北京:北京邮电大学出版社,2020.

[2-5-2]　王绿苹.光全息和信息处理实验[M].重庆:重庆大学出版社,1991.

实验 2-6　全息照相的景深扩展技术

【实验目的】

(1) 掌握采用参考光和物光的光程补偿进行全息照相景深扩展的原理和方法。

(2) 掌握利用激光器的时间相干性随光程差周期性变化的特点,进行全息照相景深扩展的原理和方法。

(3) 拍摄两张大景深或大幅面的全息图,从中领会景深扩展技术对拍摄大场景全息图的重要意义。最后观察景深扩展后拍摄的效果,从中领会景深扩展技术对拍摄大场景全息图的重要意义。

【实验原理】

1. 景深扩展原理

在进行实验 2-1 描述的全息照相时,曾提到在调整光路过程中,应使参考光光程与物体中心部位物光的光程相等,但当物体存在较大尺度或较大景深时,则应采用景深扩展技术。这是因为全息图记录的是物光波与参考光波在乳胶面上相干叠加所形成的干涉条纹图样。因此,要获得优质的全息图,必须保证物光波与参考光波在记录介质面上满足相干条件。由物体上某一点散射的物光波与参考光波能否叠加相干,主要取决于由该点散射的物光波与参考光波的光程差大小。光程差小于激光器相干长度时,物光波能够与参考光波相干叠加形成全息图而被记录下来;光程差大于相干长度时,物光波与参考光波不能相干叠加形成全息图,从而无法记录下来,这部分物信息就被损失掉了。由于激光器的相干长度是有限的(对于 1 m 长 He-Ne 激光器,其相干长度约为 20 cm),若物体幅面较大或景深较深,则常常无法使由物体上所有点散射的物光波全部满足相干条件,只有局部物点散射的物光波才能与参考光波相干涉形成全息图。这时,只能重现部分物光波,致使重现像上出现局部模糊,甚至形成暗区。因此,对于那些不能满足相干条件的物点或物体的这部分区域,应采取某种光程补偿的方法,使其补偿后的物、参光程差重新落在相干长度范围之内,以使两者重新满足相干条件,这就是全息照相景深扩展的基本原理。

全息照相景深扩展所采取的光程补偿方法有若干种,概括起来主要有两种:即参考光光程补偿和物光光程补偿。此外,采用激光器的时间相干性随光程差周期性变化的特点,也可进行全息照相的景深扩展。下面分别予以介绍。

(1) 参考光光程补偿

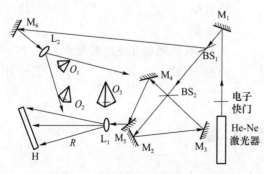

图 2-6-1　三角形参考光光程补偿光路

其办法是对于那些不能满足相干条件的物点,选择另一束参考光,以对原来的参考光进行光程补偿,使补偿后的参考光光程与物光光程重新满足相干条件。根据光路布局不同,又分为三角形参考光光程补偿与矩形参考光光程补偿两种光路。

图 2-6-1 是三角形参考光光程补偿光路,图中由 BS_2 和 M_2、M_3 组成的三角形光路使其中一部分参考光增大了光

程。这一部分增大了光程的参考光 R' 可与光程最长的那部分物光（由 O_3 散射的光）相干涉，而未通过三角形光路的参考光则与光程较短的那部分物光（由 O_1、O_2 散射的光）相干涉。这样，整个物光场的信息都可以记录下来。

图 2-6-2 是矩形参考光光程补偿光路。图中由 BS_2、M_3、M_4 和 BS_3 组成的矩形光路使其中一部分参考光增大了光程，用于与由 O_1 散射的物光相干涉，而直接通过 BS_2、BS_3 的那部分参考光则与由 O_2、O_3 散射的物光相干涉，从而实现了景深扩展。

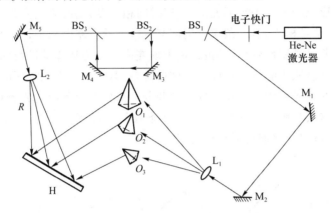

图 2-6-2 矩形参考光光程补偿光路

（2）物光光程补偿

物光光程补偿方法是把物光分为两束或多束，从不同方向分部位照明物体，使各部位物点散射的物光波的光程与参考光波的光程之差都小于激光器的相干长度。现以物体用双光束照明为例加以说明，如图 2-6-3 所示。

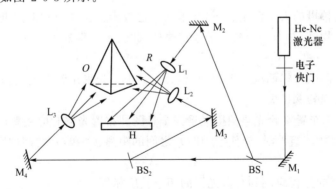

图 2-6-3 物光光程补偿光路

由反射镜 M_3 反射的光波充分照明被拍摄物体的右半部分，而由反射镜 M4 反射的光波则充分照明被拍摄物体的左半部分。只要适当调节光路，使上述两部分区域各物点散射的物光波与参考光波的光程之差都小于激光器的相干长度，则左、右两部分物体的信息都能以干涉条纹的形式全部被记录下来，不会损失信息。于是，重现时也就不会出现局部模糊和暗区，得到清晰完整的重现像。但在这种光路中，物光经 BS_2 分光后，其光能损失较大，当使用较小功率的激光器时，这种方法难以进行全息照相。

2. 利用激光器的时间相干性随光程差周期性变化实现景深扩展

由激光器原理知道，激光束的时间相干性由它的纵模个数、纵模间隔及纵模线宽决定，而激光器纵模的频率间隔为

$$\Delta\nu = \frac{c}{2nL} \tag{2-6-1}$$

式中:c 为真空中的光速;L 为激光器谐振腔腔长;n 为谐振腔内介质的折射率。用于全息照相的激光器都是在单横模(TEM$_{00}$模)状态下工作的,故其空间相干性都很好,但其腔长通常都为 0.5 m、1 m 或者 1.5 m。随着激光器腔长的增长,纵模间隔缩小,纵模的个数 N 则增多,其结果是使激光束时间相干性变差,相干长度减小。图 2-6-4 表示由多纵模激光器出射后分成的两束光相干叠加所形成的干涉条纹可见度 V(即时间相干度)随两束光光程差变化的情况。从图中明显看到,对于单纵模激光器,条纹可见度 $V=1$,可看作完全相干,当 $N>1$ 后,激光器的时间相干度随光程差呈周期性变化,其极大值出现在光程差为激光器腔长偶数倍的地方,利用这一特点便可进行全息照相的景深扩展。具体做法是:对一个具有大景深的被拍摄物体组件,分别采用不同光程的物光照明这些物体的不同部分。只要对应各组物光光程与参考光光程之差正好为激光器的谐振腔腔长的偶数倍,则干涉条纹的可见度仍接近于 1。这样拍摄的全息图在重现时,整个物体组件都能得到清晰、完整的虚像。

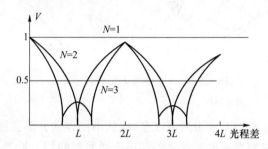

图 2-6-4　激光器纵模输出的时间相干性随光程差的变化

采用这种方法拍摄的大景深全息图,其景深可达数米甚至 10 m 以上,但该法只能拍摄相距甚远的一组孤立物体,对于一个特大的连续物体,此法不能奏效。

【实验步骤】

本实验共制作两张大幅面或大景深的全息图,其中一张采用参考光光程补偿,另一张采用物光光程补偿来实现景深扩展。

(1) 按图 2-6-1 布置实验光路拍摄大景深全息图。布置光路时应注意以下几点:

① 安放被拍摄物体组件时,应使 O_1 和 O_2 之间的距离、O_2 和 O_3 之间的距离都小于激光器的相干长度。

② 三角形光路的光程应调到与激光器的相干长度相等。

③ 使 O_1 的物光光程与不经过三角形光路的参考光 R 的光程相等,使 O_3 的物光光程与经过三角形光路的参考光 R' 的光程相等。

④ 物光与参考光之间的夹角选择为 30°～60°。

⑤ 调整物体的方位,使各物体散射光的最强部分都落到干板平面上,并使各物光波与参考光波在全息干板上严格重合。

⑥ 调节物、参光的光强比,使其为 1:2～1:5。

对于参考光光程补偿系统,在调节光路时,还要注意在原参考光 R 与补偿参考光 R' 之间容易产生的背景干涉条纹,影响重现像的视场。解决办法是:让补偿光程差略大于激光器的相干长度,以使 R 和 R' 产生的背景条纹可见度下降,最好使背景条纹间距增大到让整个亮条纹覆盖干板。

调节好光路后进行曝光、显影、定影、漂白等处理,与一般全息照相相同。最后观察拍摄得到的大景深全息图的重现像。

(2) 按图 2-6-3 布置拍摄大幅面全息图的实验光路。布置光路时应注意以下几点:

① 首先把被拍摄物划成两部分,每部分的尺寸应小于激光器的相干长度。

② BS$_2$ 的分束比取 R ＝50％为宜,以使两路物光强度大体相等,从而将整个被拍摄物体均匀照明。

③ 两束物光和参考光的光程力求相等;物、参光束间的夹角为 30°～60°;物、参光强比为1∶2～1∶5;调整物体的方位,使其散射光的最强部分落在干板上;曝光、显影、定影、漂白等处理与一般全息照相相同。最后观察拍摄得到的大幅面全息图的重现像。

【讨论】

(1) 全息照相景深扩展的基本原理是什么? 在什么情况下要采用景深扩展技术?

(2) 分析文中所给出的 3 种景深扩展方案的特点,并比较其优缺点。

(3) 激光器相干长度的估计方法:安排迈克耳孙干涉实验光路,在观察屏上观察其干涉条纹。先使两臂长度相等,然后改变光路中一臂的长度,观察干涉条纹对比度的变化,直到条纹消失,此时该臂长改变量 Δl 的两倍即为激光器的相干长度。

【实验仪器】

He-Ne 激光器(40 mW 左右)	1 台	物体组件	大小共 3 个
电子快门	1 个	观察白屏	1 个
反射镜	6 个	载物平台	3 个
分束镜	2 个	干板架	1 个
扩束镜	2 个	全息干板	若干小块

参 考 文 献

[2-6-1]　王绿苹.光全息与信息处理实验[M].重庆:重庆大学出版社,1991.

[2-6-2]　幸良梁,印建平.大场景全息照相[J].光学学报,1986,6(5):433-439.

实验 2-7　物像互遮掩的彩虹全息多重记录

长久以来,全息工作者在利用全息照相术艺术地记录和重现多个物体上做了大量的努力,例如对多个物体进行角度复用的多重记录、分区分色记录,还有文献报道了相互间有遮蔽效果的多个三维物体分色彩虹图的制作,能够强烈地展示物体的三维存在。本节从全息图视角复用的角度研究多个物体的多重记录。方法是在全息图记录光路中设置系列互补的挡光屏,对不同的物体分别进行记录,所得到的全息图在重现时,左右移动观察,将看到不同物体的重现像在视场中逐渐交替出现,沿挡光屏边缘相互遮掩。通过设计特殊的挡光屏,可以达到特定的重现效果。

【实验目的】

(1) 掌握全息照相多重记录原理。

(2) 掌握视角复用的原理,以及视角复用的实验方法。

（3）设计不同的互补挡光屏拍摄多物体不同视角复用的全息图，从中领会挡光屏边缘形状对重现像效果的影响。

【实验原理】

1. 角度复用

所谓角度复用技术，是指采用不同角度的参考光与不同角度的物光在一张全息底片上进行多重干涉记录。重现时，由于布拉格条件的角度选择特性，用相应不同角度的参考光照明全息底片，即可重现出相应的不同物体。但角度每复用一次即要对全息图进行一次曝光，全息图的衍射效率会受一定的影响。

由于全息图可以记录整个视场的物光信息，全息图重现时，若观察者眼睛相对全息图移动，则在重现光场中即可在不同视角看到对应的物像。因此，如果在不同的视角方向记录不同的物体，则可以在一张全息图中记录多个不同的物体。

2. 物像互遮掩记录的原理

对于一般的视角复用，当人眼在不同的视角通道移动时，看到的是多个截然不同的物体。本节则采用在拍摄全息图光路中的一定位置，设置系列互补的挡光屏，对多个物体分别进行记录的方法。由此制作的彩虹全息图在重现时，左右移动观察，多个物体的重现像将会在视场中逐渐交替出现，沿挡光屏边缘产生相互遮蔽。这种效果我们称为"互遮掩"的物像记录。下面简要说明相应的原理。

现以两个物体的记录进行分析，如图 2-7-1 所示。图中 H_1 是将要拍摄的主全息图，AB 是一个待记录物体，S 是 AB 的挡光屏，L 是挡光屏 S 的高度，L_H 是 H_1 的高度，L_0 是 AB 的高度，D' 是 AB 与 H_1 之间的距离，d 是 AB 与挡光屏 S 之间的距离。$A'B'$ 是另一个待记录的物体，它的挡光屏是 S'。图中没有画出参考光 R。

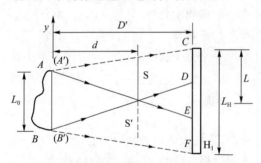

图 2-7-1 两个物体的互遮掩记录原理图

可以看到，由于在光路中设置了挡光屏 S，H_1 被分为三个区域：CD、DE 和 EF。其中，CD 区完全接收不到物光，DE 区每一点上只能看到部分的物体，EF 区的记录效果和无挡光屏时一致，能处处记录全部物体发出的光波。

将物体 AB 换成另一个物体 $A'B'$，并将挡光屏 S 换成挡光边缘互补的 S' 时，H_1 面上的记录情况正好完全相反：CD 区可完全记录物体 $A'B'$，EF 区无法记录，DE 上每一点只能记录部分物光波——此时 DE 区能看到物体的部分与刚才正好相反。

由于挡光屏边缘严格互补，DE 上每一点只能记录物体 AB 和 $A'B'$ 空间位置不同的部分，两个部分在视场中以挡光屏边缘为界。因此，用参考光 R 重现 H_1 且在 DE 区域移动观察时，视场中将看到 AB 的像和 $A'B'$ 的像以挡光屏边缘为界，逐渐相互替代；移动的方向不同，"遮掩"与"被遮掩"的关系相反，因此物像可彼此相互遮掩。从这里我们看到，方法中多个物体的观察是利用全息图视角的转换实现的。

利用多个边缘互补的挡光屏，我们即可在 H_1 上记录更多"相互遮掩"的物体。将物体的主全息图 H_1 激光重现，记录为物体的彩虹全息图 H 是很容易的，这里不再给出光路示意图。根据彩虹全息图的记录和观察习惯，重现时我们一般会左右移动全息图 H，看到多个物体在

H_1 上各自的成像相互遮掩。

物体彼此相互遮掩在实际过程中是难以想象和实现的,本实验利用光路中系列互补的挡光屏分别对物体进行遮掩,并依次进行全息的记录。重现时,利用全息图视角的转换分别看多个物体的相互遮掩重现。

由于多个物体分别记录在主全息图的不同区域上,因此在曝光时可对不需要曝光的区域挡光。对相邻的两个物体而言,只有中间 DE 区部分会出现两次曝光记录,对主全息图整体衍射效率影响不大。同时,由于第二步彩虹全息记录时只有一次曝光记录,因此不同于变换参考光或物光角度进行的多重记录,不会影响彩虹全息图的衍射效率。

3. 挡光屏的设置

光路设计和实现的关键是合理地设置挡光屏,使主全息图能完整地记录上述 3 个区域,从而既能完整地观察到两个物体的独立存在,又能清晰地看到物体逐渐地相互遮掩。

仍然以图 2-7-1 进行分析,设定上述三个区域在全息图面上均分,使两个物体的分别观察和交替过程都很充分。由图 2-7-1 可以得到

$$\frac{L_0}{L_H/3}=\frac{d}{D'-d}$$

即

$$d=\frac{3D'L_0}{L_H+3L_0} \tag{2-7-1}$$

由此可以相应求出挡光屏的高度 L,它在光路中的长短也很容易得到满足。由于参考光和物体的照明光是侧向入射的,挡光屏的宽度 L' 对光路的布置才有密切的影响,因此这里主要讨论宽度 L' 的大小及其影响,示意光路如图 2-7-2 所示,它是图 2-7-1 的俯视图。

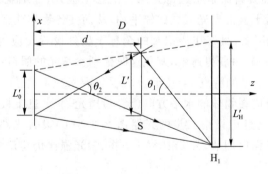

图 2-7-2　考虑挡光屏宽度的光路俯视图

图 2-7-2 中,d 和 D' 的大小如图 2-7-1,与式(2-7-1)的计算方式相同;L_0' 为物体宽度,L_H' 为主全息图 H_1 的宽度,θ_1 为参考光与光轴夹角,θ_2 为物体照明光与光轴夹角,光轴垂直于干板和物体。

通过简单的三角几何计算可得

$$\begin{cases} L'=\dfrac{d}{D'}(L_H'-L_0')+L_0' & (L_H'>L_0') \\[2mm] L'=\dfrac{d}{D'}(L_0'-L_H')+L_H' & (L_H'<L_0') \end{cases} \tag{2-7-2}$$

$$\begin{cases} \theta_1 = \arctan \dfrac{L'_H + L'}{2(D'-d)} \\ \theta_2 = \arctan \dfrac{L'_0 + L'}{2d} \end{cases} \tag{2-7-3}$$

全息干板能记录的条纹密度有限,对于一般的全息图记录,最好 $\theta_1 < 45°$,照明光的角度 θ_2 也不宜太大。一般地,实验中可以取 $L'_H = 90$ mm, $L_H = 200$ mm, $L_0 = 100$ mm, $L'_0 = 50$ mm, $D = 300$ mm,由式(2-7-1)、(2-7-2)和(2-7-3)可得 $d = 180$ mm, $L' = 74$ mm, $\theta_1 = 34°$, $\theta_2 = 29°$。因此,光路是完全可以实现的。

如果需要记录 n 个物体,可将式(2-7-1)中的"3"变成"$n+1$",物体和挡光屏间距 d 的大小将发生改变,但这并不影响参考光以及照明物光的入射,因此对多个物体,光路的设置依然是可行的。

【实验步骤】

(1) 选择 2～3 个大小相近的物体,根据全息底片的大小和物体大小,再根据式(2-7-2)计算挡光屏宽度,制作边缘互补的挡光屏。

(2) 按照二步彩虹全息记录第一步的光路图 2-3-3(a)设置光路,在物体前适当位置 d 处加入挡光屏(建议 d 为 25～30 cm,如果物体较小,也可适当缩短 d),拍摄多个物体的主全息图 H_1。每曝光记录一次,即更换物体和挡光屏,继续曝光记录。拍摄时物、参光强比为 1:2～1:5。干板处理事项同前。

注意:

① 在光路中物体的照明光和参考光的光路应该比较宽敞,以便在实验过程中加入和更换挡光屏;

② 加入挡光屏后,需要将眼睛贴近待记录的全息干板处,仔细观察调整互补挡光屏的位置,使互补挡光屏遮挡后干板的曝光区域比较平均,从而使各物体获得均匀的观察视角;

③ 光路中加入挡光屏后,最好在待记录的全息干板处设置相应的挡光板,使全息干板未受到物光照明的区域在曝光时获得遮蔽,避免这时受到参考光的照射;

④ 要注意彩虹全息记录的特点,全息干板的视角观察应沿垂直于物体正立方向,即物体水平卧放时,互补挡光屏应在物体的水平方向(竖向)挡光,而全息干板的挡光区域也为竖向。

(3) 按照二步彩虹全息记录第二步的光路图 2-3-3(b)设置光路,拍摄彩虹全息图 H_2。狭缝宽度可根据物、参光强比调节,为 3～8 mm。物、参光强比仍建议为 1:2～1:5。干板处理事项同前。

(4) 用白炽灯从 R_2^* 方向照明全息图 H_2,观察 H_2 的重现彩虹全息像。观察时注意眼睛处于狭缝像附近,左右缓慢移动全息图 H_2,观察视角移动时多个物体的互遮掩效果。

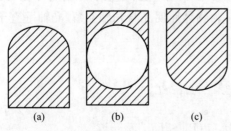

图 2-7-3 记录全息图所用的三个互补的挡光屏

图 2-7-3 为制作物像互遮掩全息图时采用的三个边缘互补挡光屏,图 2-7-4 为采用"天狗袭日"典故拍摄的互遮掩全息图的重现像,相应记录的物体为两个不同的"凤凰"图案和"天狗"图案。为了突出"袭日"的过程,在"袭日"的前后"太阳"图案中的"凤凰"形状不一:"袭日"前高举双翅,显得很慌乱,如图 2-7-4(a)所示;"天狗"离开后则平展双翅,

显得很祥和,如图2-7-4(e)所示。图 2-7-4(b)是"天狗"正"袭日"的遮掩情景;图 2-7-4(c)是"天狗"完全遮挡"太阳"的遮掩情景;图 2-7-4(d)是新"太阳"复出,"天狗"被赶走的遮掩效果。侵袭的过程非常生动。

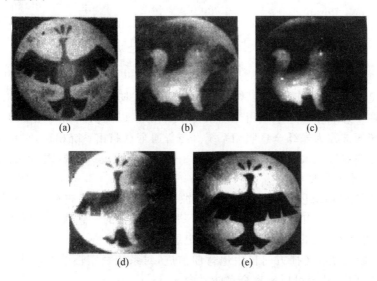

图 2-7-4　互遮掩彩虹全息图的重现像

在实验中,所制作太阳图案直径为 70 mm,"天狗"采用一个三维的陶瓷小狗,其大小约为 50 mm×50 mm。虽然有三个待记录的图案,但中间的"天狗"是通过如图 2-7-3(b)所示的圆孔屏记录的,因此对另外的两个挡光屏,计算中取 $n=2$,主全息图的 $L_H=200$ mm, $L_{H'}=45$ mm, $D'=300$ mm,由式(2-7-1)、(2-7-2)和(2-7-3)算得 $d=154$ mm, $L'=58$ mm, $\theta_1=19°$, $\theta_2=22°$,此时所需的圆孔直径应大于 35 mm。实际光路布置时, $d=150$ mm, $L'=70$ mm, $\theta_1=30°$,圆孔直径为 40 mm。图案的照明采用两束光从左右同时入射, $\theta_2=45°$。

【讨论】

本实验利用彩虹全息图视角的转换实现对多个物体的记录。如果记录物是一个物体的多个侧面,则可实现物体的多视角记录和重现。当然,此时物体各侧面间将有一个交替的过程,观察的结果会类似于走马灯的效果。

【实验仪器】

He-Ne 激光器（40 mW 左右）	1 台	干板架	3 个
电子快门	1 个	待拍摄物体	2～3 个
扩束镜	2 只	边缘互补挡光屏	若干
φ100 mm 准直镜	2 只	载物平台	1 个
分束镜	1 只	狭缝	1 只
观察屏	1 个	全息干板	若干小块

参 考 文 献

[2-7-1]　科列尔,伯克哈特,林.光全息学[M].盛尔镇,孙明经,译.北京:机械工业出版社,1983.

[2-7-2] 刘艺,王仕璠.物像互遮掩的彩虹全息记录[J].中国激光,1998,A25(4):343-346.

[2-7-3] 金伟民,王辉.多个三维物体的彩虹全息假彩色编码[J].中国激光,1996,A23(6),574-576.

实验 2-8　光纤全息照相

传统的全息照相,其工作范围通常被限制在光学实验防震台上,拍摄系统对于抗震条件要求苛刻。如果在全息照相光路中采用光纤来传导激光束,以提供照明物光波和参考光波,那么这样的光路系统便被称为光纤全息照相系统。与普通全息照相系统相比,它具有以下优点:

(1) 光学元件数目大大减少,甚至可以不用一个光学透镜或反射镜,系统更为紧凑,调整方便,操作简单,灵活性大。

(2) 光纤具有传输损耗低、细小柔韧、耐腐蚀、电气绝缘性能优越和不受电磁干扰等优点,适用于复杂、封闭、远距离和危险、具有腐蚀性等恶劣环境中的全息探测。例如,在内窥条件下对物体(机械内部零件、水下物体等)进行全息记录和分析。

(3) 光纤可以使光线传播方向自由地弯曲前进,对系统稳定性的要求也没有传统全息术中常规元件那么严格,甚至可以脱离全息防震台。

因此光纤全息术具有传统全息术所不具备的特殊作用。

光纤全息术诞生于 1978 年,其后得到了迅速的发展,出现了多种光纤全息术的试验方案。目前,光纤全息技术在工业及医学内窥、长距离实时监测、运动物体全息干涉计量以及全息相干监测等诸多领域有着广阔的应用前景,并有望成为仪器化的实用全息系统。

本实验简要介绍光纤全息照相的基本原理、器件选择和实现方法。

【实验目的】

(1) 掌握光纤全息照相原理和实现方法。

(2) 了解光纤全息照相系统中各元器件选择的原则。

(3) 采用光纤全息照相系统拍摄 2 张全息图,并进行对比分析。

【实验原理】

1. 光纤全息照相原理

光纤是由玻璃或塑料制成的细丝,分为内外两层,如图 2-8-1 所示。内层称为纤芯,外层称为包层。纤芯直径为 $4\sim100~\mu m$,包层直径在 $3\sim10~mm$ 之间。纤芯材料的折射率 n_1 较包层材料的折射率 n_2 略高,且两层之间形成了良好的光学界面。当光线从光纤一端以适当的角度 θ 射入纤芯,满足条件

$$\sin\theta > \frac{n_2}{n_1} \tag{2-8-1}$$

时,将在纤芯与包层之间产生多次全反射而传播到另一端。实际上传输光线时,将许多根光

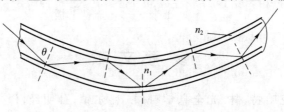

图 2-8-1　光学纤维

纤聚集在一起构成纤维束,称为传光束。如果使其中各根光纤在两端的排列顺序完全相同,这样就构成了能传递图像的传像束(见图 2-8-2)。传像束中每根光纤分别传递一个像元,整个图像就被这些光纤分解后传递到另一端。

图 2-8-3 所示为光纤全息照相的一种实验光路。由激光器发出的相干光经分束镜 BS 分为两束,再分别由透镜聚焦后注入两根光纤。从其中一根光纤尾部出来的光线经扩束或直接作为物光照射到物体 O 上;从另一根光纤尾部出来的光线经扩束或直接作为参考光 R 照射到全息记录材料 H 上。同时,全息记录材料也吸收光纤束 B 传来的从被摄物体 O 上射出的物光。物光与参考光在全息记录材料上叠加便形成干涉条纹,经显影、定影处理后即得到一张全息图。将此全息图底片置回原光路中,并用参考光照射,则在物光位置形成物体的全息虚像,在物光的共轭位置形成全息实像。以上就是光纤全息照相的记录和重现过程。

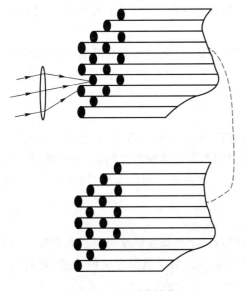

图 2-8-2　光纤传输像

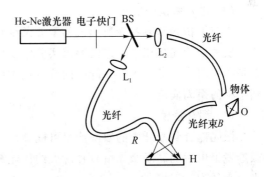

图 2-8-3　光纤全息照相的一种实验光路

2. 器件选择

(1) 对激光器的要求

与普通全息照相术相对应,光纤全息术中的激光器既可采用连续波激光器,又可采用脉冲激光器。在不使光纤产生光学非线性效应的前提下,激光器的功率应越大越好。为提高激光器的时间和空间相干性,光纤全息照相中采用的连续波激光器应选用单横模单纵模的 He-Ne 激光器或 Ar$^+$ 离子激光器。

脉冲光纤全息由于激光能量大,曝光时间短(例如 20 ns),不需要附加位相稳定系统,并能拍摄运动物体瞬间的情景。为了有较好的相干性,一般选用单横模单纵模的红宝石激光器。由于脉冲激光器输出的峰值光功率很高,易在光纤中引起非线性效应,从而使选定频率上耦合的光能反而减小,聚束难度增大,难以采用芯径较细的单模光纤,故在光纤全息照相系统中一般选用连续波激光器作为光源。

(2) 光纤类型的选择

就光纤的传光性而言,光纤全息照相可以采用单模光纤、多模光纤,也可以采用光纤传像束。因通常以 He-Ne 激光器作为光源,故要求光纤的截止波长 λ_c 不小于 0.7 μm。

多模光纤的纤芯大,传输的能量大,有利于提高输出光对物体的照明度,但多模光纤端面的辐射光由很多小亮斑组成,其中小亮斑之间的暗区不能照明物体,因而物体上的许多信息会在记录过程中丢失,重现时不能获得物体的细节,因而不能用它制作高清晰度的全息图。改善这一现象的措施是在光纤端面增置一块漫射板。此外,多模光纤是消偏振的。这是因为每一导模有各自的偏振态,它们在辐射图样的亮点中随机分布。这一特性也导致了在用多模光纤传输照明光时所制作的全息图中,干涉条纹的对比度减小并且重现像衍射效率下降。

单模光纤的传输模式单纯,能量集中,抗干扰能力强,且其出射光强近似为高斯分布,这种辐射光可用于直接照明,而不用像普通全息光路中那样使用扩束镜或空间滤波器,因此单模光纤是一种较为理想的光纤。其光束的发散量取决于数值孔径 NA。通常 NA 是一个较小的值(例如 0.1),故光纤端面离被照明物体应有一定距离才能使物体被均匀照明。此外,在一般的单模光纤中,即便使用线偏振光激励,但由于实际的光纤存在弯曲、扭转和变形等情况,导致双折射的产生,使其输出光变为椭圆偏振光,增加了本底光噪声,因而最好采用保偏光纤。

光纤传像束多为多模光纤传像束,主要用于传导干涉图样,这时多模光纤的弯曲和漂移对全息图的重现影响不大,但其分辨率一般只有 30 线/毫米,这就使物体的空间分辨率不可能太高。

(3) 对分束镜的要求

为使由物光和参考光所形成的干涉条纹具有较好的条纹对比度,应使物光和参考光到达全息底片处的光强相当。这就要求实验中使用的物照明光强度为参考光的 2～100 倍,最佳状态是物照明光和参考光在入纤前的分束比大约为 10∶1。这可视干板的大小、物体的大小和物到干板的距离而定。

(4) 耦合透镜

激光耦合到光纤中的效率应尽可能高。光可以经过一个显微物镜聚焦后进入光纤。经显微透镜聚焦后的高斯激光束直径应大约比光纤芯径大 10%。对于焦距为 f 的透镜,它前面的光束直径为

$$D = \frac{3.65\lambda f}{\pi d} \tag{2-8-2}$$

式中:λ 为激光波长;d 为纤芯直径。为了保证高效率耦合,还需要保持光纤端面的洁净与平整。

【实验步骤】

1. 选择实验用光纤,并进行光纤的端面处理

光纤端面的平整性以及端面与光轴的垂直度对耦合效率的影响很大,入射端面处理得好,可以减小反射损失,使光源输出光有效地进入光纤。光纤出射端的光洁度与平整性影响到输出辐射光斑的图样。对于加工良好的单模纤芯端面,出射光是类似于高斯球面波的均匀光斑;否则,出射光四散,降低照明效率。端面的处理可以用研磨的方法,也可将光纤按一定的曲率弯曲,使其上部受拉应力而下部受压应力,用金钢刀在上面划一痕迹,按一定的曲率拉断。另一种简易的方法是把光纤端部包层剥去一层,将纤芯烧熔,用镊子将端部轻轻夹断,得到一光亮规则的端面。

2. 实验光路的选择

为了做对比,实验中可安排两种光路。实验光路之一如图 2-8-4 所示,用单模或多模光纤均匀照明物体,参考光要求有较高的光束质量,故需要由单模光纤传输。所用的单模光纤

$NA \approx 0.1, n_1 = 1.45, \lambda_c = 0.7~\mu m$。取两路光纤的长度相等（1～2 m）。实验光路之二如图 2-8-3 所示，增加了传像光纤束。这种光路的优越性在于可拍摄远离全息实验台的物体及其形变情况，并可实现全息内窥（即拍摄物体内部情景）。

3. 制作全息图

（1）首先按图 2-8-4 进行拍摄。参考光选取工作波长为 0.632 8 μm 的单模石英光纤传导；照明物光用多模光纤传导，其数值孔径较单模光纤稍大，易于得到较高的耦合效率。采用天津 I 型干板，以 35°物、参夹角曝光 2～5 s，底片经显影、定影、漂白等处理后，便可获得较满意的全息图。

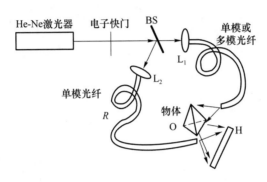

图 2-8-4　光纤全息照相的另一种实验光路

（2）改用图 2-8-3 进行拍摄。曝光时间因使用传像束而加长，在 60～100 s 范围内效果较好。注意：光纤元件数目的增加将导致拍摄难度的增大，因为这时每一元件都因耦合而使光强减弱和整个系统稳定性降低，因此在较长的曝光时间内，整个拍摄系统的稳定性非常重要，并且为了能在记录平面处得到强度相当的物光和参考光，应使物照明光和参考光在入纤前的光束比大约为 10:1。

（3）观察实验结果

将上述拍摄的两个全息图置于原光路中，遮挡掉物光，在原参考光照明下重现，观察实验结果，并进行对比分析。

【讨论】

迄今进行的光纤全息实验所得到的全息图，其衍射效率和重现像的分辨率都较低。影响光纤全息图衍射效率的主要因素有：①光纤输出光的偏振特性；②光纤的种类（单模光纤、多纤光束）。影响光纤全息图重现像分辨率的主要原因有：①参考光使用光纤传输；②多模光纤输出光的散斑场；③光纤传像束的自身分辨率。此外，光纤的色散、激光器的频率漂移对光纤传输光的影响等都对光纤全息图的像质带来不良影响。

【实验仪器】

He-Ne 激光器（40 mW 左右）	1 台	多模光纤（1～2 m）	2 根
电子快门	1 个	光纤传像束	1 根
连续分束镜	1 个	全息干板架	1 个
聚焦显微透镜及支架	2 个	被摄物体	1 个
单模光纤（1～2 m）	2 根	全息干板	若干小块

参 考 文 献

[2-8-1]　李明娟,赵铭锡.用光纤元件制作全息图的研究[J].应用激光,1988,8(3):123-126.

[2-8-2]　吴国锋,卢文全.光纤全息技术研究与发展[J].激光技术,1989,13(6):23-29.

[2-8-3]　周效东,汤伟中,周文.全光纤全息技术的研究与实现[J].激光技术,1995,19(2):115-118.

第3章　全息光学元件

所谓全息光学元件(Holographic Optical Elements,HOEs)是指采用全息照相方法(包括计算全息法)制作的,可以完成准直、聚焦、成像、分束、光束偏转和光束扫描等功能的元件。在完成上述功能时,它不是基于光的反射和折射规律(几何光学),而是基于光的干涉和衍射原理(物理光学),所以全息光学元件又称为衍射元件。

常用的全息光学元件包括全息透镜、全息光栅和全息空间滤波器等。本章仅讨论全息透镜和全息光栅的相关实验,介绍其制作原理、方法、特点和用途等。

实验 3-1　全息光栅的设计与制作

全息光栅是一种重要的分光元件,它与传统的刻痕光栅比较,具有下列优点:光谱中无鬼线、杂散光少、分辨率高、有效孔径大、生产效率高、价格便宜等。全息光栅的制作和应用已有50余年历史。早在 1969 年,德国就制成了边长达 1 m 的全息光栅,用于天文学领域;法国Jobin Yvon公司在 1970 年就大量制出各种平面、凹面全息光栅作为商品出售。我国在 20 世纪 80 年代也制成多种商品全息光栅,供科研、教学、产品开发之用。现在,全息光栅已广泛用于光谱仪器中作为分光元件;用于 θ 调制技术中作为舞台装饰;用于集成光学中作为光束分束器、耦合器和偏转器等元件。在光信息处理中,它既可作为调制器用于图像相减、边缘增强、消模糊处理等,又可作为编码器,对黑白图片实现假彩色编码。此外,还可通过记录复合多重光栅,制成彩虹滤色镜,用以装饰灯具或置于照相机镜头前,增加色彩效果。

本实验着重介绍低频全息光栅和复合光栅的制作,为后面的光学信息处理实验提供准备条件。

【实验目的】

(1) 掌握制作正弦型和矩形全息光栅的原理和方法。

(2) 掌握制作复合光栅的原理和方法,观察莫尔条纹。

(3) 通过实验,制作一个低频全息光栅和一个复合光栅,并观察和分析实验结果。

【实验原理】

1. 全息光栅的记录光路

图 3-1-1 表示记录全息光栅的一种光路。由激光器发出的激光经分束镜 BS 后被分为两

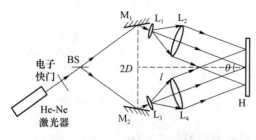

图 3-1-1 全息光栅记录光路

束:一束经反射镜 M_1 反射,经透镜 L_1 和 L_2 扩束、准直后,直接射向全息干板 H;另一束经反射镜 M_2 反射,经透镜 L_3 和 L_4 扩束、准直后,也射向全息干板 H。在对称光路布置下,两束准直光在干板上相干叠加,形成等距直线干涉条纹。干板经曝光、显影、定影、烘干等处理后,就得到一个全息光栅。光栅常数或空间频率由式(3-1-1)决定:

$$2d\sin\frac{\theta}{2}=\lambda \tag{3-1-1}$$

式中:d 称为光栅常数,其倒数即为光栅的空间频率 $f_0=1/d$;θ 是两束准直光之间的夹角;λ 为激光波长。式(3-1-1)称为光栅方程。

由图 3-1-1 可以看出,改变两束光之间夹角 θ 的值便可控制光栅条纹密度(即 d 的大小)。事实上,根据光栅方程(3-1-1)可知,当 θ 值减小时,d 值将增大,从而 f_0 将减小。由此可以估算出,在低频光栅的情况下,θ 值是很小的,这时式(3-1-1)可简化成

$$d=\frac{\lambda}{\theta} \tag{3-1-2}$$

而由图 3-1-1 可知,在 θ 值较小时,有 $\tan\dfrac{\theta}{2}\approx\dfrac{\theta}{2}=\dfrac{D}{l}$,将此式代入式(3-1-2)便得

$$f_0\approx\frac{1}{d}=\frac{2D}{l\lambda} \tag{3-1-3}$$

式(3-1-3)就是估算低频全息光栅的空间频率公式。

2. 复合光栅

所谓复合光栅是指在同一张全息干板上拍摄两种栅线彼此平行但空间频率不同的光栅。复合光栅采用二次曝光法来制作。第一次曝光拍摄空间频率为 f_0 的光栅,然后保持光栅栅线方向不变,仅改变光栅的空间频率,在同一张全息干板上进行第二次曝光,拍摄空间频率为 f_0' 的光栅。如果两个光栅的栅线方向严格平行,则复合光栅将出现莫尔条纹,其空间频率 f_m 是 f_0 和 f_0' 的差频,即

$$f_m=\Delta f_0=|f_0-f_0'| \tag{3-1-4}$$

例如,若 $f_0=100$ 线/毫米,$f_0'=102$ 线/毫米或 98 线/毫米,则莫尔条纹的空间频率 $f_m=|f_0-f_0'|=2$ 线/毫米。这种复合光栅可在光学微分实验(见实验 7-5)中使用。

拍摄复合光栅的光路仍如图 3-1-1 所示。为改变第二次曝光时的光栅空间频率,只需改变两束准直光之间的夹角 θ。改变 θ 角的方法有两种:一种是使图 3-1-1 中的 M_1 和 M_2 做适当等量的平移(反向或相向);另一种方法是沿水平方向旋转干板 H(如图 3-1-2),以改变 θ,从而改变 d(或 f_0)。其中,第二种方法更好,因为对于一定的 Δf_0,其所需的调节量较大,较易于调准。

由图 3-1-2 易知,当干板转动一小角度 φ 时,对应干涉条纹的空间周期变为 $d'=\dfrac{d}{\cos\varphi}$,而其空间频率则变为

$$f_0'=\frac{1}{d'}=\frac{1}{d}\cos\varphi=f_0\cos\varphi \tag{3-1-5}$$

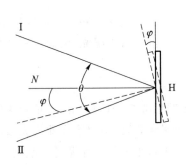

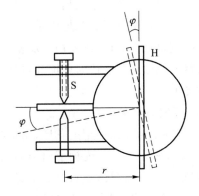

图 3-1-2　旋转干板以改变光栅空间频率　　　　图 3-1-3　干板的方位微调

莫尔条纹的空间频率为

$$\Delta f_0 = |f_0' - f_0| = f_0(1 - \cos\varphi) \tag{3-1-6}$$

根据式(3-1-6),便可按照 f_0 和 Δf_0 来计算干板应转动的角度 φ。例如,若 $f_0 = 100$ 线/毫米,$\Delta f_0 = 2$ 线/毫米,则有

$$\varphi = \arccos\frac{f_0 - \Delta f_0}{f_0} = 11°30'$$

φ 角的改变是靠转动二维大镜座的方位角微调旋钮来实现的。如图 3-1-3 所示,设微调螺钉的螺距为 s,调节点至转轴的距离为 r,则有

$$\tan\varphi = \frac{ns}{r} \tag{3-1-7}$$

式中:n 为微调旋钮转动的圈数。例如,设 $s = 0.75\,\text{mm}$,$r = 60\,\text{mm}$,若要求 $\varphi = 11°30'$,则 $n = \frac{r\tan\varphi}{s} = 16$。

【实验步骤】

1. 低频全息光栅的制作

(1) 光路参数估算

首先按图 3-1-1 所示实验光路,根据所要求制作的全息光栅的空间频率 f_0($=100$ 线/毫米),由式(3-1-1)及(3-1-3),估算出两光束之间的夹角 θ 和相应的光路参数 l、D。

(2) 光路的布置和调整

由下列几个步骤进行操作:

① 调整分束镜 BS,使两束光的光强相等,并使两束光相对于 BS 对称布置;

② 调整反射镜 M_1 和 M_2,使由它们反射回的两个细光束在干板面(白屏)中心重合;

③ 在两激光束未扩束前安入准直镜 L_2、L_4,使其中心位置与激光束中心重合,办法是观察由各透镜两表面反射的系列光点是否位于同一条直线上;

④ 再将扩束镜 L_1 和 L_3 分别置于 L_2 和 L_4 的前焦面上,使两束光经扩束、准直后,两个等大的光斑在全息干板面(白屏)上重合。

(3) 曝光和显影、定影处理

安装光路,调整好后,关闭电子快门,取下白屏放上全息干板,静置 1 min 后进行曝光,曝光时间视激光器功率大小选定,一般为 20～40 s,由曝光定时器控制。经显影、定影、漂白和烘干处理后便制得一正弦全息光栅。这一步的操作也十分重要。为得到正弦光栅,要求曝光正确,显影适当,否则所制得的光栅将是非正弦型的。

如果要制得矩形光栅,则要用高反差系数 γ 的全息干板。高 γ 值底片的宽容度很小,可近似认为当曝光量达到某一值时就饱和曝光,曝光量低于该值时就不曝光,因而形成了接近于矩形的衍射光栅。

(4)观察实验结果

首先,观察全息光栅的衍射花样,用细激光束直接照射光栅,在其后的白屏上观察衍射图样,如图 3-1-4 所示。由于光栅至白屏的距离远大于光栅常数,此衍射图样即为夫琅禾费衍射图样,亦即频谱。如果其谱点只有 3 个亮点(0 级和 ±1 级),则表明此光栅是正弦型的;如果出现 ±2,±3,…级亮点,则表明此光栅是非正弦型的。当亮点很多时,就表明该光栅接近矩形光栅。当用白光照明光栅时,还可观察到彩色的光栅光谱。

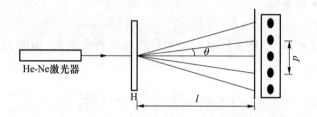

图 3-1-4　全息光栅衍射花样及空间频率检测

其次,计算光栅的实际空间频率,并与实验前的设计要求值比较。在图 3-1-4 中,设光栅至屏的距离为 l,±1 级两个谱点之间的距离为 p,则由光栅衍射公式 $d\sin\theta=\lambda$ 算得该光栅的实际空间频率为

$$f_0''=\frac{p}{2l\lambda} \tag{3-1-8}$$

此值应与设计要求值基本一致。

2. 复合光栅的制作

实验光路仍如图 3-1-1 所示,采用两次曝光,每次曝光时间为 10～20 s。第一次曝光记录光栅条纹的空间频率仍定为 $f_0=100$ 线/毫米。然后,调节安装干板架的二维大镜座的方位角微调旋钮,使全息干板水平旋转一个角度 φ 之后,再进行第二次曝光。本实验要求第二次曝光记录的光栅空间频率为 $f_0'=98$ 线/毫米,这时微调旋钮转动的圈数 n,该值由式(3-1-7)计算得 $n=16$。为了防止螺纹间隙引起的回差,应在实验前先将微调旋钮空转一下,实验时沿同方向旋转该旋钮。

两次曝光的全息底片经显影、定影、漂白等处理后即制得复合光栅。

最后测量复合光栅的莫尔条纹的空间频率,并与设计值做比较。

【讨论】

(1)为什么使用全息干板记录两平行激光束的干涉条纹时,只要是曝光正确、显影得当,所得到的光栅就为正弦型,即其振幅透过率按余弦分布?

(2)莫尔条纹是如何形成的?一定要用两块实际的光栅重叠在一起才能够产生莫尔条纹吗?

【实验仪器】

He-Ne 激光器（40 mW 左右）	1 台	准直镜	2 个
电子快门	1 个	可水平旋转的干板支架	1 个
扩束镜	2 个	白屏	1 个
分束镜	1 个	米尺（公用）	1 把
反射镜	2 个	全息干板	若干小块

参 考 文 献

[3-1-1]　王仕璠.信息光学理论与应用[M].4 版.北京:北京邮电大学出版社,2020.

[3-1-2]　王绿苹.光全息和信息处理实验[M].重庆:重庆大学出版社,1991.

实验 3-2　全息透镜的设计与制作

全息透镜又分为同轴全息透镜和离轴全息透镜,透射式全息透镜和反射式全息透镜。由于全息透镜类似于菲涅耳波带片,所以全息透镜又叫全息波带片。和普通透镜相比,全息透镜具有重量轻、造价低、相对孔径大,易于制作和批量复制,以及在同一张全息片上可具有多功能(如聚焦、分束、滤波和多重记录)等优点,因而在许多领域已获得了应用。

【实验目的】

(1)掌握几种全息透镜的制作原理和制作方法,并制作出几种全息透镜进行观察。

(2)通过对全息透镜成像的认识,进一步理解普通三维物体的全息照片重现原物立体像的原理。

【实验原理】

图 3-2-1(a)所示为点源全息透镜的制作原理。点光源 A 发出发散的球面波,而 B 则是一个会聚球面波的交点,两光波相干;在两束光相重叠的干涉场内,放置一种全息记录介质,通过曝光、显影、定影等处理,就可以制成全息透镜。

图 3-2-1(b)是全息透镜局部的光栅结构。如果记录介质表面中心的法线与 A、B 两点的连线相重合,则是同轴全息透镜,其光栅结构如图 3-2-1(c)所示;否则便是离轴全息透镜,其光栅结构如图 3-2-1(b)所示。

全息透镜的特性可以用它的透射系数来表征。

设两光波在记录介质表面的复振幅分别为

$$A = A_0 \exp(\mathrm{i}\psi_A) \qquad\qquad B = B_0 \exp(\mathrm{i}\psi_B) \qquad\qquad (3\text{-}2\text{-}1)$$

式中:A_0、B_0 代表振幅;ψ_A、ψ_B 是相对于坐标原点(即透镜中心)的位相函数。由图 3-2-1(a)可知

$$\psi_A = k_0(\overline{QA} - \overline{OA}) \qquad\qquad \psi_B = k_0(\overline{QB} - \overline{OB}) \qquad\qquad (3\text{-}2\text{-}2)$$

式中:$k_0 = 2\pi/\lambda_0$,λ_0 是记录时所使用的光波长。根据两光束的干涉原理,对于薄型振幅全息图,在线性记录的条件下,透射系数为

$$\tau_H \propto |A+B|^2 = [A_0^2 + B_0^2 + 2A_0 B_0 \cos(\psi_A - \psi_B)] \qquad\qquad (3\text{-}2\text{-}3)$$

或简化为

$$\tau_H = \tau_0 + 2\tau_1 \cos(\psi_A - \psi_B) \tag{3-2-4}$$

亦即

$$\tau_H = \tau_0 + \tau_1 \{\exp[i(\psi_A - \psi_B)] + \exp[-i(\psi_A - \psi_B)]\} \tag{3-2-5}$$

式中:τ_0 是平均透射系数;τ_1 代表调制深度。式(3-2-4)说明线性记录的光栅结构是正弦型的,式(3-2-5)则表明一个正弦型的薄全息透镜的作用相当于三个普通的光学元件。

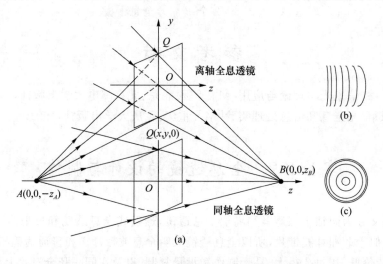

图 3-2-1　全息透镜的记录及其光栅结构

图 3-2-2 代表同轴全息透镜的成像光波分布。图中 O 是轴上物点,I 是正一级衍射像(正透镜的作用),I' 是负一级衍射像(负透镜的作用)。

由于全息透镜是衍射光学元件,自物点 O 发出的球面波通过各透明带时将发生衍射,形成像点的光满足光栅方程:

$$d_i(\sin\theta_{In} - \sin\theta_{On}) = m\lambda \quad (m=0,\pm1) \tag{3-2-6}$$

式中:θ_{On} 为入射角;θ_{In} 为衍射方向与法线的夹角;d_i 为光栅间距;因为这里的光栅不是等间距的,所以用脚标 i 表示自中心向外数起的序号;m 表示衍射级次。

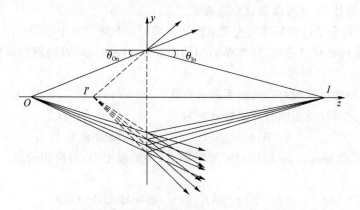

图 3-2-2　同轴全息透镜轴上物点的成像

图 3-2-3 是轴外物点成像的情况。可以采用几何分析方法,利用透镜的透射系数来讨论全息透镜的三个作用。

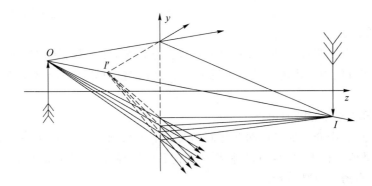

图 3-2-3　同轴全息透镜轴外物点的成像

普通薄透镜的透射系数为

$$\tau_1 = \exp(-ik\frac{x^2+y^2}{2f'}) = \exp\left(-ik\frac{r^2}{2f'}\right) \tag{3-2-7}$$

式中：f' 为焦距，$f' > 0$ 是正透镜，$f' < 0$ 是负透镜；$k = 2\pi/\lambda$，λ 是物光波长；r 是透镜的径向坐标。

在同轴全息透镜的情况下，由图 3-2-1 在近轴条件下很容易看出

$$\begin{cases} \psi_A = -k\left[\sqrt{x^2+y^2+z_A^2} - z_A\right] \approx -k\frac{x^2+y^2}{2z_A} \\ \psi_B = k\left[\sqrt{x^2+y^2+z_B^2} - z_B\right] \approx k\frac{x^2+y^2}{2z_B} \end{cases}$$

$$\psi_A - \psi_B = -k\frac{x^2+y^2}{2}\left(\frac{1}{z_A} - \frac{1}{z_B}\right) = -k\frac{x^2+y^2}{2}\frac{1}{f'} \tag{3-2-8}$$

式中

$$\frac{1}{f'} = \frac{1}{z_A} - \frac{1}{z_B} \tag{3-2-9}$$

f' 表示全息透镜 +1 级像的像方焦距。

将式(3-2-8)代入式(3-2-5)中，得

$$\tau_H = \tau_0 + \tau_1 \exp\left[-ik\frac{x^2+y^2}{2f'}\right] + \tau_1 \exp\left[ik\frac{x^2+y^2}{2f'}\right] \tag{3-2-10}$$

把式(3-2-10)同式(3-2-7)比较，很容易看出，一个正弦型同轴全息透镜的作用相当于一个平板玻璃、一个正透镜和一个负透镜的作用。

全息透镜有与普通透镜相似的一面，即能聚焦、成像，其焦距由式(3-2-9)决定。如果记录和重现时所用的光波长不同，则焦距变为

$$f' = \frac{z_B z_A}{\mu(z_B - z_A)} \tag{3-2-11}$$

式中：$\mu = \lambda/\lambda_0$，λ_0 是记录时使用的光波长，λ 是成像时所用的光波长。可见，全息透镜的焦距与所使用的光波长有关。

若成像和记录使用同一波长的光，则相应的物象关系为

$$\frac{1}{z_I} - \frac{1}{z_O} = \frac{1}{f_0'} \quad (\lambda = \lambda_0 \text{ 时}) \tag{3-2-12}$$

式中：z_I 为像距，z_O 为物距。

全息透镜还有一些与普通透镜不同的特点，除前面提到了三种作用同时并存外，衍射还可

能出现高级次,因而有多重焦距、多重像。由于全息透镜的焦距与所使用的光波长有关,因而有明显的色散现象存在。

这些特点也可由实验观察到。如让日光通过全息透镜,即可观察到不同颜色的光的焦点是不同的,出现多重焦距。透过全息透镜观察一个发光的白炽灯,会看到灯丝的多重像。

【实验步骤】

1. 透射式同轴全息透镜的记录

尽管在实验原理中介绍的是用两个球面光波的干涉来制作全息透镜(这样制作的全息透镜具有焦距短、数值孔径大的优点),但根据全息记录的原理,用一束平面光波和一束球面光波的干涉来制作全息透镜也是可行的。

图 3-2-4 是制作同轴全息透镜的一种光路,图中 BS_1、BS_2 是分束镜,M_1、M_2 是反射镜,L_1 是透镜,A 点相当于一个点光源(也可直接使用针孔滤波器或扩束镜),H 处放置观察屏或全息干板。实验步骤如下。

(1) 调整 BS_1、M_1、BS_2、M_2 及 L_1,使平行光束的中心线与球面光束的中心线重合,并使两光束的光程基本相等,在 H 处两束光的强度相差不多。此时,在 H 处的白屏上将可看到同心圆状的干涉条纹,中部条纹稀粗,边缘条纹密细。

(2) 记录和处理底片,其过程与普通全息照相相同。

(3) 观察实验结果。

将制得的同轴全息透镜放回原位,挡去球面波,只让平行光照射在全息透镜上,此时,全息透镜将会把球面波重现出来。

若在全息透镜的后面观察,除了能看到入射平行光透过来的零级分量外,还能看到由虚光源 A 点"发射"出来的发散光,如图 3-2-5 所示,这是一级衍射分量。平行光通过同轴全息透镜后能得到一个发散的球面波,这就相当于一个普通凹面镜的作用,其焦距即为 A 点到全息透镜之间的距离,也就是制作过程中点源 A 和全息干板间的距离。

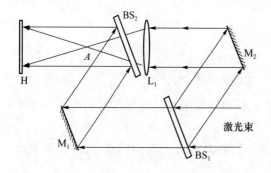

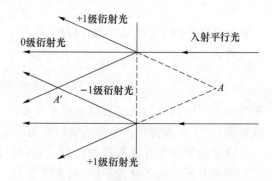

图 3-2-4　拍摄透射式同轴全息透镜的一种光路　　　　图 3-2-5　同轴全息透镜的重现结果

当用一个白屏在全息透镜后方前后移动时,还能找到一个光束的会聚点 A',这是负一级衍射。A' 到全息透镜的距离与 A 到全息透镜的距离相等。平行光通过全息透镜后能得到一个会聚光束,这与一个凸透镜的作用相当。

2. 透射式离轴全息透镜的记录

如图 3-2-6 所示,移动 M_3,使之偏离球面波的中心线,移动 M_1 使平行光束经 M_1 沿倾斜方向射向屏 H,这样,从 A 点发出的球面波的光轴 AC 与平面波的光轴 DC 之间便形成一定夹角(注意在调整中仍要保持两光束等光程,且在 H 面上等强度)。在此情形下,H 处干板上记录的便是一个离轴全息透镜。

把制得的离轴全息透镜放回原位,挡住球面波,只用平行光照射,同样可以重现球面波。

将离轴全息透镜反转 180° 放置,即用共轭平行光照射,则在它的后面得到一个会聚的球面波。由于离轴全息透镜的成像是离轴的,所以可以认为它相当于一个棱镜和一个透镜的组合。前者使光偏转,后者使光成像。

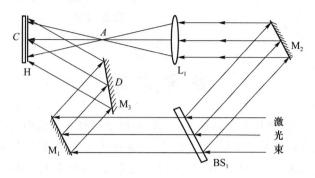

图 3-2-6　拍摄透射式离轴全息透镜的一种光路

3. 反射式全息透镜的记录

如图 3-2-7 所示,使平面波与球面波分别从干板的两侧入射(仍需等光程、等光强)。这种情况下制得的全息透镜便是反射式全息透镜。

在这种情形中,干涉场的条纹更密(因两束光传播方向的夹角更大),而且有沿乳胶厚度方向的条纹(两光束接近相向传播),所以,反射全息透镜可以看作是点光源的全息图,并且是一种体全息图,因而再现时对光波长有较强的选择性,并且用红光(632.8 nm)制作的全息图由于处理后乳胶的收缩,不再完全适合于红光,而向短波方向移动。此时用白光再现时将出现黄绿光。

此外,用反射式全息透镜成像时,物和像都在透镜的同一侧。

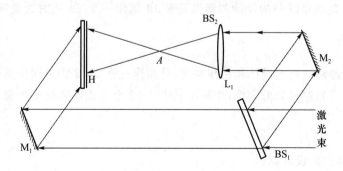

图 3-2-7　拍摄反射式全息透镜的一种光路

【讨论】

前面讲的同轴全息透镜和离轴全息透镜都是点源全息图。这种点源全息图可以帮助我们更容易地理解普通三维物体的全息照片为什么能显示物体的立体像。因为普通物体可以看作是由许许多多的发光点组成的,每个点发出一个球面波,它们分别与平面波相干(假定参考光为平面光波),形成各自的同心圆形的干涉条纹。普通的三维物体的全息图实质上是许许多多的同心圆形条纹结构的复杂组合。当挡住物光(或移去物体本身)用平行光照射时,则重现出组成物体的各发光点的像,其空间位置仍在原处。因此,整个重现像便是立体的了,像原物一样。用非平行光照射时,像略有发散或缩小。拍摄普通三维全息图时,参考光虽然不一定用平行光,但道理是一样的。

【实验仪器】

He-Ne 激光器（40 mW 左右）	1 台	ϕ50 mm 准直镜	2 只
扩束镜	1 个	干板架	1 个
分束镜	2 个	观察白屏	1 个
反射镜	3 个	全息干板	若干小块

参 考 文 献

[3-2-1]　王仕璠,朱自强.现代光学原理[M].成都:电子科技大学出版社,1998.

[3-2-2]　于美文.光全息学及其应用[M].北京:北京理工大学出版社,1996.

[3-2-3]　王仕璠.信息光学理论与应用[M].4 版.北京:北京邮电大学出版社,2020.

实验 3-3　全息透镜阵列的制作与应用

很早以前人们就已经知道,单个透镜可以对物体进行成像以及对光束进行变换,透镜阵列则可以形成"复眼"的效果。但由于制作传统的光学元件需要磨制、抛光等,其体积也较大,因此用传统透镜组成透镜阵列是很不方便的。随着光电技术的进步,透镜阵列在最近几十年得到了广泛研究和应用,它已在光互连、激光扫描、图形显示、光束整形、光通信、自适应光学、显示技术等领域得到了积极的应用。这种透镜阵列最初是采用菲涅耳波带片在塑料上制成的,其后广泛采用全息照相方法来制作。

本实验介绍全息透镜阵列的设计和制作要素,并制作一个 2×2 的透镜阵列,用以实现完全混洗光互连。

【实验目的】

(1) 掌握全息透镜阵列的设计和制作要素,并制作一张 2×2 的全同全息透镜阵列。

(2) 掌握透镜阵列对光束的变换,理解用一个 2×2 全息透镜阵列实现完全混洗光互连的原理。

【实验原理】

1. 全同透镜阵列的设计制作

由于制作上的工艺问题(特别是在微透镜阵列方面),一般要求所制作的透镜阵列中,每个透镜都是全同的。这就要求透镜的焦点正对透镜的中心。

实验 3-2 已经介绍了全息透镜制作的相关知识。现在来讨论如何构成一个全同的全息透镜阵列。实际的透镜阵列可以是一个 $m \times n$ 的阵列,为简单起见,先以一个 2×2 的二维全息透镜阵列的制作为例进行说明。

图 3-3-1(a)所示为 4 个紧靠且边长为 a 的正方形全息透镜组成的 2×2 透镜阵列,正方形中心的黑点表示其正对透镜中心的焦点位置。全息透镜的一些记录方式分别如图 3-3-1(b)、(c)所示,其中 P_1、P_2 分别为全息干板放置的位置。

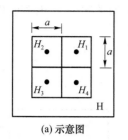
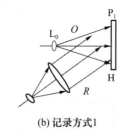
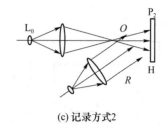

|(a) 示意图|(b) 记录方式1|(c) 记录方式2|

图 3-3-1　全同的 2×2 全息透镜阵列

（1）由实验 3-2 可知，全息透镜可同时具有正、负焦距，因此记录时物光既可使用会聚光束，又可使用发散光束。以参考光 R 取平行光为例，若物光 O 为发散光，则用原参考光 R 照明重现时，衍射光为发散光，全息透镜相当于一个凹透镜；用 R^* 照明重现时，衍射光为会聚光，全息透镜相当于一个凸透镜。

（2）由于图中的扩束镜 L_0 的框架具有一定的宽度（如 5 cm），因此，若所需制作的全息透镜较小（如直径为 $1 \sim 3$ cm），则难以按照图 3-3-1(b) 布置光路，否则参考光将难以照明干板面，或者需要在较长的距离上记录，则将造成全息透镜的焦距相对过大。因此一般选用图 3-3-1(c) 中的位置 P_2 放置干板。

（3）同轴和离轴的选择

同轴透镜由于存在像的重叠，实验中不便观察。因此本实验建议选用离轴记录方式，如图 3-1-1(b)、(c) 所示。

另外，考虑到观察的习惯，一般设置物光正对干板面，参考光倾斜。

（4）透镜阵列的记录

由于阵列中各透镜是全同的，故在记录时只需在一个透镜记录完成后关闭快门，将全息干板移动一个透镜的宽度即可记录下一个透镜。整个光路系统并不需要进行变化。

在记录中需要注意两个问题。第一是干板移动位置的控制。这可通过二维的电动位移装置完成。在实验中也可在干板架后方设置标尺和绿光灯，在需要记录下一个全息透镜时，打开绿光，将干板移动到对位标尺相应位置。第二是需要注意记录的顺序。考虑到干板在干板架上平移一般较容易，而上下移动需要调节螺旋升降杆，容易造成干板架的转动偏移，所以应尽可能增加平移操作，减少升降操作。以图 3-1-1(a) 的透镜阵列为例，如果第一个记录的是 H_1，以 $a = 2$ cm 为例，则记录顺序可以选为

记录 H_1→右移 a，记录 H_2→上移 a，记录 H_3→左移 a，记录 H_4

（5）掩模的使用

由于透镜阵列需要多次分区记录，因此掩模的设置是非常重要的。掩模大小要与全息透镜的尺寸一致，中心与物光中心正对；考虑到参考光的倾角，掩模需要尽可能薄，且紧靠干板面。

设置掩模的一个方法是在干板前设置一个固定的掩模架，如图 3-3-2(a) 所示。固定掩模一般需要在干板架的上方悬挂，并使掩模紧靠干板。固定掩模不能随干板移动，考虑到干板的移动范围后，掩模面需要比干板大足够的宽度和高度，为干板挡光。另一个可在实验中采用的简易方法是，事先在黑纸上划开四个与全息透镜等大的纸方，纸方有一条边不动，其他三边被划开，分别如图 3-3-2(b)、(c) 中的实线与虚线。这样，当需要记录哪个透镜时，即可打开该纸

方〔图 3-3-2(b)为上下打开,图 3-3-2(c)为左右打开〕,记录完毕即关闭。关闭时可用胶带将两相邻纸方相连。

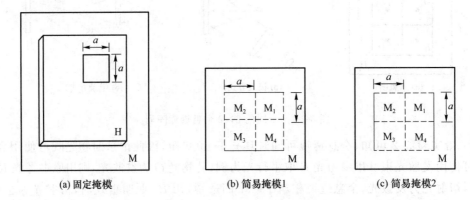

图 3-3-2　用于记录透镜阵列的掩模设置

(6) 短焦距、大孔径全息透镜的记录

对于透镜阵列而言,一般要求透镜为短焦距、大孔径的。这时,采用"发散光/会聚光"的系统会比采用"发散光/平行光"或"会聚光/平行光"的系统在同等孔径下具有更短的焦距。此时,记录光路如图 3-3-3 所示,物光和参考光可随意选择会聚或发散,只要构成"发散光/会聚光"系统即可。当然,两光束"发散/会聚"程度越大,获得的全息透镜焦距则越短,数值孔径则越大。

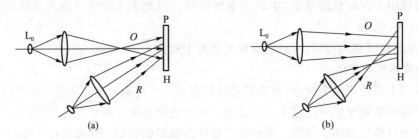

图 3-3-3　记录短焦距、大孔径的全息透镜光路示意图

2. 用全息透镜阵列实现完全混洗光互连

完全混洗(Perfect Shuffle,PS)是指将输入的一组卡片、数据或元素分成相等的上下两部分,并使它们以交错相嵌的排列输入。

定义:设有 N 个输入元素 A_k(N 为偶数,各个元素的序号为 $k,k=0,1,\cdots,N-1$),经过一次互连置换后,输出元素为 A'_k,输出元素的序号为 $k'(k=0,1,\cdots,N-1)$,若输出元素的序号 k' 与输入元素的序号 k 之间满足下列关系:

$$k'\begin{cases} 2k & \left(0\leqslant k<\dfrac{N}{2}\right) \\ 2k-N+1 & \left(\dfrac{N}{2}\leqslant k<N\right) \end{cases}\qquad(3\text{-}3\text{-}1)$$

则此置换叫作一维完全混洗互连变换。

K. H. Brenner 等人提出了基于分像合像原理的光学 PS 系统。分像合像的原理如图 3-3-4所示,它的思想是:将两把并排放置的刻度相同的尺子错开半个尺子的长度,并同时放大二倍,其重叠部分的刻度读数顺序刚好是每个尺子上刻度读数的完全混洗。因此,只要设计一种光学系统,使之能对输入面成两个错开的放大二倍的像,那么像的重叠部分就是输入面的 PS 排列。如果同时在输入阵列的行列方向进行以上的变换,则可实现二维完全混洗。2×2 的全同全息透镜阵列正好是这样的一个光学元件,用它可直接实现 $2N\times2N$ 阵列输入的 PS 变换。图 3-3-5 为平行光入射虚焦点成像的 PS 变换一维示意图。

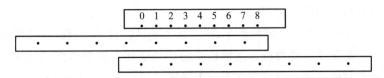

图 3-3-4　分像合像实现 PS 的原理

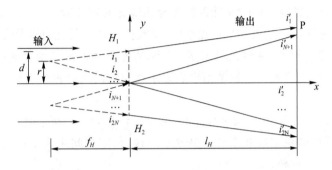

图 3-3-5　平行光输入虚焦点成像完全混洗变换

【实验步骤】

1. 制作一个 2×2 的全同离轴全息透镜阵列

(1) 布置实验光路。实验光路可按图 3-3-6 搭建,类似于图 3-3-1(b)、(c)或图 3-3-3。摆设光路时需要特别注意透镜 L_1、L_2 与光学系统的共轴,否则将使制得的透镜焦点位置偏离。还应使光束通过透镜 L_1 后成为准直光。应从 L_2 开始,在激光束未扩束前依次安放并调整透镜 L_2、L_1,使其中心位置与激光束中心重合,办法是分别观察透镜两表面反射的系列光点是否位于同一条直线上,然后再将扩束镜 L_0 置于 L_1 的前焦点上。

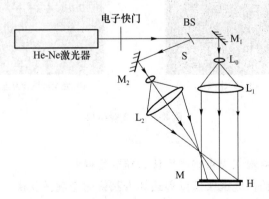

图 3-3-6　离轴短焦距全息透镜阵列记录光路

(2) 制作掩模。掩模可按图 3-3-2(b)、(c)制作。考虑到手动对位容易出现一定的误差,应在全息干板大小允许的情况下尽量稍大一些,例如取干板尺寸为 $4.5\ \mathrm{cm}\times6\ \mathrm{cm}$(或 $9\ \mathrm{cm}\times6\ \mathrm{cm}$),则制作的全息透镜口径可取 $a=2\ \mathrm{cm}$,从而减小对位误差的影响。

（3）在干板架后设立二维的标尺，放置暗室下照明用的绿光灯。要注意第一次记录前将干板架的升降杆调节到靠近尽头，并反旋一下，避免出现记录时由于螺纹间隙引起的回差，使其不能达到所需升降距离；同时，由于干板需要有一定的左右移动，第一次记录时干板应避免放在干板架中心，应在中心旁边 a 的位置。由于一些标尺的刻度难以在暗室中阅读，可事先在干板架上贴上左右移位的明显标记。

（4）记录透镜阵列。按照一定的顺序，依次对各透镜进行曝光、移位、掩模对位等操作，记录全息透镜阵列。在记录中需要特别注意移位的精确度并与掩模匹配，避免出现掩模的不当开启或关闭。曝光时间由激光器功率和光路中透镜口径决定，一般为 5～10 s。

显影、定影、漂白操作与普通全息照相处理过程相同。

2. 观察透镜阵列，进行 $2N \times 2N$ 输入的完全混洗光互连实验

（1）将制得的透镜阵列放入一平行光束中，转动阵列使平行光束沿原参考光方向，用白屏或毛玻璃在原物光方向移动，观察在 R 和 R^* 照明情况下透镜阵列衍射的凸透镜实焦点和凹透镜虚焦点阵列，观察平行光束经透镜衍射后光束在空间的交错叠合现象，并测量出透镜阵列的焦距 f_H。

（2）制作一个 $2N \times 2N$ 的输入字母序列，如 4×4 或 6×6。可以使用激光打印机在投影片上打印，要求字母序列总宽度和全息透镜宽度一致，且字母间距为字母宽度的两倍以上，否则在叠合过程中会产生重叠。

（3）将输入阵列平行放置在透镜阵列前方（如贴靠在透镜阵列上），用平行光束照明，使输入阵列中心和透镜阵列中心对齐，平行光束使透镜阵列呈现凹透镜虚焦点状态，如图 3-3-5 所示。观察各输入元素经全息透镜阵列后在空间的分布状态的变化，在 l_H 距离上观察完全混洗的叠合效果，拍摄照片作为实验结果，并测量 β_H。图 3-3-7 是实验结果举例，供读者参考。

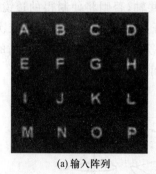

(a) 输入阵列　　　　　　　　(b) 完全混洗光互连图像

图 3-3-7　实验结果

【讨论】

（1）全息透镜阵列对输入光束将产生什么样的变换？

（2）全息透镜阵列的凸透镜实焦点形式能否获得完全混洗变换？如何改进光路以获得对成像距离和成像放大率的变化？

【实验仪器】

He-Ne 激光器（40 mW 左右）	1 台	可升降的干板支架	1 个
电子快门	1 个	输入字母阵列	1 个
分束镜	1 个	绿光灯	1 个

反射镜	2 个	白屏	1 个
扩束镜	2 个	米尺（公用）	1 把
准直镜	3 个	全息干板	若干小块

参 考 文 献

[3-3-1]　王仕璠.信息光学理论与应用[M].4 版.北京:北京邮电大学出版社,2020.

[3-3-2]　刘艺,何淑梅,王仕璠.虚焦点成像实现平行光输入的 PS 光互连[J].中国激光,
2000,A27(1):87-90.

[3-3-3]　刘艺,何淑梅,王仕璠.全息透镜阵列实焦点成像实现 PS 光互连[J].激光杂志,
1999,20(3):60-61.

第 4 章　全息信息存储

全息信息存储是 20 世纪 60 年代随着激光全息照相术的发展而出现的一种大容量、高存储密度的信息存储方式,与目前常用的光盘存储及磁盘存储技术相比较,全息存储器具有下列独特优点:

(1) 存储密度高,既能在二维平面上存储信息,又能在三维空间内进行立体存储,还能使很多信息多重叠加,因此,全息存储器可以作为一种海量高密度存储器。

(2) 全息图信息冗余度大,与按位存储的光盘及磁盘不同,全息图以分布式的方式存储信息,每一信息位都存储在全息图的整个表面或整个体积中,因此,信息冗余度大,全息图片上的尘埃和划痕等局部缺陷对存储的影响小,也不会引起信息的丢失。

(3) 全息图本身具有成像功能,因此,即使不用透镜也能写入和读出信息,并且用于记录全息图的材料不仅具有抗干扰能力强和保存时间久等优点,还能批量生产,价格也比较便宜。

(4) 全息图还可方便地进行信息加密存储,增加了信息存储的安全性。

此外,全息存储器也有可能用作联想记忆功能的存储器(光全息联想存储器),能与计算机联机实现图文原件的自动检索,数据读取速率高,并且可并行读取。而且,全息数据库可以用无惯性的光束偏转(例如,声光偏转器)来寻址,这样就避免了磁盘和光盘存储中必需的机电式读写头,因此数据传输速率和存取速率可以很高。

光全息存储器被认为最有潜力与传统的磁盘及光盘存储技术竞争,成为当前大容量、高密度存储光电技术领域研究的热点之一。本章分别介绍用光学全息进行信息高密度存储和加密存储的一种方法。

实验 4-1　全息高密度、大容量信息存储

【实验目的】

(1) 掌握应用傅里叶变换全息图进行图文信息高密度存储的原理和光路设计,并得出相应的实验结果。

(2) 分析实验光路中对各光学元件的要求,从而加深对光路设计的理解。

【实验原理】

1. 全息高密度、大容量存储基本原理

全息照相对信息的大容量、高密度存储是利用傅里叶变换全息图把要存储的图文信息制作成直径约为 1 mm 的点全息图，排成点阵形式。由于透镜具有傅里叶变换性质，因此当物体置于透镜的前焦面上时，在透镜的后焦面上就得到物光波的傅里叶变换频谱，形成谱点，其线径约为 1 mm。如果再引入参考光到频谱面上与之干涉，便可在该平面记录下物光波的傅里叶变换全息图。其基本光路原理图如图 4-1-1 所示，He-Ne 激光器发出的激光束经分束镜 BS 分成两束，一束作为物体的照明光(物光 O)，另一束作为参考光 R。物光经扩束、准直后照明待存储的图像或文字(物)，经图文资料衍射的光波由透镜 L_3 做傅里叶变换，在记录介质面 H (透镜 L_3 的后焦面处)与参考光 R 相干涉，形成傅里叶变换点全息图。这些按页面方式存储的点全息图可以排成二维或三维阵列存储在记录介质上，也可以像 CD 唱片的旋转轨迹那样，排列存储在圆盘上。当记录介质乳剂层很薄时，记录的是平面全息图；当记录介质乳剂层较厚时，在感光乳剂中可记录层状干涉条纹，形成体积全息图。

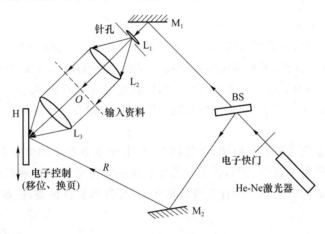

图 4-1-1　全息高密度存储原理图

2. 高密度、大容量全息存储的记录方式

在全息存储中，既要考虑高的存储密度，又要使重现像可以分离，互不干扰，故常常采用以下两种记录方式。

(1) 空间叠加多重记录。在全息图底片乳胶层的同一体积空间，一边改变参考光的入射角，一边顺次将许多信息重叠曝光，进行多重记录。重现时，只需采用细激光束逐点照明各个点全息图，在其后适当距离的屏幕上观察，通过改变重现照明光的入射角就能读取所记录的各种信息。

(2) 空间分离多重记录。把待存储的图文信息单独地记录在乳胶层一个一个微小面积元 (前述点全息图)上，然后空间不相重叠地移动全息图片，于是又记录下了另一个点全息图。如此继续不断地移位，便实现了信息的点阵式多重记录。信息的读取是通过改变再现光入射点的位置来实现的。

计算表明，光学全息存储的信息容量要比磁盘存储高几个数量级，而体全息存储的存储密度又比平面全息图的大得多：用平面全息图存储信息时，理论存储密度一般可达 10^6 bit/cm^2，而体全息图的存储密度却可高达 10^{13} bit/cm^3。

【实验步骤】

1. 准备资料原稿

首先准备几份实验用的存储资料原稿,它们可以是图像、文字资料等,然后将其制成透明片,并分别贴在洁净的玻璃板上。

2. 布置实验光路

按图 4-1-1 选择适当的光学部件布置实验光路。扩束镜 L_1 与准直镜 L_2 构成共焦系统,在其共焦点上可安置针孔滤波器。准直镜 L_2 与变换透镜 L_3 的口径要适当选大些,使其通过的光束直径略大于待存储资料原稿的对角线。为了充分利用光能,L_2 和 L_3 还应选用相对孔径大的透镜。为了便于记录全息存储点阵,全息干板应安装在沿竖直和水平方向都可移动的移位器上。调整光路时,应先把 H 放在 L_3 后焦面上,然后向后移动造成一定离焦量(离焦量大小约为 $0.01 f_3' \sim 0.03 f_3'$),离焦的目的在于使物光束在 H 上的光强分布均匀,从而避免造成记录的非线性。参考光束 R 的光轴与物光束的光轴在 H 上应相交,两者的夹角控制在 $30° \sim 45°$,还应使参考光斑与物光斑在 H 上重合,参考光斑直径应大于选定的点全息图直径,以便全部覆盖整个物光斑。

3. 记录全息图点阵

按照上述光路布置,每沿竖直或水平方向移动干板架适当距离(例如,$3 \sim 5$ mm)就记录一个点全息图,如此反复操作,可将多张资料原稿记录成全息图点阵,本实验至少要求记录 3×3 个点阵。记录过程中,为了避免全息干板玻璃面反射光的有害影响,可在玻璃面上贴一张经清水浸泡过的黑纸。最后,经显影、定影、漂白、烘干等处理后,即得到所需要的高密度存储全息图。

4. 重 现

将处理后的全息图片放回干板架,挡住物光束,用原参考光束作为重现光束,逐一移动干板架使参考光束照明每个点全息图,在全息图片后面一定位置用毛玻璃即可接收到各个点全息图中所存储的原稿的放大像。为使重现像清晰,应仔细调整移位器,使重现光束准确覆盖整个点全息图。

【注意事项】

(1) 本实验的成败关键在于适度离焦的物光斑和细束参考光斑必须在 H 面上重合,否则不能获得干涉效应。

(2) 由于所记录的全息图属于点阵全息图,光强很集中,因而曝光时间应很短,一般在 $1 \sim 2$ s 就可以。曝光时间过长将破坏乳胶层。

(3) 当存储资料为文字时,由于提供的文字信号是二进制的,且只需勾画出字迹来即可,因此,对光路的要求不高,光路中不加针孔滤波器也行;但在存储灰度图像时,要求加针孔滤波器,且光路必须洁净,否则重现图像上会引起相干噪声斑纹。

【实验仪器】

He-Ne 激光器(40 mW 左右)	1 台	扩束镜	1 个
电子快门	1 个	分束镜	1 个
反射镜	2 个	ϕ100 mm 准直镜	1 个
针孔滤波器	1 个	带移位器的干板架	1 个
ϕ100 mm 傅里叶变换透镜	1 个	待存储的图文资料玻璃板	若干块
可变光阑	2 个	普通干板架	1 个
观察屏	1 个	全息干板	若干小块

参 考 文 献

[4-1-1]　王仕璠,朱自强.现代光学原理[M].成都:电子科技大学出版社,1998.

[4-1-2]　于美文.光全息学及其应用[M].北京:北京理工大学出版社,1996.

实验 4-2　全息信息的加密存储

【实验目的】

(1) 掌握全息图对图文信息加密存储的工作原理。

(2) 领会编码器和解码器的意义及其制作原则。

(3) 通过编码拍摄一张加密全息图,并观察其加密效果和解码后的图像复原。

【实验原理】

随着现代科技的发展,印刷和复制技术日臻完善,许多商标、证件、票据和文物等的仿冒品能达到以假乱真的地步,伪钞、伪信息卡的数量日益增加,这些伪造品使国家和人民深受其害。很明显,随着国内外市场竞争的加剧以及犯罪活动的猖獗,信息的安全存储是十分重要的。基于此,目前国内外都在大力开发各种防伪技术及其产品,重视对信息的加密存储。

全息编码加密存储就是确保信息安全的一种有力手段。这里包括编码和解码两个过程,其原理光路如图 4-2-1 所示。做全息存储记录时,用位相介质 D 制作一个编码板,将其放在物体和全息底片之间,物光波 O 通过编码板后发生波面变形,参考光波 R 不通过编码板。这样,全息底片 H 上就记录了变形后的物光波面 O'。重现时,用共轭参考光 R^* 照明全息图 H,这时重现出的光波是与原变形物光共轭的光波,因而形成一个模糊的物体实像 O'',若仍旧在光路中原位加入编码板 D,则变形的共轭物光波通过编码器后,复原为原来的物光波 O,在原物体位置形成与原始物体相同的实像 O^*。这一过程称为解码。

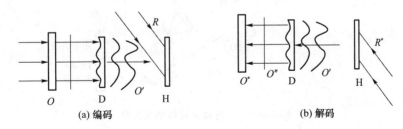

(a) 编码　　　　　　　　　　　(b) 解码

图 4-2-1　全息加密存储原理光路

上述过程可以用分析式表述如下。

设用 $\tau = e^{i\phi_D}$ 描述位相物体 D 的透过率函数,则在记录时经位相板 D 后射到全息干板上的物光波 O' 可表示为

$$O' = Oe^{i\phi_D} \tag{4-2-1}$$

当用共轭参考光束 R^* 重现此全息图时,按照全息照相原理,O' 变为

$$O' = \beta |R|^2 (O')^* = \beta |R|^2 O^* e^{-i\phi_D} \tag{4-2-2}$$

式中:β 是全息图经曝光、显影后的灰度系数。此时观察到的是经过位相板 D 调制后的实像波

面,位相板已使原物实像波面受到了畸变,这实际上就是对全息图像进行了编码。

当畸变波 O' 再次通过位相板 D 时,O' 将变为

$$O''' = O' e^{i\phi_D} = (\beta |R|^2 O^* e^{-i\phi_D}) e^{i\phi_D} = \beta |R|^2 O^* \tag{4-2-3}$$

所得到的波面就是原物光波准确的实像。这样就实现了全息图的解码。因此在这里,位相板 D 既是编码器,又是相应的解码器。当然,解码时必须使全息图片相对于编码器精确复位才能获得良好的效果。

由上述讨论可知,适当选择编码器的形状可使物光波面严重畸变,使其面目全非,从而实现加密的目的。为了获得较理想的加密和解密效果,对编码器应有以下一些要求:

① 高的振幅透过率;

② 优良的编码、解码效果;

③ 易于加工但难以复制;

④ 具有刚性结构,不易受损和变形。

据此可以设计各种各样的位相编码板。在本实验中所用的编码器是采用有机玻璃板设计加工成的一种带余弦剖面的位相编码板,如图 4-2-2 所示。

图 4-2-2　余弦剖面位相编码板

【实验步骤】

1. 光路布置

实验光路如图 4-2-3 所示。其中,O 是待记录的图文信息透明片,D 是位相编码板,P 为毛玻璃,用以形成均匀漫射光照明物体 O,这样的漫射光能够有效地降低由光学元件上的尘埃或划痕等产生的光学噪声。

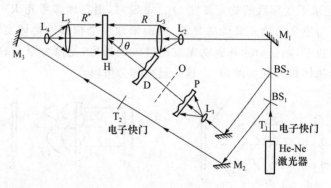

图 4-2-3　全息加密存储实验光路

布置光路时应注意:

(1) 物体 O 和编码板 D 不要离全息底片 H 太远,一般控制在 25 cm 以内为宜。

(2) 物光束与参考光束间的夹角 θ 控制在 30°~45°;两束光至干板中心的光程应相等;物、参光强比控制在 1:2~1:5。

(3) 光路中经 BS$_1$ 和 M$_2$、M$_3$ 反射的一束光是提供共轭参考光 R^* 的,为了获得满意的实像 O^*,应使由 M$_1$、M$_3$ 反射的两束光在扩束前处于同一轴线上。

2. 拍摄加密全息图

关闭电子快门 T$_2$,拍摄编码加密全息图,曝光时间视激光器功率选择,一般在 30 s~1 min。底片的处理过程和一般全息照相相同。

3. 观察解密效果

将全息底片 H 放回原处,用光阑挡住参考光 R 和物光 O,开启电子快门 T_2,用共轭参考光 R^* 照明 H,在物体 O 处放置白屏,观察解码后图像复原的情况。这时编码器 D 变成了解码器。

注意:为了获得良好的解码效果,解码器相对于全息底片 H 的精确复位是很重要的。为此,可事先在编码器 D 上划上一条定位线,并在记录全息图时让它也被记录下来,重现时,定位线的实像也出现在重现像中。观察时,仔细移动解码器或全息图片(最好是全息图片,因为移动解码器时可能引起转动),使其实像中的定位线与编码器上的定位线重合即可,还可以通过将全息底片 H 在原地显影、定影、漂白、烘干来实现编(解)码器的精确定位。

4. 观察加密效果

仍将全息底片置于原处,取下编码器,用光阑挡住参考光 R 和物光 O,开启电子快门 T_2,用共轭参考光 R^* 照明 H,观察经编码加密后的畸变物像。这时应该看到一个与原物面目全非的编码图像。

注意:如果需要保留光路,不希望在观察加密效果时取下编码器,可以关闭电子快门 T_2,用光阑挡住物光 O,将全息底片绕竖直方向旋转 $180°$,用原参考光 R 照明 H(此时相当于用共轭参考光 R^* 照明 H),在 H 后正对物光 O 方向用毛玻璃观察,即可看到一致的加密畸变像。

【讨论】

(1) 通过实验和观察实验结果后,应对图像的加密和解密过程及相应的原理有更深入的领会,并对此做一小结。

(2) 实现图像加密的方法很多,试自行设计一种对图像加密的方案。

【实验仪器】

He-Ne 激光器(40 mW 左右)	1 台	散射屏	1 个
电子快门	2 个	可变光阑	2 个
分束镜	2 个	待拍摄透明片	1 个
反射镜	4 个	位相编码板	1 个
扩束镜	3 个	普通干板架	1 个
准直透镜	2 个	全息干板	若干小块

参 考 文 献

[4-2-1]　王仕璠. 信息光学理论与应用[M]. 4 版. 北京:北京邮电大学出版社,2020.

[4-2-2]　GONG YH,WANG S F,LI LX. Coded Hologram for Anticounterfeiting[J]. Opto Electronic Engineering, 1992, 19(5):38-42.

第5章 全息干涉计量

　　如果在一张全息干板上用同一相干参考光束相继记录某一"运动"物体的两个波面,那么,经显影、定影等处理后,全息干板上就记录了同一物体的两个全息图。当用原参考光重现此全息图时,就形成物体的两个三维重现像。因为这两个重现像是由同一个相干光源产生的,具有确定的振幅和位相分布,并存在于近似相同的空间位置,所以它们会相互干涉产生一系列明暗相间的干涉条纹,上述现象称为全息干涉。这种两个或两个以上波面的合成叫作全息干涉图。干涉条纹的形状可以因物体类型及其运动状态的不同而有所不同,但这些条纹图样都有一个共同特点,即它们携带有关于物体运动或变形的信息。于是,根据条纹的分布就可分析或计算物体所发生的运动或变形,这一科技领域叫作全息干涉度量学。

　　全息干涉法与经典干涉法十分相似。其干涉理论和测量精度基本相同,只是获得相干光的方法不同。经典干涉中获得两束相干光的方法虽然很多,但总的说来不外乎两大类,即分振幅法(如迈克耳孙干涉仪)和分波面法(如杨氏双缝)。而全息干涉的相干光波则是采用时间分割法获得的,亦即在不同的时刻将同一光束记录在同一张全息干板上,然后使这些波面同时重现发生干涉。时间分割法的优点是相干光束由同一光学系统产生,因而可以消除系统误差。

　　全息干涉法与经典干涉法也有区别。经典干涉只能测量经抛光的、几何形状简单的透明物体或反射面,而全息干涉不仅可以测量透明物体,还可以测量不透明物体,并且表面可以是复杂形状的散射体。此外,还可以通过表面的变化来检测物体内部的缺陷。因此,全息干涉度量术已广泛地被应用于许多基础研究和工程监测领域。

　　产生全息干涉条纹图样的方法很多,在实验上最常用的是二次曝光法,就是用同一张全息干板在不同时刻对物体做两次全息记录,一次是记录初始物光波的全息图,另一次是记录"运动"以后的物光波的全息图。当全息图被重现时,设法使在不同时刻记录的两个波面叠加,发生干涉。本章将介绍应用二次曝光法进行一些典型的全息干涉计量实验。

实验 5-1　用全息干涉法测微小位移

【实验目的】

(1) 通过二次曝光全息干涉图的拍摄,了解全息干涉计量的原理和方法。

(2) 通过实验测量,算出被测试物体的微小位移。

（3）通过上机计算，了解计算机在全息干涉计量中的应用。

【实验原理】

1. 计算公式推导

测定位移的基本方程为

$$\Omega = \boldsymbol{K} \cdot \boldsymbol{L} \tag{5-1-1}$$

式中：$\boldsymbol{L}$ 表示待测物点的未知位移，$\boldsymbol{K}$ 是灵敏度矢量，其定义为

$$\boldsymbol{K} = \boldsymbol{K}_2 - \boldsymbol{K}_1 = k(\hat{\boldsymbol{k}}_2 - \hat{\boldsymbol{k}}_1) \tag{5-1-2}$$

式中：$k = 2\pi/\lambda$（λ 为激光波长）；$\hat{\boldsymbol{k}}_2$、$\hat{\boldsymbol{k}}_1$ 分别代表沿观察方向和照明方向的单位矢量。

在如图 5-1-1 所示的坐标系下，有

$$\hat{\boldsymbol{k}}_2 = \boldsymbol{R}_2 / |\boldsymbol{R}_2|, \hat{\boldsymbol{k}}_1 = -\boldsymbol{R}_1 / |\boldsymbol{R}_1| \tag{5-1-3}$$

式（5-1-1）中，Ω 代表待测物点移动前后到达观察点的两束物光的相位差。当 $\Omega = 2N\pi$（N 为整数）时得到明条纹；当 $\Omega = (2N+1)\pi$ 时得到暗条纹；当 Ω 为常数时，即确定了物体表面上某个灰度条纹的位置。Ω 称为条纹定位函数，N 称为条纹级次。

由于 $\boldsymbol{L}$ 是矢量，故具体计算时至少需要 3 个独立方程式联解才能求得；同时，由于条纹的绝对级次通常不易知道，所以还须引入相应于某任一观察方向的条纹级次的一个相加常数 Ω_0。换言之，为了确定 $\boldsymbol{L}(L_x, L_y, L_z)$ 及 Ω_0，至少需要 4 个独立方程式。办法是选择 4 个观察方向，对每个观察方向（相应于不同的 $\boldsymbol{K}$ 和 Ω）得到一个类似于式（5-1-1）的方程。为了减少实验误差，通常都使用 4 个以上的观察方向（如图 5-1-1 所示），这样就形成了测定 $\boldsymbol{L}$ 和 Ω_0 的一个超定方程组：

$$\boldsymbol{K}^{(m)} \cdot \boldsymbol{L} = \Omega_0 + \Delta\Omega^{1,m} \tag{5-1-4}$$

其中

$$K^{(m)} = K_2^{(m)} - K_1 \quad \Delta\Omega^{1,m} = 2\pi\Delta N^{1,m} (m = 1, 2, \cdots, r) \tag{5-1-5}$$

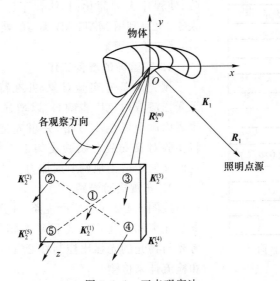

图 5-1-1　五点观察法

r 是观察总次数（$r > 4$）。$\Delta N^{1,m}$ 代表观察者由沿 $K_2^{(1)}$ 方向观察连续地改变为沿 $K_2^{(m)}$ 方向观察时，所观测到的通过待测物点的条纹漂移数，显然 $\Delta N^{1,1} = 0$。方程组（5-1-4）可写成矩阵形式为

$$\begin{pmatrix} K_x^{(1)} & K_y^{(1)} & K_z^{(1)}-1 \\ K_x^{(2)} & K_y^{(2)} & K_z^{(2)}-1 \\ \vdots & \vdots & \vdots \\ K_x^{(r)} & K_y^{(r)} & K_z^{(r)}-1 \end{pmatrix} \begin{pmatrix} L_x \\ L_y \\ L_z \\ \Omega_0 \end{pmatrix} = \begin{pmatrix} \Delta\Omega^{1,1} \\ \Delta\Omega^{1,2} \\ \vdots \\ \Delta\Omega^{1,r} \end{pmatrix} \tag{5-1-6}$$

或简写成

$$(\underset{\sim}{K}, -1)\begin{pmatrix} L \\ \Omega_0 \end{pmatrix} = \Delta\underset{\sim}{\Omega} = 2\pi\Delta\underset{\sim}{N} \tag{5-1-7}$$

令

$$\underset{\sim}{G} = (\underset{\sim}{K}, -1) \tag{5-1-8}$$

则由式(5-1-7)容易解得:

$$\begin{pmatrix} L \\ \Omega_0 \end{pmatrix} = [\underset{\sim}{G}^{\mathrm{T}}\underset{\sim}{G}]^{-1}(\underset{\sim}{G}^{\mathrm{T}}\Delta\underset{\sim}{\Omega}) \tag{5-1-9}$$

式中:$\underset{\sim}{G}^{\mathrm{T}}$ 表示矩阵 $\underset{\sim}{G}$ 的转置。式(5-1-9)就是应用单张全息干涉图测定微小位移的最后公式,由它求出 L 的各分量 L_x、L_y、L_z 后,应用

$$|L| = \sqrt{L_x^2 + L_y^2 + L_z^2} \tag{5-1-10}$$

便可求出位移量值。根据最小二乘法原理还可以证明,应用公式(5-1-9)求得的结果具有最小均方误差。

2. 计算机程序框图

从公式(5-1-9)的导出过程中,很自然地可得出如图 5-1-2 所示的程序框图。其中前几个

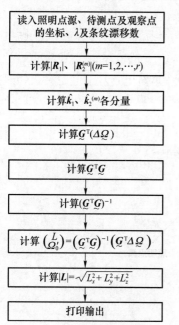

读入照明点源、待测点及观察点
的坐标、λ 及条纹漂移数

↓

计算$|\boldsymbol{R}_1|$、$|\boldsymbol{R}_2^{(m)}|(m=1,2,\cdots,r)$

↓

计算$\hat{\boldsymbol{k}}_1$、$\hat{\boldsymbol{k}}_2^{(m)}$ 各分量

↓

计算$\underset{\sim}{G}^{\mathrm{T}}(\Delta\underset{\sim}{\Omega})$

↓

计算$\underset{\sim}{G}^{\mathrm{T}}\underset{\sim}{G}$

↓

计算$(\underset{\sim}{G}^{\mathrm{T}}\underset{\sim}{G})^{-1}$

↓

计算$\begin{pmatrix} L \\ \Omega_0 \end{pmatrix} = (\underset{\sim}{G}^{\mathrm{T}}\underset{\sim}{G})^{-1}(\underset{\sim}{G}^{\mathrm{T}}\Delta\underset{\sim}{\Omega})$

↓

计算$|L| = \sqrt{L_x^2 + L_y^2 + L_z^2}$

↓

打印输出

图 5-1-2 程序框图

步骤是对各空间矢量进行数值计算,后几个步骤则是进行矩阵运算,即求矩阵相乘和逆矩阵。计算程序可采用扩展 Basic 语言来编写,由于扩展 Basic 语言直接包含了矩阵运算函数,因此可以简便地进行矩阵相乘和求逆矩阵,使程序大大简化;具体程序见本实验附录 5-1-1。附录 5-1-2 是利用 MATLAB 编写的处理程序,程序框图一致。

【实验步骤】

1. 实验前的准备工作

预先准备好实验对象,并在待拍摄物体的表面涂上无光白漆或白色广告颜料,以增强条纹反差,然后在待拍摄表面画上黑色小方格,并事先选好待测点,注上标记;将实验对象安装在实验支架上。实验支架要求牢固、稳定而又便于适当地调节或加力。

2. 布置实验光路

按图 5-1-3 布置实验光路,注意对主要曝光区域要使参考光束和物光束的光程基本相等,并调节分光镜使参考光与物光的光强比控制在 $2:1\sim5:1$(可采用硅光电池和检流计来检测)。

3. 拍摄二次曝光全息图

在两次曝光之间加入移位或作用力。曝光时间按激光器输出功率和全息干板类型选定,一般每次曝光在 $20\sim40$ s。在曝光过程中须注意保持环境安静,当安装好干板后,实验者应离开全息台,使光路稳定 1 min 左右。两次曝光之间也应有足够的稳定时间。对底片的处理,包

括显影、定影和漂白等过程,与一般全息照相相同。图 5-1-4 为在科研中拍摄得到的颅面骨受正牙力前后的二次曝光全息干涉图,供读者参考。

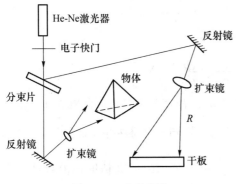

图 5-1-3　实验光路

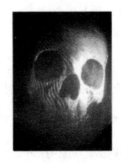

图 5-1-4　颅面骨的全息干涉图

4. 测量数据

拍摄好全息干涉图后,在经处理好的干板上于适当位置选好观测点并注上标记(见图 5-1-1),置回原光路进行测量。要测量的数据是:点源和各观察点的空间坐标以及各次观察过程中的条纹飘移数目。测量条纹漂移数目 $\Delta N^{1,m}$ 是在使用原参考光束再现虚像的情况下进行的,它是观察者从干板中心点①的观察方向分别移动到干板边缘的点②、点③⋯⋯的观察方向时,所观察到的通过待测点的条纹漂移数。

读数时需要事先假设某个符号约定,如果约定条纹沿某个方向(例如,向右)漂移时其条纹漂移读数为正,那么沿相反方向(例如,向左)漂移时其条纹读数便为负。在判读条纹漂移数的整个过程中都必须遵守这一约定,这相当于约定了沿着干板中心的观察方向作为记录条纹漂移数的“原点”。如果把它与坐标值的正负号相对照,上述符号约定是不难理解的。

测量点源的空间坐标时,须注意照明点源位置的确定。由于激光光束是经过扩束以后照明物体的,而一般的扩束镜都采用市售的高放大倍数、短焦距的单透镜扩束镜(例如,放大倍数 $M = 40$,焦距 $f = 5$ mm),所以点源位置可以认为处于扩束镜的前焦点。当测试的物体距扩束镜较远(例如,大于 20 cm)时,也可近似将点源视为处于扩束镜处,不会引起显著的测量误差。

通过上述步骤测出各项数据后,要适当整理并列成数据表。表 5-1-1 是数据表的格式。其中:CP0、CP1 分别表示待测物点 P 和照明点源的空间位置坐标;CP2 代表各观察点的位置坐标;NOBS 代表选定的观察点总数;XN 代表条纹漂移读数。

表 5-1-1　原始实验数据表

CP0X/mm	CP0Y/mm	CP0Z/mm	CP1X/mm	CP1Y/mm	CP1Z/mm	NOBS
0.00	0.00	0.00				5

M	CP2X/mm	CP2Y/mm	CP2Z/mm	XN
1				
2				
3				
4				
5				

5. 上机计算

将上述各项原始实验数据代入本实验附录 5-1-1 或 5-1-2 中的程序进行数据处理,算得测试点的微小位移值。

【误差分析】

由测定位移的基本公式(5-1-1),有

$$\frac{\Delta L}{L} = \frac{\Delta K}{K} + \frac{\Delta \Omega}{\Omega} = \frac{\Delta R}{R} + \frac{\Delta N}{N}$$

由于测量空间矢量的各分量时,精度易达到 0.5 mm,而这些分量值一般都在 10 cm 以上,因此 $\frac{\Delta K}{K} \approx 0.5\%$;但关于条纹漂移数的判读,肉眼只能分辨到 0.3 条左右,而在两个观察方向之间的条纹漂移数大约只有 3~10 条,因此 $\frac{\Delta \Omega}{\Omega} = \frac{\Delta N}{N} \approx \frac{0.3}{3} = 10\%$,其精度比前者低一个数量级。

由此可见,欲提高测量精度,必须提高对条纹漂移数的测量精度。根据现代实验技术,将条纹测量精度提高到 0.01 条是不成问题的,这就为提高位移测量精度找到了途径。

【实验仪器】

He-Ne 激光器(40 mW 左右)	1 台	测试物体	1 只
电子快门	1 个	载物平台	1 个
反射镜	2 个	带移位器的干板架	1 个
扩束镜	2 个	米尺(公用)	1 把
分束镜	1 个	全息干板	若干小块
可变光阑	2 个		

参 考 文 献

[5-1-1] 王仕璠,袁格,贺安之,等.全息干涉度量学——理论与实践[M].北京:科学出版社,1989.

[5-1-2] 王仕璠.应用单张全息干涉图测定三维微小位移的一种快速算法[J].中国激光,1985,12(11):699-701.

[5-1-3] 王仕璠,朱自强.现代光学原理[M].成都:电子科技大学出版社,1998.

附录 5-1-1 用全息干涉法计算微小位移的扩展 Basic 程序

```
5     REM·····································
10    REM Computer program for determination of displacements
20    REM from multiple observations of hologram
25    REM·····································
30    DIM CP0(3),CP2(5,3),XN(5,1),R(5),A(5,4),COEF(4,4),CPD(4,1)
40    DIM CP1(3),DISP(4,1),RI(3),COFINV(4,4),CK1(3),AT(4,5),XN1(5,1 )
50    LET NOBS = 5
60    REM ENTER THE WAVE LENGTH (MICROMETER)
70    LET LAMBDA = 0.6328
80    FORI = 1 TO 3
```

```
90    LET CP0(I) = 0.0
100   READ CP1(I)
110   NEXT I
120   MAT READ CP2 ,XN
130   DATA − 27.80, − 1.80,23.20,4.20, − 0.71,13.50,1.25,1.25,13.50,7.20,1.35
140   DATA 13.50,6.90, − 2.72,13.50,1.45, − 2.72,13.50,0.0,4.3, − 3.5, − 3.9,4.2
160   FOR M = 1 TO NOBS
170   LET RX = (CP2(M,1) − CP0(1)) ** 2
180   LET RY = (CP2(M,2) − CP0(2)) ** 2
190   LET RZ = (CP2(M,3) − CP0(3)) ** 2
200   LET RN3 = RX + RY + RZ
210   LET R(M) = SQR(RN3)
220   NEXT M
230   FOR I = 1 TO 3
240   LET RI(I) = (CP0(I) − CP1(I)) ** 2
250   NEXT I
260   LET RIN3 = RI(1) + RI(2) + RI(3)
270   LET RIM = SQR(RIN3)
280   FOR I = 1 TO 3
290   LET CK1 (I) = (CP0(I) − CP1(I))/RIM
300   NEXT I
310   FOR MM = 1 TO NOBS
320   LET AMP1 = (CP2(MM,1) − CP0(1))/R(MM)
330   LET BMP1 = (CP2(MM,2) − CP0(2))/R(MM)
340   LET CMP1 = (CP2(MM,3) − CP0(3))/R(MM)
350   LET A(MM,1) = AMP1 − CK1(1)
360   LET A(MM,2) = BMP1 − CK1(2)
370   LET A(MM,3) = CMP1 − CK1(3)
380   LET A(MM,4) = − 1.0
390   NEXT MM
400   MAT AT = TRN(A)
410   MAT COEF = AT * A
420   MAT COFINV = INV(COEF)
425   FOR I = 1 TO 5
430   XN1 (I,1) = LAMBDA * XN(I,1)
435   NEXT I
440   MAT CPD = AT * XN1
445   MAT DISP = COFINV * CPD
```

```
450    LET LX = DISP(1,1)
460    LET LY = DISP(2,1)
470    LET LZ = DISP(3,1)
480    LET L1 = LX ** 2 + LY ** 2 + LZ ** 2
490    LET L = SQR(L1)
500    PRINT 'CP0 (1) CP0(2) CP0(3) CP1(1) CP1 (2) CP1 (3)'
510    PRINT 'cm','cm','cm','cm','cm','cm'
520    PRINT '0.00   0.00   0.00   - 27. 80 - 1 .80   23. 20'
530    PRINT 'CP2X','CP2Y','CP2Z','XN'
540    PRINT 'cm','cm', 'cm'
545    PRINT 1,4.20, - 0.71,13.50,0.0
550    PRINT 2,1.25,1.25,13.50,4.3
560    PRINT 3,7.20,1.35,13.50, - 3.5
570    PRINT 4,6.90, - 2.72,13.50, - 3.9
580    PRINT 5,1.45, - 2.72,13.50,4.2
590    PRINT
600    PRINT 'LX','LY','LZ','L'
610    PRINT 'μm',' μm',' μm',' μm'
615    PRINT LX, LY, LZ, L
620    PRINT
625    PRINT '················THE END················'
630    END
```

CP0(1)	CP0(2)	CP0(3)	CP1(1)	CP1(2)	CP1(3)
cm	cm	cm	cm	cm	cm
0.00	0.00	0.00	- 27.80	- 1.80	23.20

	CP2X	CP2Y	CP2Z	XN
	cm	cm	cm	
1	4.20	- 0.71	13.50	0.0
2	1.25	1.25	13.50	4.3
3	7.20	1.35	13.50	- 3.5
4	6.90	- 2.72	13.50	- 3.9
5	1.45	- 2.72	13. 50	4.2

LX	LY	LZ	L
μm	μm	μm	μm
- 13.336 4	0.636 89	2.048 22	13.507 8

················THE END················

附录 5-1-2　用全息干涉法计算微小位移的 MATLAB 程序

```
% program for determination of displacements from multiple observations
of hologram
clear ,close all
cp0 = [0.0,0.0,0.0];cp1 = [0.0,0.0,0.0];R = zeros(5);RI = zeros(3);ck1 = zeros(3);
cp2 = zeros(5,3);XN = zeros(5,1);cpd = zeros(4,1);cp2 = zeros(5,3);A = zeros(5,
4);coef = zeros(4,4);
DISP = zeros(4,1);cofinv = zeros(4,4);at = zeros(4,5);XN1 = zeros(5,1);
NOBS = 5;
LAMBDA = 0.6328;% wave length(micrometer)
cp1 = [-27.8,-1.8,23.20];
cp2 = [4.20,-0.71,13.50;1.25,1.25,13.50;7.20,1.35,13.50;6.90,-2.72,13.50;
1.45,-2.72,13.50];
XN = [0.0;4.3;-3.5;-3.9;4.2];
for M = 1:NOBS
RX = (cp2(M,1) - cp0(1))^2;RY = (cp2(M,2) - cp0(2))^2;RZ = (cp2(M,3) - cp0(3))^2;
R(M) = sqrt(RX + RY + RZ);
end
for I = 1:3
  RI(I) = (cp0(I) - cp1(I))^2;
end
RIN3 = RI(1) + RI(2) + RI(3);RIM = sqrt(RIN3);
for I = 1:3
  ck1(I) = (cp0(I) - cp1(I))/RIM;
end
for MM = 1:NOBS
  AMP1 = (cp2(MM,1) - cp0(1))/R(MM);BMP1 = (cp2(MM,2) - cp0(2))/R(MM);CMP1 = (cp2
(MM,3) - cp0(3))/R(MM);
  A(MM,1) = AMP1 - ck1(1);A(MM,2) = BMP1 - ck1(2);A(MM,3) = CMP1 - ck1(3);A(MM,4) =
-1.0;
end
AT = A';COFINV = inv(AT * A);
for I = 1:5
  XN1(I,1) = LAMBDA. * XN(I,1);
end
cpd = AT * XN1;DISP = COFINV * cpd;
LX = DISP(1,1);LY = DISP(2,1);LZ = DISP(3,1);L1 = LX^2 + LY^2 + LZ^2;
disp('Lx        Ly        Lz        L');
L = sqrt(L1);disp([LX,LY,LZ,L]);
```

```
%%%%%%%%%%%%%%%%%%%%%%%%%%%%%%%%%%%%%%%%%%%
%  Lx          Ly          Lz          L
%   -1.3330e+01   6.3643e-01   2.0545e+00   1.3503e+01
```

实验5-2 用全息干涉法测量刚体的微小运动

【实验目的】

(1) 掌握用全息干涉术测量刚体微小运动的原理和方法。

(2) 通过实验测量,计算被测试刚体的微小转角与平动。

【实验原理】

1. 计算公式推导

在研究物体的运动时,若其形状和大小的改变可以忽略,则称该物体为刚体。显然,刚体上任何两点之间的距离均保持不变。因此,刚体的运动只能发生转动与平动,而不会发生相对位移(即形变)。于是,可将刚体上任一点 P 发生的普遍位移表示为平动与转动之和,即

$$L=L_0+\theta\times R=L_0-R\times\theta \tag{5-2-1}$$

式中:L_0 代表平动位移;θ 表示刚体的微小转角;R 是由坐标系原点到点 P 的空间位置矢量。在直角坐标系下,式(5-2-1)可用分量形式表示为

$$\begin{cases} L_x=L_{0x}-(y\theta_z-z\theta_y) \\ L_y=L_{0y}-(z\theta_x-x\theta_z) \\ L_z=L_{0z}-(x\theta_y-y\theta_x) \end{cases} \tag{5-2-2}$$

或改写成矩阵形式:

$$\begin{pmatrix} L_x \\ L_y \\ L_z \end{pmatrix}=\underset{\sim}{\boldsymbol{I}}\begin{pmatrix} L_{0x} \\ L_{0y} \\ L_{0z} \end{pmatrix}-\begin{pmatrix} 0 & -z & y \\ z & 0 & -x \\ -y & x & 0 \end{pmatrix}\begin{pmatrix} \theta_x \\ \theta_y \\ \theta_z \end{pmatrix} \tag{5-2-3}$$

或写成更紧凑的形式:

$$L=\underset{\sim}{\boldsymbol{I}}L_0-\underset{\sim}{\boldsymbol{R}}_A\boldsymbol{\theta}=\begin{pmatrix} \underset{\sim}{\boldsymbol{I}} & -\underset{\sim}{\boldsymbol{R}}_A \end{pmatrix}\begin{pmatrix} \boldsymbol{L}_0 \\ \boldsymbol{\theta} \end{pmatrix} \tag{5-2-4}$$

式中

$$\boldsymbol{L}=\begin{pmatrix} L_x \\ L_y \\ L_z \end{pmatrix},\underset{\sim}{\boldsymbol{R}}_A=\begin{pmatrix} 0 & -z & y \\ z & 0 & -x \\ -y & x & 0 \end{pmatrix},\begin{pmatrix} \boldsymbol{L}_0 \\ \boldsymbol{\theta} \end{pmatrix}=\begin{pmatrix} L_{0x} \\ L_{0y} \\ L_{0z} \\ \theta_x \\ \theta_y \\ \theta_z \end{pmatrix} \tag{5-2-5}$$

$\underset{\sim}{\boldsymbol{R}}_A$ 代表由 $\boldsymbol{R}$ 的分量构成的反对称矩阵,容易验证其行列式为 0;$\underset{\sim}{\boldsymbol{I}}$ 代表 3×3 的单位矩阵。

式(5-2-4)中的 $\boldsymbol{L}$ 可按实验5-1介绍的方法来测量和计算。遂由该式出发对测试点算出 $\boldsymbol{L}$ 后,便可求解 $\boldsymbol{L}_0$ 和 $\boldsymbol{\theta}$。由于 $\boldsymbol{L}_0$、$\boldsymbol{\theta}$ 都是矢量,欲求解它们,至少需要两个矢量方程,它们可由两个测试点建立:

$$L_1 = L_0 - R_1 \times \boldsymbol{\theta}, \quad L_2 = L_0 - R_2 \times \boldsymbol{\theta}$$

或写成矩阵方程:

$$\begin{pmatrix} L_1 \\ L_2 \end{pmatrix} = \begin{pmatrix} \underset{\sim}{I} & -\underset{\sim}{R}_{A1} \\ \underset{\sim}{I} & -\underset{\sim}{R}_{A2} \end{pmatrix} \begin{pmatrix} L_0 \\ \boldsymbol{\theta} \end{pmatrix} \tag{5-2-6}$$

式中: $\underset{\sim}{R}_{A1}$、$\underset{\sim}{R}_{A2}$ 各自代表由两个测试点的空间位置矢量 R_1、R_2 的分量构成的反对称矩阵。由于

$$\begin{vmatrix} \underset{\sim}{I} & -\underset{\sim}{R}_{A1} \\ \underset{\sim}{I} & -\underset{\sim}{R}_{A2} \end{vmatrix} = |I| \cdot |\underset{\sim}{R}_{A1} - \underset{\sim}{R}_{A2}| = |\underset{\sim}{R}_{A1} - \underset{\sim}{R}_{A2}| = 0 \tag{5-2-7}$$

故式(5-2-6)右端的方阵是降秩的,它没有逆矩阵。因此,为了确定刚体的平动和转动,也为了减少实验误差,通常要选择 $n > 3$ 个测试点。对每个测试点可得到类似于式(5-2-4)的一个方程, n 个测试点就有 n 个方程,这样就形成了一个超定方程组,写成矩阵形式即为

$$\begin{bmatrix} L_1 \\ L_2 \\ \vdots \\ L_n \end{bmatrix} = \begin{bmatrix} \underset{\sim}{I} & -\underset{\sim}{R}_{A1} \\ \underset{\sim}{I} & -\underset{\sim}{R}_{A2} \\ \vdots & \vdots \\ \underset{\sim}{I} & -\underset{\sim}{R}_{An} \end{bmatrix} \begin{pmatrix} L_0 \\ \boldsymbol{\theta} \end{pmatrix} \tag{5-2-8a}$$

或简写成

$$\underset{\sim}{L} = \underset{\sim}{A} \begin{pmatrix} L_0 \\ \boldsymbol{\theta} \end{pmatrix} \tag{5-2-8b}$$

用 $\underset{\sim}{A}$ 的转置矩阵 $\underset{\sim}{A}^{\mathrm{T}}$ 左乘上式两端,最后求得

$$\begin{pmatrix} L_0 \\ \boldsymbol{\theta} \end{pmatrix} = (\underset{\sim}{A}^{\mathrm{T}} \quad \underset{\sim}{A})^{-1}(\underset{\sim}{A}^{\mathrm{T}} \quad \underset{\sim}{L}) \tag{5-2-9}$$

式(5-2-9)就是测定刚体平动与微小转角的公式。由此求出 L_{0x}、L_{0y}、L_{0z} 及 θ_x、θ_y、θ_z 后,应用下列公式

$$L_0 = \sqrt{L_{0x}^2 + L_{0y}^2 + L_{0z}^2}, \quad \boldsymbol{\theta} = \sqrt{\theta_x^2 + \theta_y^2 + \theta_z^2} \tag{5-2-10}$$

便可算出刚体的平动与微小转角的量值。

2. 计算机程序

按照上述各个公式,可以编制成计算刚体平动和微小转角的程序,见本实验的附录 5-2-1;该程序采用扩展 Basic 语言,并把计算各测试点的位移和计算刚体的平动与微小转角都统一在了一起。程序中选取 5 个测点,并给出了一组实验数据的计算结果。式(5-2-9)中的矩阵 $\underset{\sim}{A}$ 在程序中用"UR"表示。

附录 5-2-2 为用 MATLAB 编写的计算刚体平动和微小转角程序,数据处理流程与附录 5-2-1 一致。

【实验步骤】

1. 选择测试物体

将其表面涂以无光白漆或白色广告颜料,并在其上适当位置选定 5 个测试点,然后把它安装在可做微小转动的实验支架上,并用磁性表座将该支架固定在防震实验台上。

2. 布置实验光路

实验光路与图 5-1-3 类似。光路元件的布置及其相关注意事项与前面所述各全息照相实验相同。

3. 拍摄二次曝光全息图

在两次曝光之间加入物体的微小转角。曝光、显影、定影和漂白等过程亦与普通全息照相相同。

4. 数据采集

本实验通过计算被测表面上 5 个测试点的空间位移来反映刚体的运动状态。各测试点的空间位移按实验 5-1 介绍的数据采集和数据处理方法来计算,这里从略。

5. 上机计算

将各测试点采集到的空间坐标及条纹漂移数据代入本实验附录的程序中,便可算得刚体的平动与微小转角。

【讨论】

1. 测试点点数的选定

由式(5-2-7)知,测点数 n 必须大于 2,即至少应选 3 个;为了减少由于全息干板的有限尺寸以及选择测点位置的任意性所带来测量误差,最好选择 $n > 3$ 个测点。但由式(5-2-8)和式(5-2-9)看到,$\underset{\sim}{A}$ 是 $3n \times 6$ 的矩阵,所以测试点数 n 也不宜选得太大,若 n 太大,则 $\underset{\sim}{A}$ 将变得十分庞大,过分增加数据采集和计算的工作量。通常选取 5 个测试点为宜,即中心取 1 点,四周各取 1 点。图 5-2-1 所示为据此拍摄的研究牙齿运动的全息干涉图照片,供读者参考。

2. 微小转角的把握

根据实验测试计算结果(见本实验附录中的程序),在条纹疏密适当的范围内,转角是很小的(大约 $1° \times 10^{-3}$),因此在二次曝光之间使刚体转动时,要十分小心地细调。最好采用带有多自由度精密微调的装置。图 5-2-2 是一种多自由度精密微调装置,供读者参考。

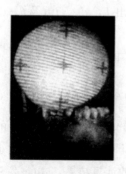

图 5-2-1　研究牙体运动的干涉图照片

图 5-2-2　一种多维精密调节装置的照片

【实验仪器】

He-Ne 激光器(40 mW 左右)	1 台	测试物体	1 个
电子快门	1 个	可微微转动的载物平台	1 台
反射镜	2 个	干板架	1 个
扩束镜	2 个	米尺(公用)	1 把
分束镜	1 个	全息干板	若干小块

参 考 文 献

[5-2-1]　王仕璠,刘福祥.用单张全息干涉图测定由矫形力所引起牙齿的转动与平动[J].成都:成都电讯工程学院学报,1985,1:92-103.

[5-2-2]　王仕璠,袁格,贺安之,等.全息干涉度量学——理论与实践[M].北京:科学出版社,1989.

附录 5-2-1　用全息干涉法计算刚体平动与微小转角的扩展 Basic 程序

```
5      REM……………………………………………
10     REM COMPUTER PROGRAM FOR DETERMINATION OF ROTATION AND TRANSLATION
15     FROM MULTIPLE OBSERVATIONS OF HOLOGRAM
20     REM……………………………………………
30     DIM CP0(3),CP2(9,3),XN(9,1),XN1(9,1),RN(9,1),A(9,4),0
40     DIM AT(4,9),COEF(4,4),CPD(4,1),DISP(4,1),DISP1(6,1)
45     DIM CP1(3),COKFR(6,6),COFINV(6,6),UR(15,6)
50     DIM URT(6,15),AL(15,1),CPDE(6,1),COFIN1(6,6),RI(3),CK1(3)
60     REM ENTER THE WAVE LENGTH (MICROM) AND OBSERVABLE TIMES
70     REM NOBS = 9
80     LAMBDA = 0.6328
90     REM ENTER THE NUMBERS OF MEASUREMENT POINT ON THE OBJECT:NG  = ?
100    NG = 5
110    NGG = NG * 3
120    FOR I = 1 TO 3
130    CP0(I) = 0.0
140    NEXT I
150    MAT READ UR
160    LK = 0.0
170    LK = LK + 1
180    MAT READ CP1,CP2,XN
190    FOR M = 1 TO NOBS
200    RX = (CP2(M,1) − CP0(1)) ** 2
210    RY = (CP2(M,2) − CP0(2)) ** 2
220    RZ = (CP2(M,3) − CP0(3)) ** 2
230    RN3 = RX + RY + RZ
240    RN(M,1) = SQR(RN3)
250    NEXT M
260    FOR I = 1 TO 3
270    RI(I) = (CP0(I) − CP1(I)) ** 2
280    NEXT I
```

```
290   RIN3 = RI(1) + RI(2) + RI(3)
300   RIM = SQR(RIN3)
310   FOR I = 1 TO 3
320   CK1 (I) = (CP0(I) - CP1(I))/RIM
330   NEXT I
340   FOR MM = 1 TO NOBS
350   AMP1 = (CP2(MM,1) - CP0(1))/RN(MM,1)
360   BMP1 = (CP2(MM,2) - CP0(2))/RN(MM,1)
370   CMP1 = (CP2(MM,3) - CP0(3))/RN(MM,1)
380   A(MM,1) = AMP1 - CK1(1)
390   A(MM,2) = BMP1 - CK1(2)
400   A(MM,3) = CMP1 - CK1(3)
410   A(MM,4) = - 1.0
420   NEXT MM
430   MAT AT = TRN(A)
440   MAT COEF = AT * A
450   MAT COFINV = INV(COEF)
460   FOR I = 1 TO NOBS
470   XN1 (1,1) = LAMBDA * XN(I,1)
480   NEXT I
490   MAT CPD = AT * XN
500   MAT DISP = COFINV * CPD
510   SQMAG = 0.0
520   FOR I = 1 TO 3
530   SQMAG = SQMAG + DISP(I,1) * DISP(I,1)
540   NEXT I
550   DMAG = SQR(SQMAG)
560   FOR I = 1 TO 3
570   IF LK = 1 GOTO 580
575   LQ = LQ + 1
577   GOTO 590
580   LQ = I
590   AL(LQ,1) = DISP(I,1)
600   NEXT I
610   IF LK>1 GOTO 650
620   PRINT "THE SPATIAL DISPLACEMENTS OF THE POINTS ARE:"
630   PRINT "POINT No.","LX","LY","LZ","L"
640   PRINT "μm","μm","μm","μm"
650   PRINT LK,DISP(1,1),DISP(2,1),DISP(3,1),DMAG
660   PRINT
```

```
680    IF LK<NG GOTO 170
690    MAT URT = TRN(UR)
700    MAT COKFR = URT * UR
710    MAT CPDE = URT * AL
720    MAT COFIN1 = INV(COKFR)
730    MAT DISP1 = COFIN1 * CPDE
740    THETA = 0.0
750    DISP2 = 0.0
760    FOR I = 1 TO 3
770    DISP2 = DISP2 + DISP1(I,1) * DISP1(I,1)
780    SADIS(I,1) = DISP1(I,1)
790    THETA = THETA + DISP1(3 + I,1) * * 2
800    STH2(I,1) = DISP1(3 + I,1)
810    NEXT I
820    DISP3 = SQR(DISP2)
830    DTHE = SQR(THETA)
840    PRINT"THE VALUES OF ROTATION AND TRANSLATION OF OBJECT ARE:"
850    PRINT "LOX","LOY","LOZ","LO"
855    PRINT "μm","μm","μm","μm"
856    PRINT SADIS(1,1),SADIS(2,1),SADIS(3,1 ),DISP3
857    PRINT "THETAX","THETAY","THETAZ","THETA"
858    PRINT "rad","rad","rad","rad"
870    PRINT STH2(1,1),STH2(2,1),STH2(3,1),DTHE
890    PRINT
900    DATA 1.0,0.0,0.0,0.0,0.0, − 24500.0,0.0,1.0,0.0,0.0
905    DATA 0.0,0.0,0.0,0.0,1.0,24500.0,0.0,0.0,1.0,0.0,0.0
910    DATA 0.0,0.0,0.0,0.0,1.0,0.0,0.0,0.0, − 26500.0,0.0,0.0
920    DATA 1.0,0.0,26500.0,0.0,1.0,0.0,0.0,0.0,0.0,22500.0
930    DATA 0.0,1.0,0.0,0.0,0.0,0.0,0.0,0.0,1.0, − 22500.0
940    DATA 0.0,0.0,1.0,0.0,0.0,0.0,0.0,0.0,0.0,1.0,0.0
950    DATA 0.0,0.0,26500.0,0.0,0.0,1.0,0.0, − 26500.0,0.0
960    DATA 1.0,0.0,0.0,0.0,0.0,0.0,0.0,1.0,0.0,0.0,0.0
970    DATA 0.0,0.0,0.0,1.0,0.0,0.0,0.0,
980    DATA − 258.0, − 53.0,190.0,0.0, − 16.0,190.0, − 49.5,34.0
990    DATA 197.4,0.0,34.0,190.0,49.5,34.0,182.6,49.5
995    DATA − 16.0,182.6,49.0, − 66.0,182.6,0.0, − 66.0,190.0
1000   DATA − 49.5, − 66.0,197.4, − 49.5, − 16.0,197.4,0.0
1010   DATA 1.5,1.0,1.5,0.5, − 0.3, − 0.7, − 0.5,0.5
1015   DATA − 258.0, − 28.5,190.0,26.5,8.5,190.0, − 23.0,58.5
1020   DATA 197.4,26.5,58.5,190.0,76.0,58.5,182.6,76.0,8.5,182.6
```

```
1028 DATA 76.0, − 41.5,182.6,26.4, − 41.5,190.0, − 230
1029 DATA − 41.5,197.4, − 23.0,8.5,197.4,0.0,1.0
1030 DATA 1.0,2.0,1.0, − 0.3, − 0.7, − 0.7, − 0.2
1035 DATA − 285.0, − 6.0,190.0,0.0,31.0,190.0, − 49.5,81.0,197.4,0.0,81.0,
190.0
1040 DATA 49.5,81.0,182.6,49.5,31.0,182.6,49.5,19.0,182.6,0.0
1045 DATA − 19.0,190.0, − 49.5, − 19.0,197.4, − 49.5,31.0,197.4
1050 DATA 0.0,0.5,0.5,1.0,0.3, − 1.0, − 1.5, − 1.0
1055 DATA 0.0, − 311.5, − 28.5,190.0, − 26.5,8.5,190.0, − 76.0
1060 DATA 58.5,197.5, − 26.5,58.5,190.0,23.0,58.5,182.6
1062 DATA 23.0,8.5,182.6,23.0, − 41.5,182.6, − 26.5, − 41.5
1065 DATA 190.0, − 76.0, − 41.5,197.4, − 76.0,8.5,197.4,0.0
1070 DATA 1.5,1.0,1.5,0.2, − 0.5, − 1.0, − 0.3,0.3
1075 DATA − 285.0, − 28.5,109.0,0.0,8.5,190.0, − 49.5,58.5
1077 DATA 197.4,0.0,58.5,190.0,49.5,58.5,182.6,49.5
1080 DATA 8.5,182.6,49.5, − 41.5,182.6,0.0, − 41.5,190.0
1085 DATA − 49.5, − 41.5,197.4, − 49.5,8.5,197.4,0.0,1.7
1090 DATA 1.5,1.5,0.5, − 0.5, − 0.7, − 0.5, − 0.3
1095 END
```

THE SPATIAL DISPLACEMENTS OF THE POINTS ARE:

POINT No.	LX	LY	LZ	L
	μm	μm	μm	μm
1	.376091E − 01	2.71676	− 5.05994	5.74327
2	.374153	2.22913	− 5.31964	5.77993
3	.298502	2.38507	− 0.257324	2.41742
4	.62178	2.18992	− 6.97906	7.34096
5	.159039	2.47144	− 5.82642	6.33091

THE VALUES OF ROTATION AND TRANSLATION OF OBJECT ARE:

LOX	LOY	LOZ	LO
μm	μm	μm	μm
0.29907	2.39846	4.64912	5.23988
THETAX	THETAY	THETAZ	THETA
rad	rad	rad	rad
.984007E − 04	.313099E − 04	.213219E − 05	.103284E − 03

附录 5-2-2　用全息干涉法计算刚体平动与微小转角的 MATLAB 程序

% program for determination of rotation and translation from multiple observations of hologram

```
clear ,close all
cp0 = [0,0,0];cp1 = zeros(1,3);cp2 = zeros(9,3);RN = zeros(9,1);RI = zeros(1,3);
ck1 = zeros(1,3);DISP = zeros(4,1);DISP1 = zeros(6,1);
XN = zeros(9,1);CPD = zeros(4,1);A = zeros(9,4);AL = zeros(15,1);AT = zeros(4,9);
UR = zeros(15,6);URT = zeros(6,15);
COFINV = zeros(4,4);XN1 = zeros(9,1);CPDE = zeros(6,1);Mcp2 = zeros(45,3);MXN =
zeros(5,9);Mcp1 = zeros(5,3);
cp21 = zeros(9,3);cp22 = zeros(9,3);cp23 = zeros(9,3);cp24 = zeros(9,3);cp25 =
zeros(9,3);XNT = zeros(1,9);COFIN1 = zeros(6,6);
NOBS = 9;
LAMBDA = 0.6328; % wave length(micrometer)
NG = 5;NGG = 3 * NG;
UR = [1.0,0.0,0.0,0.0,0.0, - 24500.0;0.0,1.0,0.0,0.0,0.0,0.0;0.0,0.0,1.0,
24500.0,0.0,0.0;1.0,0.0,0.0,0.0,0.0,0.0;0.0,1.0,0.0,0.0,0.0, - 26500.0;

0.0,0.0,1.0,0.0,26500.0,0.0;1.0,0.0,0.0,0.0,0.0,22500.0;0.0,1.0,0.0,0.0,0.0,
0.0;0.0,0.0,1.0, - 22500.0,0.0,0.0;1.0,0.0,0.0,0.0,0.0,0.0;

0.0,1.0,0.0,0.0,0.0,26500.0;0.0,0.0,1.0,0.0, - 26500.0,0.0;1.0,0.0,0.0,0.0,0.0,
0.0,0.0;0.0,1.0,0.0,0.0,0.0,0.0;0.0,0.0,1.0,0.0,0.0,0.0];
Mcp1 = [ - 258.0, - 53.0,190.0; - 258.0, - 28.5,190.0; - 285.0, - 6.0,190.0; - 311.5,
- 28.5,190.0; - 285.0, - 28.5,190.0];
cp21 = [0.0, - 16.0,190.0; - 49.5,34.0,197.4;0.0,34.0,190.0;49.5,34.0,182.6;
49.5, - 16.0,182.6;49.0, - 66.0,182.6;0.0, - 66.0,190.0; - 49.5, - 66.0,197.4;
- 49.5, - 16.0,197.4];
cp22 = [26.5,8.5,190.0; - 23.0,58.5,197.4;26.5,58.5,190.0;76.0,58.5,182.6;
76.0,8.5,182.6;76.0, - 41.5,182.6;26.4, - 41.5,190.0; - 23.0, - 41.5,197.4; - 23.0,8.
5,197.4];
cp23 = [0.0,31.0,190.0; - 49.5,81.0,197.4;0.0,81.0,190.0;49.5,81.0,182.6;49.5,
31.0,182.6;49.5,19.0,182.6;0.0, - 19.0,190.0; - 49.5, - 19.0,197.4; - 49.5,31.0,197.4];
cp24 = [ - 26.5,8.5,190.0; - 76.0,58.5,197.5; - 26.5,58.5,190.0;23.0,58.5,182.6;
23.0,8.5,182.6;23.0, - 41.5,182.6; - 26.5, - 41.5,190.0; - 76.0, - 41.5,197.4;
- 76.0,8.5,197.4];
cp25 = [0.0,8.5,190.0; - 49.5,58.5,197.4;0.0,58.5,190.0;49.5,58.5,182.6;49.5,
8.5,182.6;49.5, - 41.5,182.6;0.0, - 41.5,190.0; - 49.5, - 41.5,197.4; - 49.5,8.5,197.4];
MXN = [0.0,1.5,1.0,1.5,0.5, - 0.3, - 0.7, - 0.5,0.5;0.0,1.0,1.0,2.0,1.0, - 0.3,
- 0.7, - 0.7, - 0.2;0.0,0.5,0.5,1.0,0.3, - 1.0, - 1.5, - 1.0,0.0;0.0,1.5,1.0,1.5,0.2,
- 0.5, - 1.0, - 0.3,0.3;0.0,1.7,1.5,1.5,0.5, - 0.5, - 0.7, - 0.5, - 0.3;         ];
Mcp2 = [cp21;cp22;cp23;cp24;cp25];
disp('NO.      Lx      Ly      Lz      L');
```

```
NN = 0;
for N = 1:NG
    NN = NN + 1;
    cp1 = Mcp1(NN,:);XNT = MXN(NN,:);XN = XNT';
    for I = 1:9
    MN = (NN - 1) * 9;
    cp2(I,:) = Mcp2(I + MN,:);
    end
    for M = 1:NOBS
    RX = (cp2(M,1) - cp0(1))^2;RY = (cp2(M,2) - cp0(2))^2;RZ = (cp2(M,3) - cp0(3))^2;
    RN(M) = sqrt(RX + RY + RZ);
    end
    for I = 1:3
    RI(I) = (cp0(I) - cp1(I))^2;
    end
    RIN3 = RI(1) + RI(2) + RI(3);RIM = sqrt(RIN3);
    for I = 1:3
    ck1(I) = (cp0(I) - cp1(I))/RIM;
    end
    for MM = 1:NOBS
    AMP1 = (cp2(MM,1) - cp0(1))/RN(MM,1);BMP1 = (cp2(MM,2) - cp0(2))/RN(MM,1);
CMP1 = (cp2(MM,3) - cp0(3))/RN(MM,1);
    A(MM,1) = AMP1 - ck1(1);A(MM,2) = BMP1 - ck1(2);A(MM,3) = CMP1 - ck1(3);A(MM,
4) = - 1.0;
    end
    AT = A';COFINV = inv(AT * A);
    for I = 1:NOBS
    XN1(I,1) = LAMBDA. * XN(I,1);
    end
    CPD = AT * XN1;DISP = COFINV * CPD;
    sqmag = 0.0;
    for I = 1:3
    sqmag = sqmag + DISP(I,1) * DISP(I,1);L = sqrt(sqmag);
    end
    for I = 1:3
    if N < = 1.1
    LQ = I;AL(LQ,1) = DISP(I,1);
    else
    LQ = LQ + 1;AL(LQ,1) = DISP(I,1);
    end
```

```
disp([N,DISP(1,1),DISP(2,1),DISP(3,1),L]);
end
URT = UR';CPDE = URT * AL;COFIN1 = inv(URT * UR);
DISP1 = COFIN1 * CPDE;
theta = 0.0;DISP2 = 0.0;
for I = 1:3
DISP2 = DISP2 + DISP1(I,1)^2;
SADIS(I,1) = DISP1(I,1);STH2(I,1) = DISP1(3 + I,1);
theta = theta + DISP1(3 + I,1)^2;
end
DISP3 = sqrt(DISP2);dthe = sqrt(theta);
disp('      Lox       Loy       Loz       Lo');
disp('      mm        mm        mm        mm');
disp([SADIS(1,1),SADIS(2,1),SADIS(3,1),DISP3]);
disp('   |Ēx       |Ēy       |Ēz       |Ē');
disp('   rad       rad       rad       rad');
disp([STH2(1,1),STH2(2,1),STH2(3,1),dthe]);
```

```
%%%%%%%%%%%%%%%%%%%%%%%%%%%%%%%%%%%%%%%%%%%%%%%%%%%
% NO.          Lx        Ly        Lz        L
% 1.0000      0.0376    2.7167    − 5.0588    5.7422

% 2.0000      0.3747    2.2293    − 5.3154    5.7761

% 3.0000     − 0.0649   2.5345    − 0.3773    2.5632

% 4.0000      0.6215    2.1900    − 6.9769    7.3389

% 5.0000      0.1590    2.4715    − 5.8244    6.3291

%     Lox       Loy       Loz       Lo
%     mm        mm        mm        mm
%    0.2251    2.4284    − 4.6722    5.2704

% |Ēx       |Ēy       |Ēz       |Ē
% rad       rad       rad       rad
% 1.0e − 003 *

%  − 0.0959    0.0313    − 0.0012    0.1009
```

实验 5-3　全息振动分析实验

【实验目的】

(1) 掌握用时间平均全息干涉术测试物体微幅振动的原理和方法。

(2) 学会用时间平均全息图分析振动物体的振型。

(3) 通过实验拍摄一幅时间平均全息图,并完成振型分析和微小振幅计算。

【实验原理】

1. 全息测振原理

分析和测量微幅振动是全息干涉计量术应用的一个重要领域。用全息照相的方法可以方便地测量振动物体表面各点的振幅,并进行振动的模态识别,因此,全息振动分析在机床业、汽车业等领域具有重要应用价值。

记录振动物体的全息图时,由于曝光时间(30~60 s)一般都远大于物体的振动周期(1 ms 量级),因此,全息底片上记录了物体振动过程中不同状态的许许多多的全息图,并且按各种状态在曝光期间出现的时间长短成比例分配。虽然在记录过程中各全息图是依次被记录的,但它们都被同时重现,因而能彼此干涉。这样的全息图实际是记录了由振动物体散射到全息底片上的光波的时间平均的复振幅,因此称为时间平均全息图,其所记录的便是物体振动的模式。

当物体做简谐振动时,在靠近它的两个最大位移位置,即速度为零处,要占用较多的时间,故在整个曝光期间积累的结果中,这两个运动状态将占据优势,所以主要是记录了物体的这两个运动状态。重现时,这种时间平均全息图显示出上述两个极端位置之间(处于位相相反状态)物体位移的轮廓线(节点和节线)。显然,物体在振动过程中,在其表面将产生振动的驻波。

根据对时间平均全息图的理论分析可知,其重现像的光强度按零阶贝塞尔函数的平方分布:

$$I = I_0 J_0^2(\varphi) \tag{5-3-1}$$

式中

$$\varphi = \boldsymbol{K} \cdot \boldsymbol{A} \tag{5-3-2}$$

$\boldsymbol{A}$ 表示振幅矢量,$\boldsymbol{K}$ 是灵敏度矢量,其分布曲线如图 5-3-1 所示。由图上看到,当零阶贝塞尔函数的宗量等于零(即 $\boldsymbol{A}=0$)时,函数取最大值。因此在重现像的振动图样中,不运动的区域(节点或节线)将显示出最明亮的条纹,称为零阶明条纹。其余各级明条纹的强度随明条纹级次 n 的增大而减小,其位置由一阶贝塞尔函数的根给出,因为根据求极值条件及贝塞尔函数的性质,有

$$J_0'(\varphi) = -J_1(\varphi) = 0 \tag{5-3-3}$$

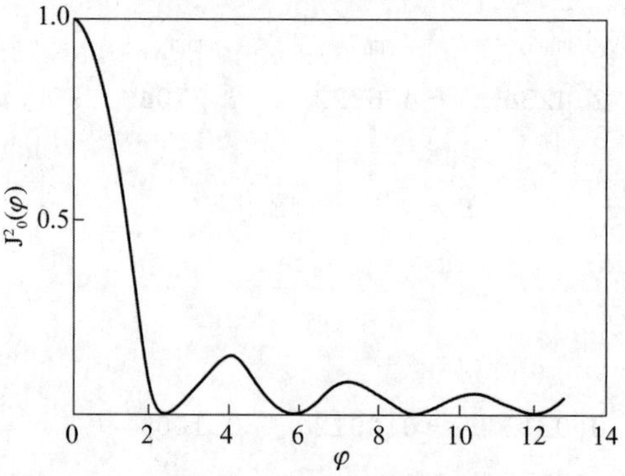

图 5-3-1　$J_0^2(\varphi)$ 曲线

暗条纹的位置由零阶贝塞尔函数的根给出。表 5-3-1 给出了 $J_0(\varphi)$ 和 $J_1(\varphi)$ 的前 10 个根。

表 5-3-1　$J_0(\varphi)$ 和 $J_1(\varphi)$ 的前 10 个根

n	$\phi_n^{(0)}$	$\phi_n^{(1)}$	n	$\phi_n^{(0)}$	$\phi_n^{(1)}$
1	2.404 8	3.831 7	6	18.071 1	19.615 9
2	5.520 1	7.015 6	7	21.211 6	22.760 1
3	8.653 7	10.173 5	8	24.352 5	25.903 7
4	11.791 5	13.323 7	9	27.493 5	29.046 8
5	14.930 9	16.470 6	10	30.634 6	32.189 7

图 5-3-2 是对航空发动机叶片的高阶振型拍摄的时间平均全息图(激振频率为 4 000 Hz),根据其干涉条纹分布便可分析物体的振动模式,也可以测量物体各部位的振幅分布。

如果振动物体是一块平面薄板或薄膜,其上各点的振动方向与板面垂直,则只有振幅的量值是未知的,这时根据式(5-3-1)、(5-3-2)便可简单地由 $J_0(\varphi)$、$J_1(\varphi)$ 的根以及测试点的空间位置,求得由其明暗条纹分布相对应各点的 A 值。如果振动物体的表面为曲面,则其上各点的振动方向各不相同,这时应假定物体上各点的振幅为一个

图 5-3-2　航空发动机叶片的时间平均全息图

三维空间矢量 A。为了求解 A,需要建立起类似于式(5-3-2)的 3 个标量方程:

$$\begin{cases} \boldsymbol{K}^{(1)} \cdot \boldsymbol{A} = \varphi_1 \\ \boldsymbol{K}^{(2)} \cdot \boldsymbol{A} = \varphi_2 \\ \boldsymbol{K}^{(3)} \cdot \boldsymbol{A} = \varphi_3 \end{cases} \tag{5-3-4}$$

或写成矩阵形式

$$\begin{pmatrix} K_x^{(1)} & K_y^{(1)} & K_z^{(1)} \\ K_x^{(2)} & K_y^{(2)} & K_z^{(2)} \\ K_x^{(3)} & K_y^{(3)} & K_z^{(3)} \end{pmatrix} \begin{pmatrix} A_x \\ A_y \\ A_z \end{pmatrix} = \begin{pmatrix} \varphi_1 \\ \varphi_2 \\ \varphi_3 \end{pmatrix} \tag{5-3-5}$$

亦即

$$\underset{\sim}{\boldsymbol{K}} \boldsymbol{A} = \varphi \tag{5-3-6}$$

因此,容易求得

$$\boldsymbol{A} = (\underset{\sim}{\boldsymbol{K}}^{\mathrm{T}} \underset{\sim}{\boldsymbol{K}})^{-1} (\underset{\sim}{\boldsymbol{K}}^{\mathrm{T}} \varphi) \tag{5-3-7}$$

式(5-3-7)即是求解振幅矢量的公式。

具体测量时,可采用三重像法,即在同一张全息底片上依次记录由 3 束物光和 3 束参考光各自产生的时间平均全息图。由于全息干板的乳胶层厚度一般为 $7 \sim 10\ \mu\mathrm{m}$,采用离轴全息光路拍摄全息图时,只要物光与参考光之间的夹角 $\theta > 10°$,则由光栅基本方程 $d = \dfrac{\lambda}{2\sin\dfrac{\theta}{2}}$ 可知,

在全息干板上所记录的干涉条纹间距就比乳胶层厚度小很多,全息干板便可作为体积记录介质,从而在同一张全息底片上可记录多重像。三重像法记录光路如图 5-3-3 所示。

2. 计算机程序框图

按照前面公式,并参照实验 5-1 实验原理中的有关公式的推导过程,可很自然地得出程序框图,如图 5-3-4 所示。程序开始时,首先,读入实验中采集的原始数据;然后,对各空间矢量进行数值计算;最后,进行矩阵运算,即求矩阵相乘和逆矩阵。程序采用扩展 Basic 语言编制并附于本实验的附录 5-3-1 中,采用 MATLAB 编写的应用时间平均全息图测微幅振动的处理程序见附录 5-3-2。

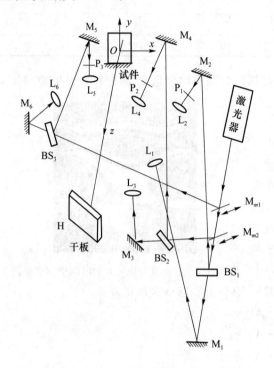

图 5-3-3　三重像法测振光路

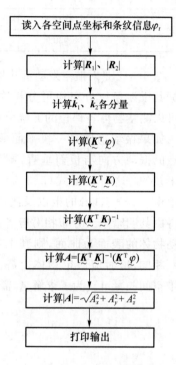

图 5-3-4　程序框图

【实验步骤】

1. 选择实验物体和激振方式

为简单起见,选择具有一定厚度和强度的膜(如削薄的猪皮、塑料膜等)作为实验物体,用扬声器激振,并用带功率信号输出的音频振荡器作为振源。将待测薄膜平贴在扬声器前,并将其整体固定在带孔的木板上(孔的大小与扬声器口径相当),然后再把木块沿铅直方向固定在一个实验支架上。木块顶端和两旁设置标尺,便于读取空间位置坐标值。

2. 布置实验光路

按图 5-3-3 布置实验光路时,应注意以下几点。

(1) 参考光入射角的选择,其原则是必须使 3 个重现像在空间能分开,否则无法根据全息照片进行数据采集。一般说来,只要不把 3 个参考光都布置在试件的同一侧,3 个重现像彼此分离的条件就容易实现。

(2) 物光的布局,应使观察点和 3 个照明点源不共面,以保证方程组(5-3-5)线性无关,从而获得唯一的有限解。

(3) 物光束与参考光束的光强比,应选择为 1:1,以获得较大的条纹对比度和较高的衍射效率。

3. 曝光和显影、定影、漂白处理

使薄膜在频率大约为 2 kHz 的激振状态下拍摄时间平均全息三重像。显影、定影、漂白处理与一般全息照相相同。

改变激振频率到 3 kHz,再拍摄第二张时间平均全息图。

4. 全息重现和图像翻拍

将已处理好的两张全息片用原参考光重现,观察其干涉条纹分布图样(振型),物体振动频率不同时,条纹的分布也将不同。然后将各个全息重现像采用垂直摄影方式翻拍成普通照片,用以采集条纹信息以及测量各待测点的空间位置坐标。

5. 数据采集和计算

实验数据采集包括:振动物体上各待测点的坐标 (x,y,z)、照明点源坐标 $(x^{(i)},y^{(i)},z^{(i)})$、观察点坐标 (x_0,y_0,z_0),以及条纹信息 φ_1、φ_2、φ_3。按式(5-1-2)计算 3 个灵敏度矢量的各分量,再按式(5-3-7)计算振幅矢量 $\boldsymbol{A}$ 的各分量,最后由式(5-3-8)计算振幅量值。

$$\boldsymbol{A} = \sqrt{A_x^2 + A_y^2 + A_z^2} \tag{5-3-8}$$

【实验仪器】

He-Ne 激光器(40 mW 左右)	1 台	带功率输出的音频振荡器	1 台
电子快门	1 个	5 寸(1 寸=3.33 cm)扬声器	1 个
分束镜	5 个	固定支架	1 套
反射镜	6 个	待测薄膜	1 块
扩束镜	6 只	米尺(公用)	1 把
干板架	1 个	全息干板	若干小块

参 考 文 献

[5-3-1]　王仕璠.信息光学理论与应用[M].4 版.北京:北京邮电大学出版社,2020.

[5-3-2]　王仕璠,谢小川.全息振动测量的两种快速算法[J].激光杂志,1990,11(1):29-33.

附录 5-3-1　应用时间平均全息图测微幅振动的扩展 Basic 程序

```
4      REM··············
5      REM COMPUTER PROGRAM FOR DETERMINATON OF AMPLITUDE VECTOR FROM TRIPLE HOLOGRAMS
7      REM··············
10     DIM X(20),Y(20 ),Z(20),P1(20),P2(20),P3(20),P(3,1),U(4)
12     DIM V4),W(4),R(4),A(3,1),K(3,3 ),KT(3,3),KV(3,3)
15     DIM WN(3,3),OF(3,1),OF1(3,1),DISP(3,1)
20     MAT READ U,V,W
30     DATA − 379.0,138.5,298.5, − 15.0,81.5,231.3,82.0,77.5,263.5
35     DATA 516.0,575.0,700.0
40     MAT READ X,Y,Z,P1,P2,P3
50     REM ENTER THE WAVE LENGTH (MICROM)
60     LET LAMBDA = 0.6328
```

```
70     LET L = 0.0
80     LET MN = LAMBDA/(2 * 3.1415927)
90     FOR I = 1 TO 20
100    FOR J = 1 TO 4
110    LET R(J) = SQR((X(I) − U(J)) * * 2 + (Y(I) − V(J)) * * 2 + (Z(I) − W(J)) * * 2)
120    NEXT J
130    FOR M = 1 TO 3
140    LET K(M,1) = (U(M) − X(I))/R(M) − (X(I) − U(4))/R(4)
150    LET K(M,2) = (V(M) − Y(I))/R(M) − (Y(I) − V(4))/R(4)
160    LET K(M,3) = (W(M) − Z(I))/R(M) − (Z(I) − W(4))/R(4)
170    NEXT M
180    LET P(1,I) = P1(I)
190    LET P(2,I) = P2(I)
200    LET P(3,I) = P3(I)
210    MAT KT = TRN(K)
220    MAT KV = KT * K
230    MAT WN = INV(KV)
240    MAT OF = KT * P
250    MAT OF1 = (MN) * OF
260    MAT DISP = WN * OF1
270    LET A1 = DISP(1,1) * * 2 + DISP(2,1) * * 2 + DISP(3,1) * * 2
280    LET A = SQR(A1)
290    LET L = L + 1
300    IF L>1 GOTO 400
310    PRINT   "AX","AY","AZ","A"
320    PRINT "μm","μm","μm","μm"
400    PRINT DISP(1,1),DISP(2,1),DISP(3,1),A
405    NEXT I
410    DATA − 49.3, − 49.3, − 49.3, − 49.3, − 49.3, − 49.3, − 49.3
415    DATA − 49.3, − 49.3, − 49.3, − 49.3, − 49.3, − 49.3, − 49.3
420    DATA − 49.3, − 25.4, − 25.4, − 25.4, − 25.4, − 25.4
425    DATA 12.3,19.6,30.4,41.3,52.2,59.4,70.3,81.2,92.0
430    DATA 102.9,110.1,124.6,131.9,139.1,146.4,12.3,19.6
435    DATA 30.4,41.3,52.2,0.0,0.0,0.0,0.0,0.0
440    DATA 0.0,0.0,0.0,0.0,0.0,0.0,0.0,0.0
450    DATA 0.0,0.0,0.0,0.0,0.0,0.0,0.0,0.6
460    DATA 2.40,5.55,8.7,11.25,12.45,13.8,13.65,11.85
470    DATA 9.0,6.3,0.3,3.9,7.8,11.85,0.6,2.1
480    DATA 4.5,7.35,9.45,0.6,2.40,5.55,8.7,12.75
490    DATA 14.1,16.05,15.6,14.25,11.85,7.65,0.3,4.5
```

```
500   DATA 8.7,12.75,0.15,1.95,4.95,8.25,10.95,0.6
510   DATA 3.0,6.8,9.75,12.6,14.55,15.9,16.9,13.65
520   DATA 10.2,7.05,0.3,4.65,8.85,123.35,0.45,2.4
530   DATA 5.55,8.7,11.55
540   END
```

AX	AY	AZ	A
μm	μm	μm	μm
− 0.688780E 02	− 0.798535E 02	0.356921E − 01	0.372174E 01
0.336554E 02	− 0.24088	0.185308	0.30389
0.647768E 02	− 0.51157	0.407992	0.654372
0.339495E 01	− 0.494076	0.570605	0.755548
− 0.203691E 01	− 0.585194E − 01	0.693603	0.696365
0.170648E 01	− 0.283337	0.794415	0.843603
0.858766E 02	− 0.875931E 01	0.862281	0.866761
0.094128	− 0.603292	0.887744	10.07746
0.695977E 02	0.796099E − 01	0.740841	0.745139
− 0.174924E 01	0.496269	0.577636	0.761743
− 0.147825E 01	0.128329	0.393884	0.414526
− 0.281808E 02	− 0.651786E 02	0.167295E 01	0.181742E 01
0.193756E 01	− 0.113481	0.238053	0.264429
0.563359E 02	− 0.193419	0.462678	0.50152
0.132923E 01	− 0.444062	0.677889	0.810494
− 0.270267E 01	− 0.135601	0.460401E 01	0.145732
− 0.158235E 01	− 0.191333	0.152079	0.244922
0.732514E 02	− 0.247518	0.316769	0.402072
− 0.271076E 02	− 0.223217	0.483219	0.53229
0.258663E 01	− 0.285577	0.627595	0.689999

附录 5-3-2　应用时间平均全息图测微幅振动的 MATLAB 程序

```
% program for determination of amplitude vector from triple holograms
clear , close all
X = zeros(1,20);Y = zeros(1,20);Z = zeros(1,20);P1 = zeros(1,20);P2 = zeros(1,
20);P3 = zeros(1,20);
P = zeros(3,1);U = zeros(1,4);V = zeros(1,4);W = zeros(1,4);R = zeros(1,4);A =
zeros(3,1);
K = zeros(3,3);KT = zeros(3,3);KV = zeros(3,3);WN = zeros(3,3);OF = zeros(3,1);
DISP = zeros(3,1);
U = [ − 379.0,138.5,298.5, − 15.0];V = [81.5,231.3,82.0,77.5];W = [263.5,516.0,
575.0,700.0];
X = [ − 49.3, − 49.3, − 49.3, − 49.3, − 49.3, − 49.3, − 49.3, − 49.3, − 49.3, − 49.3,
```

$-49.3,-49.3,-49.3,-49.3,-49.3,-25.4,-25.4,-25.4,-25.4,-25.4]$;

```
    Z = [0.0,0.0,0.0,0.0,0.0,0.0,0.0,0.0,0.0,0.0,0.0,0.0,0.0,0.0,0.0,0.0,
0.0,0.0];
```

```
    Y = [12.3,19.6,30.4,41.3,52.2,59.4,70.3,81.2,92.0,102.9,110.1,124.6,131.9,
139.1,146.4,12.3,19.6,30.4,41.3,52.2];
```

```
    P1 = [0.6,2.4,5.55,8.7,11.25,12.45,13.8,13.65,11.85,9.0,6.3,0.3,3.9,7.8,
11.85,0.6,2.1,4.5,7.35,9.45];
```

```
    P2 = [0.6,2.4,5.55,8.7,12.75,14.1,16.05,15.6,14.25,11.85,7.65,0.3,4.5,8.7,
12.75,0.15,1.95,4.95,8.25,10.95];
```

```
    P3 = [0.6,3.0,6.8,9.75,12.6,14.55,15.9,16.9,13.65,10.2,7.05,0.3,4.65,8.85,
123.35,0.45,2.4,5.55,8.7,11.55];
```

```
    LAMBDA = 0.6328;
```

```
    MN = LAMBDA/(2 * pi);
```

```
    disp('    Ax          Ay          Az          A');
```

```
    disp('    mm          mm          mm          mm');
```

```
    for I = 1:20
        for J = 1:4
        R(J) = sqrt((X(I) - U(J))^2 + (Y(I) - V(J))^2 + (Z(I) - W(J))^2);
        end
        for M = 1:3
        K(M,1) = (U(M) - X(I))/R(M) - (X(I) - U(4))/R(4);
        K(M,2) = (V(M) - Y(I))/R(M) - (Y(I) - V(4))/R(4);
        K(M,3) = (W(M) - Z(I))/R(M) - (Z(I) - W(4))/R(4);
        end
        P(1,1) = P1(I);P(2,1) = P2(I);P(3,1) = P3(I);
        KT = K';KV = KT * K;WN = inv(KV);
        OF = KT * P;OF1 = MN * OF;DISP = WN * OF1;
        A1 = DISP(1,1)^2 + DISP(2,1)^2 + DISP(3,1)^2;
        A = sqrt(A1);
        disp([DISP(1,1),DISP(2,1),DISP(3,1),A]);
    end
```

```
    %%%%%%%%%%%%%%%%%%%%%%%%%%%%%%%%%%%%%%%%%%
    %    Ax          Ay          Az          A
    %    mm          mm          mm          mm
    % - 0.0069    - 0.0080      0.0357      0.0372
    % 0.0034     - 0.2408      0.1853      0.3039
    % 0.0065     - 0.5116      0.4080      0.6544
```

％	− 0.0339	− 0.4941	0.5706	0.7556
％	− 0.0204	− 0.0585	0.6936	0.6964
％	0.0171	− 0.2833	0.7944	0.8436
％	0.0086	− 0.0876	0.8623	0.8668
％	0.0941	− 0.6033	0.8877	1.0775
％	0.0070	0.0796	0.7408	0.7451
％	− 0.0175	0.4963	0.5776	0.7617
％	− 0.0148	0.1283	0.3939	0.4145
％	− 0.0028	− 0.0065	0.0167	0.0182
％	0.0194	− 0.1135	0.2381	0.2644
％	0.0056	− 0.1934	0.4627	0.5015
％	10.4301	− 37.3204	− 0.3631	38.7522
％	− 0.0270	− 0.1356	0.0460	0.1457
％	− 0.0158	− 0.1913	0.1521	0.2449
％	0.0073	− 0.2475	0.3168	0.4021
％	− 0.0025	− 0.2232	0.4832	0.5323
％	0.0259	− 0.2856	0.6276	0.6900

实验 5-4　全息应变分析实验

【实验目的】

(1) 掌握用条纹矢量理论分析测试物体应变的原理和方法。

(2) 掌握应变张量的意义。

(3) 通过拍摄二次曝光全息图,具体测试物体发生的应变。

【实验原理】

在实验力学中,精确测定物体的应变具有很重要的意义,因为它影响到机械结构或零件的强度、安全和寿命,因而也关系到结构设计误差。应变是与位移的导数有关的动态量。物体的应变可以采用应变张量来描述。当知道了材料的结构方程(通常为胡克弹性定律)后,还可以由应变测量推知应力和弯矩。

全息应变分析的条纹矢量理论是全息干涉度量学中新发展的一种测量应变的方法。应用该理论并配合适当的计算机程序,可以实现快速的数据处理,并算出形变物体的应变张量和旋转矩阵,因而这种测试方法能够方便而有效地应用到实际的工程监测系统中。

1. 条纹矢量理论基础

在实验 5-1 中,引入了位移矢量与条纹定位函数之间的关系式(5-1-1)。由于应变是与位移导数有关的动态量,因此在求解应变时,可从对条纹定位函数求导着手。

为此,首先,定义条纹矢量 K_f 为条纹定位函数的梯度,即

$$K_f = \nabla \Omega \tag{5-4-1}$$

由于在直角坐标系中有

$$\Omega = \boldsymbol{K} \cdot \boldsymbol{L} = K_x L_x + K_y L_y + K_z L_z$$

$$\nabla = \frac{\partial}{\partial x}\hat{i} + \frac{\partial}{\partial y}\hat{j} + \frac{\partial}{\partial z}\hat{k}$$

故对式(5-4-1)进行微分运算可得到一个含有 18 项的方程式,经整理后可以简写成

$$\boldsymbol{K}_f = \boldsymbol{K}\underset{\sim}{f} + \boldsymbol{L}\underset{\sim}{g} \tag{5-4-2}$$

其中

$$\underset{\sim}{f} = \begin{pmatrix} L_x^x & L_x^y & L_x^z \\ L_y^x & L_y^y & L_y^z \\ L_z^x & L_z^y & L_z^z \end{pmatrix}, \underset{\sim}{g} = \begin{pmatrix} K_x^x & K_x^y & K_x^z \\ K_y^x & K_y^y & K_y^z \\ K_z^x & K_z^y & K_z^z \end{pmatrix} \tag{5-4-3}$$

而

$$L_x^x = \frac{\partial L_x}{\partial x}, L_x^y = \frac{\partial L_x}{\partial y}, \cdots; K_x^x = \frac{\partial K_x}{\partial x}, K_x^y = \frac{\partial K_x}{\partial y}, \cdots$$

式(5-4-3)是条纹矢量理论中的一个基本关系式。

其次,引入应变张量

$$e_{\alpha\beta} = \frac{1}{2}\left(\frac{\partial L_\alpha}{\partial \beta} + \frac{\partial L_\beta}{\partial \alpha}\right) \quad (\alpha, \beta = x, y, z) \tag{5-4-4}$$

其中

$$e_{xx} = \frac{\partial L_x}{\partial x}, e_{yy} = \frac{\partial L_y}{\partial y}, e_{zz} = \frac{\partial L_z}{\partial z} \tag{5-4-5}$$

表示法向应变,而

$$\begin{cases} e_{xy} = \frac{1}{2}\left(\frac{\partial L_x}{\partial y} - \frac{\partial L_y}{\partial x}\right) \\ e_{yz} = \frac{1}{2}\left(\frac{\partial L_y}{\partial z} - \frac{\partial L_z}{\partial y}\right) \\ e_{zx} = \frac{1}{2}\left(\frac{\partial L_z}{\partial x} - \frac{\partial L_x}{\partial z}\right) \end{cases} \tag{5-4-6}$$

表示切应变。显然有

$$e_{xy} = e_{yx}, e_{yz} = e_{zy}, e_{zx} = e_{xz} \tag{5-4-7}$$

因此,应变张量是对称张量。

如果物体除发生切应变外还发生微小的旋转,则物体上任一点 Q 因旋转所引起的位移可表示为

$$\boldsymbol{L} = \boldsymbol{\theta} \times \boldsymbol{R} \tag{5-4-8}$$

式中:$\boldsymbol{\theta}$ 表示微小转角,$\boldsymbol{R}$ 表示由坐标系原点到点 Q 的空间位置矢量。式(5-4-8)可以写成下列分量方程:

$$\begin{cases} L_x = \theta_y z - \theta_z y \\ L_y = \theta_z x - \theta_x z \\ L_z = \theta_x y - \theta_y x \end{cases} \tag{5-4-9}$$

对上列各式求导,同时考虑到 x、y、z 及 θx、θy、θz 是两组各自独立的变量,经整理便得物体在发生应变过程中,绕 x、y、z 轴转动的各分量为

$$\begin{cases} \theta_x = \dfrac{1}{2}\left(\dfrac{\partial L_z}{\partial y} - \dfrac{\partial L_y}{\partial z}\right) \\[2mm] \theta_y = \dfrac{1}{2}\left(\dfrac{\partial L_x}{\partial z} - \dfrac{\partial L_z}{\partial x}\right) \\[2mm] \theta_z = \dfrac{1}{2}\left(\dfrac{\partial L_y}{\partial x} - \dfrac{\partial L_x}{\partial y}\right) \end{cases} \tag{5-4-10}$$

遂由式(5-4-3)、(5-4-5)、(5-4-6)和(5-4-10)易知，$\underset{\sim}{f}$ 可表示成

$$\underset{\sim}{f} = \begin{pmatrix} e_{xx} & e_{xy} & e_{xz} \\ e_{yx} & e_{yy} & e_{yz} \\ e_{zx} & e_{zy} & e_{zz} \end{pmatrix} + \begin{pmatrix} 0 & -\theta_x & \theta_y \\ \theta_z & 0 & -\theta_x \\ -\theta_y & \theta_x & 0 \end{pmatrix} = \underset{\sim}{e} + \underset{\sim}{\boldsymbol{\theta}} \tag{5-4-11}$$

式中：$\underset{\sim}{e}$ 称为应变矩阵（或应变张量）；$\underset{\sim}{\boldsymbol{\theta}}$ 称为旋转矩阵，它是由 $\boldsymbol{\theta}$ 的各分量构成的一个反对称矩阵；$\underset{\sim}{f}$ 称为变换矩阵。由于 $\underset{\sim}{f}$ 可形式地表示成

$$\underset{\sim}{f} = \frac{1}{2}(\underset{\sim}{f} + \underset{\sim}{f}^{\mathrm{T}}) + \frac{1}{2}(\underset{\sim}{f} - \underset{\sim}{f}^{\mathrm{T}}) \tag{5-4-12}$$

故由式(5-4-5)、(5-4-6)、(5-4-10)、(5-4-11)和(5-4-12)可得

$$\underset{\sim}{e} = \frac{1}{2}(\underset{\sim}{f} + \underset{\sim}{f}^{\mathrm{T}}), \qquad \underset{\sim}{\boldsymbol{\theta}} = \frac{1}{2}(\underset{\sim}{f} - \underset{\sim}{f}^{\mathrm{T}}) \tag{5-4-13}$$

因此，只要能求出 $\underset{\sim}{f}$，则便可求得物体发生的应变和旋转。

为了求解 $\underset{\sim}{f}$，可把式(5-4-2)改写成

$$\boldsymbol{K} \underset{\sim}{f} = \boldsymbol{K}_f - \boldsymbol{L} \underset{\sim}{g} \tag{5-4-14}$$

并对全息图重现像做多次观测，对于每次观测，可按式(5-1-2)及(5-1-3)确定灵敏度矢量，按式(5-4-15)确定 $\underset{\sim}{g}$：

$$\underset{\sim}{g} = \frac{k}{R_2}(\boldsymbol{I} - \hat{\boldsymbol{k}}_2 \otimes \hat{\boldsymbol{k}}_2) - \frac{k}{R_1}(\boldsymbol{I} - \hat{\boldsymbol{k}}_1 \otimes \hat{\boldsymbol{k}}_1) \tag{5-4-15}$$

式中：R_1 代表在图 5-1-1 中照明点源到待测物点 P 之间的距离，R_2 代表待测点 P 到观察点之间的距离。$\underset{\sim}{I}$ 是 3×3 的单位矩阵。记号 $\otimes$ 表示两个矢量之间的矩阵乘积，例如，对矢量 $\boldsymbol{a}$、$\boldsymbol{b}$，有

$$\boldsymbol{a} \otimes \boldsymbol{b} = \begin{pmatrix} a_x \\ a_y \\ a_z \end{pmatrix} (b_x \quad b_y \quad b_z) = \begin{pmatrix} a_x b_x & a_x b_y & a_x b_z \\ a_y b_x & a_y b_y & a_y b_z \\ a_z b_x & a_z b_y & a_z b_z \end{pmatrix} \tag{5-4-16}$$

点 P 的位移 $\boldsymbol{L}$ 可按实验 5-1 中介绍的多次观察法求得。至于 $\boldsymbol{K}_f$，可按以下方法计算。

设对于某任一特定的观察方向 $\boldsymbol{K}_2$，待测点 P 处的条纹定位函数为 Ω_0，而其邻近点 P_m 的条纹定位函数可表示为

$$\Omega^{(m)} = \Omega_0 + \nabla\Omega \cdot \Delta\boldsymbol{R}_P^{(m)} = \Omega_0 + \boldsymbol{K}_f \cdot \Delta\boldsymbol{R}_P^{(m)} \quad (m = 1, 2, \cdots, n)$$

即

$$\Delta\Omega^{(m)} = \Omega^{(m)} - \Omega_0 = \boldsymbol{K}_f \cdot \Delta\boldsymbol{R}_P^{(m)} \qquad (m = 1, 2, \cdots, n) \tag{5-4-17}$$

式中：$\Delta\boldsymbol{R}_P^{(m)}$ 是从点 P 到其邻近点 P_m 的差分空间矢量；n 表示在点 P 四周选定的物点总数；而 $\Delta\Omega^{(m)} = 2\pi\Delta N^{(m)}$，$\Delta N^{(m)}$ 表示在点 P 与物体上与其邻近点 P_m 之间分布的条纹数，可通过观察重现像求得。

若选择点 P 作为坐标原点，则 $\Delta\boldsymbol{R}_P^{(m)}$ 写成 $\boldsymbol{R}_P^{(m)}$，并将方程(5-4-17)写成矩阵形式，得

$$\begin{pmatrix} \Delta\Omega^{(1)} \\ \Delta\Omega^{(2)} \\ \vdots \\ \Delta\Omega^{(n)} \end{pmatrix} = \boldsymbol{K}_f \begin{pmatrix} R_P^{(1)} \\ R_P^{(2)} \\ \vdots \\ R_P^{(n)} \end{pmatrix} = 2\pi \begin{pmatrix} \Delta N^{(1)} \\ \Delta N^{(2)} \\ \vdots \\ \Delta N^{(n)} \end{pmatrix} \tag{5-4-18}$$

或简写成

$$\Delta\underset{\sim}{\Omega} = \underset{\sim}{\boldsymbol{R}}_P \cdot \boldsymbol{K}_f = 2\pi\Delta\underset{\sim}{N} \tag{5-4-19}$$

用 $\underset{\sim}{\boldsymbol{R}}_P^{\mathrm{T}}$ 左乘上式两端,容易得到

$$\boldsymbol{K}_f = (\underset{\sim}{\boldsymbol{R}}_P^{\mathrm{T}}\boldsymbol{R}_P)^{-1}(2\pi\underset{\sim}{\boldsymbol{R}}_P^{\mathrm{T}}\Delta\boldsymbol{N}) \tag{5-4-20}$$

式(5-4-20)就是求解 $\boldsymbol{K}_f$ 的公式,由物体上若干点的坐标及观察到的条纹分布数算出。如果沿不同的观察方向(即通过全息干板上不同的观察点)观察重现图样时,则求出的 $\boldsymbol{K}_f$ 将不同。于是,通过多次观察可得到类似于式(5-4-14)的一系列方程式:

$$\begin{cases} K^{(1)}\underset{\sim}{\boldsymbol{f}} = K_f^{(1)} - \boldsymbol{L}\underset{\sim}{g}^{(1)} \\ K^{(2)}\underset{\sim}{\boldsymbol{f}} = K_f^{(2)} - \boldsymbol{L}\underset{\sim}{g}^{(2)} \\ \qquad\qquad \vdots \\ K^{(r)}\underset{\sim}{\boldsymbol{f}} = K_f^{(r)} - \boldsymbol{L}\underset{\sim}{g}^{(r)} \end{cases} \tag{5-4-21}$$

式中: $K^{(i)}$ 由图 5-1-1 定义为

$$K^{(i)} = K_2^{(i)} - K_1 \quad (i = 1, 2, \cdots, r)$$

r 表示观察点总数。将方程组(5-4-21)写成矩阵方程,并注意到 $\underset{\sim}{\boldsymbol{f}}$ 对所有方程都是公有的,便得

$$\underset{\sim}{\boldsymbol{K}}\boldsymbol{f} = \underset{\sim}{\boldsymbol{K}}_{fc} \tag{5-4-22}$$

式中

$$\underset{\sim}{\boldsymbol{K}} = \begin{pmatrix} K^{(1)} \\ K^{(2)} \\ \vdots \\ K^{(r)} \end{pmatrix}, \underset{\sim}{\boldsymbol{K}}_{fc} = \begin{pmatrix} K_f^{(1)} \\ K_f^{(2)} \\ \vdots \\ K_f^{(r)} \end{pmatrix} - \boldsymbol{L} \begin{pmatrix} g^{(1)} \\ g^{(2)} \\ \vdots \\ g^{(r)} \end{pmatrix} = \underset{\sim}{\boldsymbol{K}}_f - \boldsymbol{L}\underset{\sim}{g} \tag{5-4-23}$$

最后用 $\underset{\sim}{\boldsymbol{K}}^{\mathrm{T}}$ 左乘式(5-4-22)两端,容易解得

$$\underset{\sim}{\boldsymbol{f}} = (\underset{\sim}{\boldsymbol{K}}^{\mathrm{T}}\ \underset{\sim}{\boldsymbol{K}})^{-1}(\underset{\sim}{\boldsymbol{K}}^{\mathrm{T}}\ \underset{\sim}{\boldsymbol{K}}_{fc}) \tag{5-4-24}$$

把求得的 $\underset{\sim}{\boldsymbol{f}}$ 再代入式(5-4-13),就给出了物体的应变张量和旋转矩阵。

式(5-4-20)和(5-4-24)的推导过程符合最小二乘法原理,因此由它们求得的解具有最小均方误差。

2. 计算机程序

附录 5-4-1 为根据前面推导过程编制的计算机程序。该程序采用扩展 Basic 语言,分为若干程序段,分别计算 $\underset{\sim}{\boldsymbol{K}}_f$、$\boldsymbol{L}$、$\boldsymbol{L}\underset{\sim}{g}$、$\underset{\sim}{\boldsymbol{K}}_{fc}$ 及 $\underset{\sim}{\boldsymbol{f}}$,最后计算 $\underset{\sim}{\boldsymbol{e}}$ 和 $\underset{\sim}{\boldsymbol{\theta}}$。其中,最基本的是计算 $\boldsymbol{L}$、$\underset{\sim}{\boldsymbol{K}}_f$ 及 $\underset{\sim}{\boldsymbol{f}}$。程序中的 CP0、CP1 分别表示待测点 P 和照明点源的空间位置坐标;CP2 代表各观察点的位置坐标;YN(N,1)代表观察者由沿 $K_2^{(1)}$ 方向观察连续地改变到沿 $K_2^{(i)}$($i = 1, 2, \cdots, r$)方向观察时,所观测到的通过点 P 的条纹漂移数;XN(N,M)代表观察者沿各 $K_2^{(i)}$ 方向观察点 P 及其邻近各点 P_m 时,所观察到的分布在点 P 及点 P_m 之间的条纹数。程序中的数据和计算结

果是由实验中得到的。附录 5-4-2 是对应的 MATLAB 程序。

【实验步骤】

1. 实验物体的制备

实验物体可采用一段电木圆筒,取其长度约为 30 cm,内径为 5～6 cm,壁厚约为 0.3 cm。实验前,先在其上涂上白广告色,并画上黑色小方格,然后在其中间部位适当位置选择点 P 和各点 P_m,注上标记。将圆筒悬置在一个实验支架上,上端令其处于自由状态;圆筒中心通入一个 600 W 的电炉丝,两端用绝缘子固定于圆筒端口。为了保证圆筒均匀受热,电炉丝要尽可能安放在圆筒轴线上,拉直。

2. 布置实验光路

按图 5-4-1 布置实验光路。注意在主要曝光区域内使参考光束与物光束的光程基本相等,并调节分光镜使参、物光强比在 2∶1～5∶1 之间。

3. 拍摄二次曝光全息图

实验时,使电炉丝适当通电(可改变电压和通电时间)来控制电木的受热情况,并在受热前后拍摄二次曝光全息图。为了确保实验操作的安全,加在电炉丝上的电压最好低于 60 V,建议采用晶体管电源,通电时间为 1～2 min 即可。在两次曝光前,全息工作台应有足够长的稳定时间(至少 1 min)。对底片的处理,包括显影、定影和漂白等过程,与一般全息照相相同。图 5-4-2 为实验中拍得的电木圆筒二次曝光全息干涉图,供读者参考。

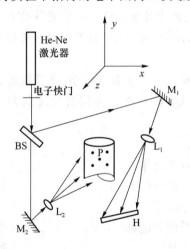

图 5-4-1　实验光路

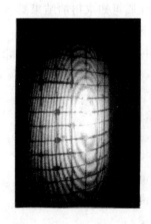

图 5-4-2　电木圆筒的全息干涉图

4. 数据采集

需要采集的实验数据包括 K_1、$K_2^{(i)}$ 和 $R_P^{(m)}$,并通过重现全息图虚像来观测 YN$(N,1)$ 和 XN(N,M)。注意,在观测 YN 和 XN 的值时,需要事先假设某个符号约定。对于 YN,可约定在改变观察方向的过程中,条纹向右移动时,其漂移的条纹数取为正,而向左漂移时则取为负;对于 XN,可约定在 y 轴右方的条纹分布数取为正值,而在 y 轴左方的条纹分布数则取为负值。前者相当于约定以观察方向 $K_2^{(1)}$ 作为记录条纹移动数的"坐标原点",后者相当于约定以 y 轴作为记录条纹分布数的"坐标原点"。

为了不过分增加数据采集和计算的工作量,全息干板上的观察点数目和物体的测试点数目都选为 5。实验采集的原始数据举例如表 5-4-1 所示。

表 5-4-1 实验采集到的原始数据举例

CPOX/mm	CPOY/mm	CPOZ/mm	CP1X/mm	CP1Y/mm	CP1Z/mm
0.00	0.00	0.00	−221.5	0.0	222.0

| M | CP1X /mm | CP1Y /mm | CP1Z /mm | YN (N,1) | XN(N,M) | | | | R_{Px} /mm | R_{Py} /mm | R_{Pz} /mm |
					1	2	3	4			
1	8.5	−5.0	131.0	0.0	4.0	0.0	−4.9	−0.9	9.4	10.0	2.2
2	48.5	25.0	131.0	5.0	3.2	0.5	−3.9	−0.2	−9.0	10.0	−3.6
3	−31.5	25.0	131.0	0.3	4.0	0.0	−4.5	0.0	−9.0	−10.0	−3.6
4	−31.5	−35.0	131.0	−3.5	5.1	0.2	−5.0	−0.9	9.4	−10.0	2.2
5	48.5	−35.0	131.0	0.3	0.0	1.0	−4.0	−0.9			

5. 上机计算

将实验采集到的上述各项原始数据代入本实验附录的程序中进行数据处理,最后算得测点的位移、应变和旋转矩阵。表 5-4-1 数据代入计算机程序的计算结果见程序末。

【讨论】

(1) 本实验系统介绍了全息应变分析的条纹矢量理论及实验测定应变张量的方法。由最小二乘法性质可知求得的结果具有最佳估计值,所以,由本实验方法计算的结果能较好地反映形变物体发生的应变。

(2) 本实验属于全息干涉计量中的一个综合实验。从建立数理模型、计算机编程到数据采集,都较本章前几个实验更具综合性,因此,做好该实验对于培养综合处理能力是很有好处的。

【实验仪器】

He-Ne 激光器(40 mW 左右)	1 台	载物支架	1 个
电子快门	1 个	电炉丝(60 W)	1 根
反射镜	2 个	绝缘子	2 个
扩束镜	2 个	晶体管电源(60 V)	1 个
分束镜	1 个	米尺	1 把
电木圆筒	1 个	全息干板	若干小块

参 考 文 献

[5-4-1] 王仕璠.应用全息干涉术测定物体应变的一种方法[J].成都:成都电讯工程学院学报,1986,15(3):57-65.

[5-4-2] 王仕璠.信息光学理论与应用[M].4 版.北京:北京邮电大学出版社,2020.

附录 5-4-1 全息应变分析的扩展 Basic 程序

```
4      REM ··············································
5      REM   COMPUTER PROGRAM FOR HOLOGRAPHIC STRAIN ANALYSIS
```

```
7       REM·······························
10      REM   COMPUTE THE KF MATRIX
20      DIM RP(4,3), RPT(3,4),COEF(3,3),COFINV(3,3),
30      DIM A(3,3), KF(5,3), C(5,3),XN(5,4)
40      MAT READ XN RP
50      DATA 4.0,0.0, - 4.9, - 0.9,3.2,0.5, - 3.9, - 0.2,4.0
55      DATA 0.0, - 4.5,0.0,5.1,0.2, - 5.0, - 0.9,4.0,4.0, - 4.0
60      DATA - 0.9,9.40,10.00,2.20, - 9.00,10.00, - 3.60
65      DATA - 9.00, - 10.00, - 3.60,9.40, - 10.00,2.20
70      MAT RPT = TRN(RP)
80      MAT A  = RPT * RP
100     MAT AT = TRN(A)
110     MAT C = XN * RP
120     MAT KF = C * AT
130     MAT KF = (2 * 3.14159) * KF
140     REM·······························
150     REM COMPUTE DISPLACEMENT LX,LY,LZ
160     DIM CP0(3),CP2(5,3),YN(5,1),R(5),B(5,4), COE(4,4)
170     DIM CPD(4,1),CP1(3),DISP(4,1), RI(3),COEINV(4,4)
180     DIM CK1(3),BT(4,5),CK2(5,3),L(1,3)
190     REM ENTER THE WAVELENGT H (MICROMETER)
200     LAMBDA = 0.6328
210     MAT READ CP0,CP1,CP2,YN
215     DATA 0.00,0.00,0.00, - 221.50,0.00,222.00,8.50, - 5.00
220     DATA 131.00,48.50,25.00,131.00, - 31.50
225     DATA 25.00,131.00, - 31.50, - 35.00,131.00,48.50, - 35.00
230     DATA 131.00,0.0,5.0,0.3, - 3.5,0.3
235     FORI = 1 TO 5
240     Q = 0
250     FOR J = 1 TO 3
260     CK22(I,J) = CP2(I,J) - CP0(J)
270     Q = Q + CK22(I,J) ** 2
280     NEXT J
290     R(I) = SQR(Q)
300     FOR J = 1 TO 3
310     CK2(I,J) = CK22(I,J)/ R(I)
320     NEXT J
330     NEXT I
340     S = 0
350     FOR I = 1 TO 3
```

```
360    RI(I) = (CP0(I) - CP1(I)) ** 2
370    S = S + RI(I)
380    NEXT I
390    RI = SQR(S)
400    FOR I = 1 TO 3
410    CK1(I) = (CP0(I) - CP1(I))/RI
420    NEXT I
430    FOR I = 1 TO 5
440    FOR J = 1 TO 5
450    B(I,J) = CK2(I,J) - CK1(J)
460    NEXT J
470    B(I,4) = - 1.0
480    NEXT I
490    MAT BT = TRN(B)
500    MAT COE = BT * B
510    MAT COEINV = INV(COE)
520    MAT BT = (LAMBDA) * BT
525    MAT CPD = BT * YN
530    MAT DISP = COEINV * CPD
540    FOR I = 1TO 3
550    L(1,I) = DISP(I,1)
560    NEXT I
570    PRINT
580    PRINT 'LX','LY','LZ'
590    PRINT 'μm','μm','μm'
600    PRINT L(1,1),L(1,2),L(1,3)
610    PRINT
620    REM ·······························
630    REM COMPUTE THE L * G MATRIX
640    DIM E(3,3 ),G(3,3),W(1,3),WN(5,3),K1(3,3),K2(3,3)
650    DIM CK(3,1),CK11(3,1),CK11T(1,3),CKT(1,3)
660    FOR I = 1 TO 5
670    FOR J = 1 TO 3
680    CK(J,I) = CK2(I,J)
690    NEXT J
700    MAT CKT = TRN(CK)
710    MAT K2 = CK * CKT
720    MAT E = IDN
730    MAT KK2 = E - K2
731    FOR MM = 1 TO 3
```

```
732    CK11(MM,1) = CK1(MM)
733    NEXT MM
740    MAT CK11T = TRN(CK11)
750    MAT K1 = CK11 * CK11T
760    MAT KK1 = E - K1
765    MAT KK2 = (1/R(I)) * * KK2
770    MAT KK1 = (1/R(I)) * * KK1
780    MAT G = KK2 - KK1
790    MAT G = (2 * 3.14159/0.6328) * G
800    MAT W = L * G
810    FOR J = 1 TO 3
820    WN(I,J) = W(I,J)
830    NEXT J
840    NEXT I
850    REM·····························
860    REM COMPUTE THE KFC AND F MATRIX
870    DIM KFC(5,3),K(5,3),F(3,3),KT(3,5),EE(3,3)
875    DIM THETA(3,3),FT(3,3)
880    MAT KFC  = KF - WN
890    FOR I = 1 TO 5
900    FOR J = 1 TO 3
910    K(I,J) = (CK2(I,J) - CK1(J)) * (2 * 3.14159 * 10E + 3/0.6328)
920    NEXT J
930    NEXT I
940    MAT KT = TRN(K)
950    MAT COEF = KT * K
960    MAT COEINV = INV(COEF)
970    MAT A  = KT * KFC
980    MAT F = COEINV * A
990    MAT FT = TRN(F)
1000   MAT EE = F + FT
1010   MAT EE = (1/2) * E
1020   MAT THETA = F - F T
1030   MAT THETA = (1/2) * THETA
1040   PRINT 'E'
1041   MAT PRINT E
1042   PRINT 'THETA'
1043   MAT PRINT THETA
1050   PRINT
1060   END
```

LX	LY	LZ
μm	μm	μm
4.51240	6.40844	$-$ 3.93307

	E	
$-$ 0.532031E 05	$-$ 0.273583E 05	$-$ 0.481203E 05
$-$ 0.273583E 05	$-$ 0.120694E 05	0.968014E 05
$-$ 0.481203E 05	0.968014E 05	0.668944E 05

	THETA	
0	0.454696E 06	$-$ 0.547428E 05
$-$ 0.454696E 06	0	0.320579E 05
0.547428E 05	$-$ 0.320579E 05	0

附录 5-4-2　全息应变分析的 MATLAB 程序

```
% program for holographic strain analysis
clear ,close all
% computer KF matrix
RP = zeros(4,3);RPT = zeros(3,4);COFINV = zeros(3,3);COEF = zeros(3,3);A = zeros
(3,3);
KF = zeros(5,3);C = zeros(5,3);XN = zeros(5,4);
XN = [4.0,0.0,-4.9,-0.9;3.2,0.5,-3.9,-0.2;4.0,0.0,-4.5,0.0;5.1,0.2,-5.0,
-0.9;4.0,4.0,-4.0,-0.9];
RP = [9.40,10.00,2.20;-9.00,10.00,-3.60;-9.00,-10.00,-3.60;9.40,-10.00,2.20];
RPT = RP';A = RPT * RP;A = inv(A);
AT = A';C = XN * RP;
KF = C * AT;KF = (2 * pi) * KF;
LAMBDA = 0.6328;% wave length(micrometer)
% * * * * * * * * * * * * * * compute displacement Lx Ly Lz * * * * * * * * * * * * * * * * * * *
CP0 = zeros(1,3);CP2 = zeros(5,3);YN = zeros(5,1);R = zeros(1,5);
B = zeros(5,4);COE = zeros(4,4);CPD = zeros(4,1);CP1 = zeros(1,3);DISP = zeros(4,1);
RI = zeros(1,3);COEINV = zeros(4,4);CK1 = zeros(1,3);BT = zeros(4,5);CK2 = zeros(5,3);
L = zeros(1,3);
CP0 = [0.0,0.0,0.0];CP1 = [-221.50,0.00,222.00];YN = [0.0;5.0;0.3;-3.5;0.3];
CP2 = [8.50,-5.00,131.00;48.50,25.00,131.00;-31.50,25.00,131.00;-31.50,
-35.00,131.00;48.50,-35.00,131.00];
for I = 1:5
    Q = 0;
    for J = 1:3
    CK22(I,J) = CP2(I,J) - CP0(J);
    Q = Q + CK22(I,J)^2;
    end
    R(I) = sqrt(Q);
```

```
        for J = 1:3
        CK2(I,J) = CK22(I,J)/R(I);
        end
    end
      S = 0;
    for I = 1:3
      RI(I) = (CP0(I) - CP1(I))^2;
      S = S + RI(I);
    end
    RI = sqrt(S);
    for I = 1:3
        CK1(I) = (CP0(I) - CP1(I))/RI;
    end
    for I = 1:5
        for J = 1:3
        B(I,J) = CK2(I,J) - CK1(J);
        end
        B(I,4) = - 1.0;
    end
    BT = B';COE = BT * B;
    COEINV = inv(COE);
    BT = (LAMBDA) * BT;CPD = BT * YN;
    DISP = COEINV * CPD;
    for I = 1:3
        L(1,I) = DISP(I,1);
    end
    disp('    Lx          Ly          Lz');
    disp('    mm          mm          mm');
    disp([L(1,1),L(1,2),L(1,3)]);
    %* * * * * * * * * * * * compute the L * G matrix * * * * * * * * * * * * * * * * *
    E = eye(3);G = zeros(3,3);W = zeros(1,3);WN = zeros(5,3);K1 = zeros(3,3);K2 =
zeros(3,3);
    CK = zeros(3,1);CK11 = zeros(3,1);CK11T = zeros(1,3);CKT = zeros(1,3);
    for I = 1:5
        for J = 1:3
        CK(J,I) = CK2(I,J);
        end
        CKT = CK';K2 = CK * CKT;
        KK2 = E - K2;
        for MM = 1:3
```

```
        CK11(MM,1) = CK1(MM);
        end
        K1 = CK11 * (CK11');KK1 = E - K1;
        Kk2 = (1/R(I)) * KK2;KK1 = (1/R(I)) * KK1;
        G = KK2 - KK1;G = (2 * pi/0.6328) * G;
        W = L * G;
        WN(I,J) = W(1,J);
        end
        end
  %********************* compute the KFC and F  matrix ***********
  KFC = zeros(5,3);K = zeros(5,3);F = zeros(3,3);EE = zeros(3,3);THETA = zeros(3,
3);FT = zeros(3,3);
  KFC = KF - WN;
  for I = 1:5
    for J = 1:3
    K(I,J) = (CK2(I,J) - CK1(J)) * (2 * pi * 10E + 3/0.6328);
    end
  end
  COEF = (K') * K;COEINV = inv(COEF);
  A = (K') * KFC;F = COEINV * A;
  EE = F + F';EE = (1/2) * EE;
  THETA = F - F';THETA = (1/2) * THETA;format short e;
  disp('                         EE');
  disp([EE]);
  disp('                    THETA');
  disp([THETA]);


   %%%%%%%%%%%%%%%%%%%%%%%%%%%%%%%%%%%%%%%%%
   % Lx          Ly          Lz
   % mm          mm          mm
   % 4.4285      6.4640      - 5.3691

      %                   EE
   % - 2.6066e - 004  - 9.1537e - 005  - 1.7108e - 004
   % - 9.1537e - 005  - 4.9148e - 004   1.2717e - 003
   % - 1.7108e - 004   1.2717e - 003  - 4.2438e - 004

   %                   THETA
   %          0   2.6230e - 004   1.9596e - 004
   % - 2.6230e - 004          0   1.5726e - 003
   % - 1.9596e - 004  - 1.5726e - 003          0
```

102

第6章 激光散斑计量

当用激光光束投射到能散射光的粗糙表面(即平均起伏大于光波波长数量级的表面)上时,即呈现出用普通光见不到的斑点状的图样。其中的每个斑点称为散斑,整个图样称为散斑图样。这种散斑现象是使用高相干光时所固有的。

散斑的物理起因可简单说明如下:当激光照射到物体表面时,物体表面上的每一个点(或面元)都可视为子波源,它们都要散射光,由于激光的高相干性,由一个物点散射的光将和每一个其他物点散射的光干涉,又因为物体表面元是随机分布的(这种随机特性由表面粗糙度引起),所以由它们散射的各子波相干叠加后形成的反射光场具有随机的空间光强分布。当把探测器或眼睛置于光场中时,将记录或观察到一种杂乱无章的干涉图样,并呈现颗粒状结构,此即"散斑"。

以往常把散斑图样看作是降低成像质量和限制干涉条纹清晰度的光学噪声,但近40余年发展起来的散斑摄影术和散斑干涉度量术却形成了一种崭新的光测力学方法——散斑计量学。目前,散斑效应已广泛地被应用于表面粗糙度研究、光学图像处理、光学系统的调整和镜头成像质量评价等方面,但最有前途的应用领域仍然是散斑干涉计量技术。其中最基本的应用是利用二次曝光技术测量物体表面的面内位移,由此引申出空间位移场、应变场的测试,距离及速度的测量,振动分析以及进行位相物体研究等。这种方法的优点是几何光路简单,降低了对机械稳定性的要求,易于测试面内位移,且测试灵敏度可在一定范围内调节。

通过本章的实验可以了解到激光散斑现象的基本特点、拍摄方法及其基本应用。

实验 6-1 用散斑摄影术测量位相物体厚度

【实验目的】

(1) 通过拍摄自由空间散斑图及成像散斑图,初步了解激光散斑现象及其特点。

(2) 掌握应用二次曝光散斑图测量物体表面的面内位移的原理和方法。

(3) 在上述基础上,用二次曝光散斑图测量透明固体(玻璃)的厚度及其非均匀性。

【实验原理】

1. 用二次曝光散斑图测量面内位移

(1) 二次曝光散斑图的记录

图 6-1-1 是拍摄散斑图的光路之一,其中 S 是具有光学粗糙表面的平面物体,用扩束后的激光光束照射,L 是成像透镜,H 是全息干板,置于像平面上,成像透镜 L 将 S 面成像于记录平面 H 上,形成成像散斑,如果对测试物体在运动前后应用二次曝光法拍摄散斑图样,并假定位移的量值大于散斑特征尺寸,那么,在同一底片上就记录了两个同样但位置稍微错开的散斑图。这样,其中的各散斑点都是成对出现的,这相当于在底片上布满了无数的"杨氏双孔",各"双孔"的孔距和连线反映了"双孔"所在处像点位移的量值和方位,当用相干光束照射此散斑底片时,将发生杨氏双孔干涉现象。

(2) 散斑图底片的处理方法

对于散斑图底片的处理,通常采用两种方法。一种是全场分析法,采用平行光束垂直照明二次曝光散斑图底片,并应用傅里叶变换透镜,在其后焦面上观察散斑图底片的频谱分布;另一种是逐点分析法,采用细激光束垂直照明二次曝光散斑图底片,在其后面距离 z_0 处平行放置观察屏,每次考察底片上一个小区域的频谱。图 6-1-2 为采用逐点分析法的光路布置,这时在观察屏上将会看到由散斑底片上被照明的小区域的"散斑对"所产生的杨氏双孔干涉条纹,它们是一系列的平行直线,相邻亮条纹的间隔和相邻暗条纹的间隔 Δt 均满足:

$$l = z_0 \lambda / \Delta t \tag{6-1-1}$$

式中:l 为"双孔"间距(即位移量值);λ 为激光波长,且条纹取向与"双孔"连线(即位移的方位)垂直,由此便可求出待测物体表面各点位移的大小和方位。注意,上述位移量是经过透镜放大了的值,若成像散斑的放大率为 M,则待测物体表面各点发生的实际位移量值应为

$$L = l/M = z_0 \lambda / (M \Delta t), \quad M = v/u \tag{6-1-2}$$

u,v 各代表图 6-1-1 中的物距和像距,M 则表示放大率。式(6-1-2)是测定面内位移的公式。当位移的方向和大小不同时,条纹的取向和疏密也不同。

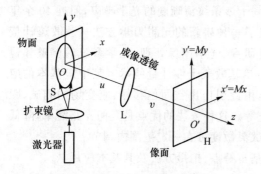

图 6-1-1　记录成像散斑的光路

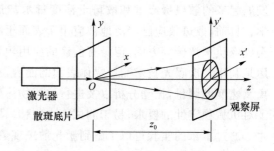

图 6-1-2　逐点分析法光路

2. 用二次曝光散斑图测定透明固体的厚度

如图 6-1-3 所示,激光束经扩束准直后,通过半漫透射片照明适当倾斜的待测透明物体。这时,对于在底片 H 上形成散斑图样有贡献的光线,由于在透明介质分界面上发生两次折射,它们经过透明介质后将平移一个量 d,如图 6-1-4 所示。这将使每个散斑点从原来没有透明介质时的位置也产生位移 d。

如果拍摄一张二次曝光散斑图照片,第一次曝光时待测物体不存在,第二次曝光时待测物体已放入光路中,那么,经显影和定影处理后,对这张散斑图片应用逐点分析法,就可按式(6-1-2)确定散斑点的位移,进而按式(6-1-3)计算出待测透明物体的厚度。

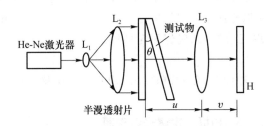

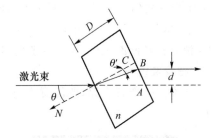

图 6-1-3　用散斑照相测试位相物体厚度的光路　　图 6-1-4　光束通过透明介质时发生两次折射

由图 6-1-4,有

$$\overline{AB}=\overline{AC}-\overline{BC}=D(\tan\theta-\tan\theta') \tag{6-1-3}$$

$$d=\overline{AB}\cos\theta=D(\tan\theta-\tan\theta')\cos\theta \tag{6-1-4}$$

应用折射定律又有

$$n_0\sin\theta=n\sin\theta',n_0=1$$

故由(6-1-4)式可得

$$D=\frac{d}{\sin\theta-\dfrac{\sin\theta\cos\theta}{\sqrt{n^2-\sin^2\theta}}} \tag{6-1-5}$$

由式(6-1-5)可知,如果已知激光束入射到透明介质界面上的入射角 θ、介质的折射率 n 以及光束通过透明介质后的位移 d,便可算出透明介质的厚度 D。其中 θ 可由实验中直接测定,d 可根据按式(6-1-2)算出,n 由手册给定。

另外,式(6-1-5)中的分母在确定的实验条件下为一常数,故由若干抽样点测出位移 d 后,也可利用该式方便地测量透明介质的厚度不均匀性。

【实验步骤】

1. 实验前的准备工作

(1)实验前,先要制作一个半漫透射物体,把它放在经扩束准直后的入射激光光束与被测物体之间,以产生散斑(如图 6-1-3 所示)。该半漫透射片可以采用单次曝光的自由空间散斑图底片,既可产生散斑,又不致过多地破坏平行光照明特性。自由空间散斑图的拍摄光路如图 6-1-5 所示。曝光时间视激光器的输出功率和记录干板的性能而定,一般为数秒,曝光后的处理过程(显影、定影、漂白等)与全息摄影相同。摄得的单次曝光散斑图样如图 6-1-6 所示。

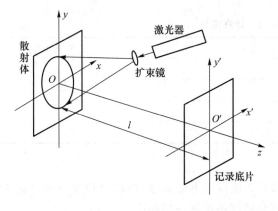

图 6-1-5　自由空间散斑拍摄光路　　　　　　　图 6-1-6　单次曝光散斑图样

（2）根据式(6-1-5)预先估计入射角的量值，总的要求是使由该式中的 n、D（粗略估计值）和 θ 的三角函数值三者的不同组合算出的 d 值落在散斑测量较灵敏的范围内（例如，$10\sim100\ \mu m$），以便于测量条纹间距 Δt。另外，θ 值要尽可能取三位数，以确保测量精度。

2. 布置实验光路

按图 6-1-3 布置光路，要注意适当调整物距和像距，使被测样品的像基本布满整个记录底片 H。

图 6-1-7　实验得到的二次曝光散斑条纹图样

3. 拍摄二次曝光散斑图

待测透明体（玻璃片）在两次曝光之间加入光路中，加入时须注意轻放，斜靠在自由空间散斑底片旁即可。在曝光过程中应保持环境安静，避免振动，安装好干板或放入待测透明体（玻璃片）后，实验者应离开全息台，使之稳定 1 min 左右再行曝光。对散斑图底片的处理过程与一般全息照相底片的处理过程相同。图 6-1-7 是拍摄得到的散斑底片经细激光束照明得到的条纹图样，供读者参考。

4. 测量数据

测量数据包括：物距 u 和像距 v（用米尺测量）、玻璃片的倾角 θ、条纹间距 Δt、观察屏至散斑底片的距离 z_0。前两项在实验光路（见图 6-1-3）中测量，后两项则在散斑图处理光路中测量（θ 值由图 6-1-3 中角的正切算得），Δt 在观察屏上读出，可对多个条纹读数取平均。测得的各原始数据可列入表 6-1-1。

表 6-1-1　原始实验数据

实验次数	u	v	θ	Δt	z_0
1					
2					

5. 计算

先由式(6-1-2)计算面内位移 d，将已算出的 d 代入式(6-1-5)，计算待测透明体的厚度 D，每次实验时可在散斑图上选择若干点进行测试计算，计算结果可列入表 6-1-2 中，据此分析玻璃片厚度的不均匀性。

表 6-1-2　计算结果

实验点号	d	D	D 的平均值
1			
2			
3			
4			

【讨论】

（1）误差分析：本实验所测得的数据都有 3 位以上有效数字，故测量精度至少可达 1% 或 0.5%，如果入射角 θ 能精确地测量，则其测量精度还可进一步提高。

（2）测定厚度的不均匀性：如果在散斑图底片上选择多个测点进行逐点分析，将会发现观察屏上的条纹间距有所不同,从而算得的 D 也有所不同。因此采用此法就可分析透明物体厚度的非均匀性。实验时不妨选择更多的测试点进行观察测试。

【实验仪器】

He-Ne 激光器(40 mW 左右)	1 台	干板架	2 个
电子快门	1 个	观察屏	1 个
扩束镜	1 个	待测玻璃片	1 小块
$\phi 100$ mm 准直镜	1 个	米尺、游标卡尺(公用)	各 1 把
成像透镜	1 个	全息干板	若干小块

参 考 文 献

[6-1-1]　王仕璠,朱自强.现代光学原理[M].成都:电子科技大学出版社,1998.

[6-1-2]　王仕璠,袁格,贺安之,等.全息干涉度量学——理论与实践[M].北京:科学出版社,1989.

[6-1-3]　王仕璠.信息光学理论与应用[M].4 版.北京:北京邮电大学出版社,2020.

实验 6-2　用双散斑图系统测量空间位移

在实验 6-1"用散斑摄影术测量位相物体厚度"中,介绍了采用二次曝光散斑图测量面内位移的方法。应该注意,该实验光路(见图 6-1-1)对于测试垂直于观察方向的面内位移较敏感,而对于测试沿观察方向发生的位移则不敏感。因此,为了用散斑摄影术测试空间位移,必须进一步发展上述方法。本实验介绍了应用多张二次曝光散斑图底片测定空间位移的一种方法。该方法的要点是利用矢量的投影变换,通过测量面内位移来计算空间位移,并把位移矢量的投影变换关系用矩阵方程表示,便于构成计算机程序做快速计算。该方法具有一般性,因而可用于散斑计量学的广泛应用领域。

【实验目的】

(1) 从数学模型建立、光路设计、光学信息处理技术的应用,以及计算机编程、计算等方面,培养学生的综合实验能力。

(2) 通过实验,掌握测量空间位移场的一种方法,并计算出实验结果。

【实验原理】

1. 矢量的投影变换矩阵

在图 6-2-1 中,令 L_P 代表位移 L 在以 $\hat{k}_2$ 为法线的平面上的投影,则有

$$L_P = L - \hat{k}_2(\hat{k}_2 \cdot L) \qquad (6\text{-}2\text{-}1)$$

若把 $\hat{k}_2$ 视为观察方向,则 L_P 便是垂直于观察方向的面内位移,当以待测点作为坐标原点时,则有

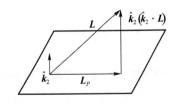

图 6-2-1　矢量的投影

$$\hat{k}_2 = R_2 / |R_2| \qquad (6\text{-}2\text{-}2)$$

或写成

$$\hat{k}_{2x} = R_{2x}/|\boldsymbol{R}_2|, \hat{k}_{2y} = R_{2y}/|\boldsymbol{R}_2|, \hat{k}_{2z} = R_{2z}/|\boldsymbol{R}_2| \qquad (6\text{-}2\text{-}3)$$

$$\boldsymbol{R}_2 = \sqrt{R_{2x}^2 + R_{2y}^2 + R_{2z}^2}$$

式中:$\boldsymbol{R}_2$ 为坐标原点(待测点)到观察点的空间矢量。将式(6-2-1)改写成矩阵式得

$$\begin{pmatrix} L_{Px} \\ L_{Py} \\ L_{Pz} \end{pmatrix} = \left[\underset{\sim}{\boldsymbol{I}} - \begin{pmatrix} \hat{k}_{2x} \\ \hat{k}_{2y} \\ \hat{k}_{2z} \end{pmatrix} \begin{pmatrix} \hat{k}_{2x} & \hat{k}_{2y} & \hat{k}_{2z} \end{pmatrix} \right] \begin{pmatrix} L_x \\ L_y \\ L_z \end{pmatrix} \qquad (6\text{-}2\text{-}4)$$

式中:$\underset{\sim}{\boldsymbol{I}}$ 为 3×3 的单位矩阵,式(6-2-4)可改写为

$$\boldsymbol{L}_P = \underset{\sim}{\boldsymbol{p}} \boldsymbol{L} \qquad (6\text{-}2\text{-}5)$$

式中

$$\underset{\sim}{\boldsymbol{p}} = \begin{pmatrix} \hat{k}_{2x} \\ \hat{k}_{2y} \\ \hat{k}_{2z} \end{pmatrix} \begin{pmatrix} \hat{k}_{2x} & \hat{k}_{2y} & \hat{k}_{2z} \end{pmatrix}, \underset{\sim}{\boldsymbol{I}} = \begin{pmatrix} 1 & 0 & 0 \\ 0 & 1 & 0 \\ 0 & 0 & 1 \end{pmatrix} \qquad (6\text{-}2\text{-}6)$$

$\underset{\sim}{\boldsymbol{p}}$ 称为矢量的投影变换矩阵,它将矢量 $\boldsymbol{L}$ 投影到法线为 $\hat{\boldsymbol{k}}_2$ 的表面上以形成投影 $\boldsymbol{L}_P$。$\underset{\sim}{\boldsymbol{p}}$ 只与 $\boldsymbol{R}_2$ 有关,且具有下列特性(读者可自行证明):

(1) $\underset{\sim}{\boldsymbol{p}}$ 对称,且 $\underset{\sim}{\boldsymbol{p}}\underset{\sim}{\boldsymbol{p}} = \underset{\sim}{\boldsymbol{p}}$;

(2) $\underset{\sim}{\boldsymbol{p}}$ 的行列式等于 0,故 $\underset{\sim}{\boldsymbol{p}}$ 是降秩矩阵,无逆矩阵。

2. 计算空间位移的公式

显然,仅仅依据位移矢量在某个平面上的投影不能确定空间位移矢量本身,至少要根据位移矢量在两个平面上的投影才行。解决的办法是:从两个不同的观察方向同时拍摄两张二次曝光散斑图,设 $\hat{\boldsymbol{k}}_2^{(1)}$、$\hat{\boldsymbol{k}}_2^{(2)}$ 代表两个观察方向的单位矢量,对每一个观察方向,可测得物点位移的一个投影(垂直于该观察方向的面内位移),即有

$$\begin{cases} \boldsymbol{L}_{P1} = \underset{\sim}{\boldsymbol{p}}_1 \boldsymbol{L} \\ \boldsymbol{L}_{P2} = \underset{\sim}{\boldsymbol{p}}_2 \boldsymbol{L} \end{cases} \qquad (6\text{-}2\text{-}7)$$

式中:$\underset{\sim}{\boldsymbol{p}}_1$、$\underset{\sim}{\boldsymbol{p}}_2$ 为与两个观察方向相应的投影变换矩阵。把式(6-2-7)写成矩阵方程:

$$\begin{pmatrix} \boldsymbol{L}_{P1} \\ \boldsymbol{L}_{P2} \end{pmatrix} = \begin{pmatrix} \underset{\sim}{\boldsymbol{p}}_1 \\ \underset{\sim}{\boldsymbol{p}}_2 \end{pmatrix} \boldsymbol{L} \qquad (6\text{-}2\text{-}8)$$

用转置矩阵 $(\underset{\sim}{\boldsymbol{p}}_1^{\mathrm{T}}, \underset{\sim}{\boldsymbol{p}}_2^{\mathrm{T}})$ 左乘上式两端,并注意投影变换矩阵 $\underset{\sim}{\boldsymbol{p}}$ 的对称特点,则有

$$\begin{cases} \underset{\sim}{\boldsymbol{p}}_1^{\mathrm{T}} \underset{\sim}{\boldsymbol{p}}_1 = \underset{\sim}{\boldsymbol{p}}_1 \underset{\sim}{\boldsymbol{p}}_1 = \underset{\sim}{\boldsymbol{p}}_1, & \underset{\sim}{\boldsymbol{p}}_2^{\mathrm{T}} \underset{\sim}{\boldsymbol{p}}_2 = \underset{\sim}{\boldsymbol{p}}_2 \underset{\sim}{\boldsymbol{p}}_2 = \underset{\sim}{\boldsymbol{p}}_2 \\ \underset{\sim}{\boldsymbol{p}}_1 \boldsymbol{L}_{P1} = \boldsymbol{L}_{P1}, & \underset{\sim}{\boldsymbol{p}}_2 \boldsymbol{L}_{P2} = \boldsymbol{L}_{P2} \end{cases} \qquad (6\text{-}2\text{-}9)$$

便得

$$\boldsymbol{L} = (\underset{\sim}{\boldsymbol{p}}_1 + \underset{\sim}{\boldsymbol{p}}_2)^{-1} (\boldsymbol{L}_{P1} + \boldsymbol{L}_{P2}) \qquad (6\text{-}2\text{-}10)$$

式(6-2-10)就是计算空间位移的公式,需要测量的是垂直于两个观察方向的面内位移和相应的空间矢量 $\boldsymbol{R}^2$ 的各分量。无论位移是均匀的还是非均匀的,只要按照上述方法测量垂直于观察方向的面内位移后,就可由式(6-2-10)算出空间位移。根据最小二乘法原理还可以证明,应用式(6-2-10)求得的结果具有最小均方误差。

3. 计算机程序

由式(6-2-10)的导出过程,可很自然地得出程序框图,如图 6-2-2 所示。在输入原始实验数据后,紧接着的两个步骤是计算各面内位移和投影变换矩阵,最后两个步骤则是进行矩阵运算,即用逆矩阵和矩阵相乘,算出空间位移。

计算机程序可以由扩展 Basic 语言写成,具体程序见本实验末附录 6-2-1。程序中涉及观察方向角度 α 的计算,如图 6-2-3 所示。图中 α 由 $\hat{k}_{2x}(i=1,2)$ 在 x 轴方向的方向余弦确定,即

$$\cos \alpha = \hat{k}_{2x} = R_{2x}/\boldsymbol{R}_2$$

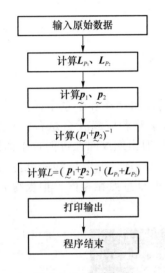

图 6-2-2　程序框图

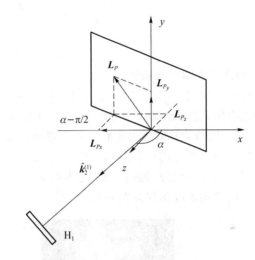

图 6-2-3　观察方向的角度关系

令 $p = \cos \alpha$,则由三角函数关系有

$$\tan\left(\frac{\pi}{2} - \alpha\right) = \cot \alpha = \frac{\cos \alpha}{\sin \alpha} = \frac{p}{\sqrt{1-p^2}}$$

故

$$\alpha - \frac{\pi}{2} = \operatorname{arccot} \frac{p}{\sqrt{1-p^2}} \tag{6-2-11}$$

程序中语句 240～270 即表示上述关系。横向位移的水平分量就是应用上述关系投影到 x、z 轴上的。

用 MATLAB 编写的对应处理程序见本实验末附录 6-2-2。

【实验步骤】

1. 选择待测样品并将其安置在系统之中

将待测样品安置在可做微小刚性平动的调节支架上。通常用微调手轮做精确的微小移动,调节范围应在 10～1 000 μm 之间。

2. 布置实验光路

按图 6-2-4 所示安排实验光路,为了减少测量误差,可采用对称光路结构形式,将记录两

个散斑图的光路对称地布置在激光光束的两侧,并使两拍摄光路及底片保持同一高度。为了改善散斑图的记录质量,可适当缩小光圈,增大景深;同时,可适当选择两光路中的物距和像距,使被测样品的像基本布满整个记录底片;必要时也可通过改变物、像距的比例使其测试灵敏度在一定范围内调节。

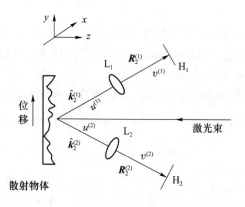

图 6-2-4　用双散斑图系统测空间位移

3. 拍摄二次曝光散斑图

位移在两次曝光之间加入,曝光时间按 He-Ne 激光器的输出功率和全息干板类型选定。在曝光过程中,需注意保持环境的安静。当安装好干板后,实验者应离开全息台,使之稳定 1 min 左右。调节位移时着力要轻。为了避免在旋动微调手轮时由螺纹间隙可能带来的回差,实验开始时应预先旋动一下微调手轮,之后就一直沿同一方向旋动。调节位移后也应有稳定时间。对于底片的处理,包括显影、定影和漂白等过程,与一般全息照相相同。拍摄得到的二次曝光双散斑图条纹图样如图 6-2-5 所示,供读者参考。

图 6-2-5　二次曝光双散斑图对应点条纹图样

4. 测量数据

二次曝光散斑图底片经处理后,置于图 6-1-2 所示的逐点分析法光路中,以测出条纹间距 Δt 和条纹相对于 y 轴的取向角 θ,以及散斑图与观察屏之间的距离 z_0,最后再分别测定 $R_{2x}^{(i)}$、$R_{2y}^{(i)}$、$R_{2z}^{(i)}$ 以及 $R_2^{(i)}$、$u^{(i)}$、$v^{(i)}(i=1,2)$ 的值,并将测试结果列于表 6-2-1 内。

表 6-2-1　实验原始数据

实验次数	散斑图序号	u/cm	v/cm	Δt/cm	θ/rad	$R_{2x}^{(i)}$/cm	$R_{2y}^{(i)}$/cm	$R_{2z}^{(i)}$/cm	$R_2^{(i)}$/cm
第一次	1								
	2								
第二次	1								
	2								

5. 计算

将实验中测试的数据代入本实验末附录的程序中便可最后算出位移分量 L_x、L_y、L_z 及其量值 L。

【讨论】

（1）本实验所提供的测试空间位移的方法具有直观、光路简洁、易于操作和实验结果稳定等优点，而且利用本方法对多个测试点进行测试和计算，可获得空间位移场的分布，从而测定物体的形变，因此本方法具有广泛的实用价值。

（2）为了提高测量精度，准确地测量条纹间距 Δt 和条纹取向角 θ 是关键的一步。可以在记录散斑图之前适当调节物距 u 和像距 v，并在用逐点分析法观测时适当调节散斑图与观察屏之间的距离 z_0，加以协调处理，使条纹间距便于观测，并以测出多个条纹间距求平均来提高测量精度。

（3）在测试过程中，散斑图序号要与原光路中的参数对应，不能混淆。

（4）为了验证实验计算的结果，还可事先应用一只千分表（精度为 1 μm，量程为 100 μm）将其触针顶在待测物体的端面，当物体发生位移时，即可由千分表直接读取一个位移参考数据。最后可以将实验计算的结果与千分表读数进行比较。

【实验仪器】

He-Ne 激光器（40 mW 左右）	1 台	观察屏	1 个
电子快门	1 个	精密平移台	1 个
扩束镜	1 个	米尺（公用）	1 把
ϕ100 mm 成像透镜	2 个	待测物体	1 个
干板架	2 个	全息干板	若干小块

参 考 文 献

[6-2-1]　王仕璠，袁格，贺安之，等. 全息干涉度量学——理论与实践[M]. 北京：科学出版社，1989.

[6-2-2]　王仕璠，朱自强. 现代光学原理[M]. 成都：电子科技大学出版社，1998.

[6-2-3]　王仕璠. 应用多张散斑图测定微小三维位移[J]. 成都电讯工程学院学报，1986，15(1)：92-97.

附录 6-2-1　用多张散斑图测位移的扩展 Basic 程序

```
5    REM··································
10   REM  COMPUTER  PROGRAM  FOR  DETERMINATION  OF  DISPLACEMENT  FROM
MULTIPLE  SPECKLEGRAMS
20   REM··································
25   DIM U(2,1),V(2,1),T(2,1),R2(2,3),CK2U(2,3),
30   DIM SID(2,2),ULF(2,1),VT(2,1),UV(2,1),THETA(2,1),
35   DIM SPM(3,3),SSID(3,1),DKK(3,3),XIDENM(3,3),
40   DIM PM(3,3),DISP(3,1),SPMI(3,3),DISL(2,3)
45   REM ENTER WAVE LENGTH (MICROM)
```

```
50    LAMBDA = 0.6328
55    REM ENTER THE DISTANCE BETWEEN THE DOUBLE OPENIING AND THE SCREEN
(CM)
65    F = 21.0
70    MAT READ U,V,T,THETA,R2
75    DAT A 6.95,6.88,34.84,37.02,0.192,0.190,0.00,0.00
80    DAT A 27.80,0.00,31.20,－29.40,0.00,32.60
85    FOR M = 1 TO 2
90    ULF(M,1) = U(M,1) * LAMBDA * F
95    VT(M,1) = V(M,1) * T(M,1)
100   UV(M,1) = ULF(M,1)/VT(M,1)
105   SID(M,1) = UV(M,1) * COS(THETA(M,1))
110   SID(M,2) = UV(M,1) * SIN(THETA(M,1))
120   NEXT M
130   FOR N = 1 TO 2
140   R2M1 = R2(N,1) ** 2
150   R2M2 = R2(N,2) ** 2
160   R2M3 = R2(N,3) ** 2
170   R2M4 = R2M1 + R2M2 + R2M3
180   R2M = SQR(R2M4)
190   CK2U(N,1) = R2(N,1)/R2M
200   CK2U(N,2) = R2(N,2)/R2M
210   CK2U(N,3) = R2(N,3)/R2M
220   NEXT N
230   FOR I = 1 TO 2
240   ARG1 = CK2U(I,1)
250   P = ARG1
260   Q = 3.1415927/2 - ATN(P/SQR(1 - P ** 2))
270   ANG1 = Q
280   ANG11 = ANG1 - 3.1415927/2
290   DISL(I,1) = SID(I,1) * COS(ANG11)
300   DISL(I,2) = SID(I,2)
310   DISL(I,3) = SID(I,1) * SIN(ANG11)
320   NEXT I
330   FOR I1 = 1 TO 3
340   FOR J1 = 1 TO 3
350   SPM(I1,J1) = 0.0
360   NEXT J1
370   SSID(I,1) = 0.0
380   NEXT I1
```

```
390    MAT XIDENM = IDN
400    FOR M2 = 1 TO 2
410    FOR I2 = 1 TO 3
420    FOR J2 = 1 TO 3
430    DKK(I2,J2) = CK2U(M2,I2) * CK2U(N2,J2)
440    PM(I2,J2) = XIDENM(I2,J2) - DKK(I2,J2)
450    SPM(I2,J2) = SPM(I2,J2) + PM(I2,J2)
460    NEXT J2
470    SSID(I2,1) = SSID(I2,1)  + DISL(M2,I2)
480    NEXT I2
490    NEXT M2
500    MAT SPMI = INV(SPM)
510    MAT DISP = SPMI * SSID
520    RIN1 = DISP(1,1) ** 2
530    RIN2 = DISP(2,1) ** 2
540    RIN3 = DISP(3,1) ** 2
550    RIN4 = RIN1  + RIN2  + RIN3
560    RIN = SQR(RIN4)
570    PRINT "U","V","T","THETA","R2X","R2Y","R2Z"
580    PRINT "cm"," cm","cm","rad","cm","cm","cm"
590    PRINT "6.95","34.84","0.192","0.00","27.80","0.00","31.20"
600    PRINT "6.88","37.02","0.190","0.00"," - 29.40"," 0.00","32.60"
610    PRINT "LX","LY","LZ","L"
620    PRINT "μm","μm","μm","μm"
630    PRINT DISP(1,1),DISP(2,1),DISP(3,1),RIN
640    PRINT "·················THE END·················"
650    END
```

U	V	T	THETA	R2X	R2Y	R2Z
cm	cm	cm	rad	cm	cm	cm
6.95	34.84	0.192	0.00	27.80	0.00	31.20
6 .88	37.02	0.190	0.00	- 29.40	0.00	32.60

LX	LY	LZ	L
μm	μm	μm	μm
18.0009	0	- 0.551668	18.0093

·······························END·······························

附录 6-2-2　用多张散斑图测位移的 MATLAB 程序

```
% program for determination of displacement from multiple specklegrams
clear, close all
```

```
U = zeros(2,1);V = zeros(2,1);R2 = zeros(2,3);T = zeros(2,1);CK2U = zeros(2,3);
SID = zeros(2,2);ULF = zeros(2,1);VT = zeros(2,1);UV = zeros(2,1);THETA = zeros
(2,1);
SPM = zeros(3,3);SSID = zeros(3,1);DKK = zeros(3,3);XIDENM = zeros(3,3);
PM = zeros(3,3);DISP = zeros(3,1);SPM1 = zeros(3,3);DISL = zeros(2,3);
LAMBDA = 0.6328; % wave length(micrometer)
Z = 21.0;
U = [6.95;6.88];V = [34.84;37.02];T = [0.192;0.190];THETA = [0.00;0.00];
R2 = [27.80,0.00,31.20; - 29.40,0.00,32.60];
for M = 1:2
    ULF(M,1) = U(M,1) * LAMBDA * Z;VT(M,1) = V(M,1) * T(M,1); UV(M,1) = ULF(M,1)/
VT(M,1);
    SID(M,1) = UV(M,1) * cos(THETA(M,1));SID(M,2) = UV(M,1) * sin(THETA(M,1));
end
for N = 1:2
    R2M1 = R2(N,1)^2;R2M2 = R2(N,2)^2;R2M3 = R2(N,3)^2;
    R2M4 = R2M1 + R2M2 + R2M3;R2M = sqrt(R2M4);
    CK2U(N,1) = R2(N,1)/R2M; CK2U(N,2) = R2(N,2)/R2M; CK2U(N,3) = R2(N,3)/R2M;
end
for I = 1:2
    ARG1 = CK2U(I,1);P = ARG1;Q = 3.1415927/2 - atan(P/sqrt(1 - P^2));
    ANG1 = Q;ANG11 = ANG1 - 3.1415927/2;
    DISL(I,1) = SID(I,1) * cos(ANG11); DISL(I,2) = SID(I,2);
    DISL(I,3) = SID(I,1) * sin(ANG11);
end
for I1 = 1:3
    for J1 = 1:3
        SPM(I1,J1) = 0.0;
    end
    SSID(I1,1) = 0.0;
end
XIDENM = eye(3);
for M2 = 1:2
    for I2 = 1:3
        for J2 = 1:3
            DKK(I2,J2) = CK2U(M2,I2) * CK2U(M2,J2);
            PM(I2,J2) = XIDENM(I2,J2) - DKK(I2,J2);
            SPM(I2,J2) = SPM(I2,J2) + PM(I2,J2);
        end
        SSID(I2,1) = SSID(I2,1) + DISL(M2,I2);
```

```
        end
    end
SPM1 = inv(SPM);DISP = SPM1 * SSID;
RIN1 = DISP(1,1)^2；RIN2 = DISP(2,1)^2；RIN3 = DISP(3,1)^2；
RIN4 = RIN1 + RIN2 + RIN3；RIN = sqrt(RIN4);
disp('Lx              Ly          Lz          L');
disp([DISP(1,1),DISP(2,1),DISP(3,1),RIN]);


%%%%%%%%%%%%%%%%%%%%%%%%%%%%%%%%%%%%%%%%
%   Lx              Ly          Lz          L
%   18.0009          0        - 0.5517    18.0093
```

实验 6-3　散斑干涉实验

散斑干涉是指被测物体表面散射光所产生的散斑与另一参考光相干涉,参考光可以是平面波或球面波,也可以是由另一种散射表面产生的散斑。当物体产生运动或形变时,干涉条纹将发生变化,根据条纹携带的信息,便可测量物体的运动或形变。

散斑干涉术是散斑计量学的重要组成部分。实验 6-1 和实验 6-2 所介绍的二次曝光散斑摄影术与这里的散斑干涉术都涉及干涉现象,但它们之间是有区别的。前者着重于二次曝光得到的两个图像上某些区域存在各自的散斑图样之间的良好的相关性,后者则强调条纹的形成是由于两个图像之间散斑图样相关性的起伏。

本实验介绍散斑错位干涉原理、实验方法及其在计量学中的应用。

【实验目的】

(1) 掌握散斑错位干涉原理,并用以测试物体的形变,得出相应的实验结果。

(2) 通过实验,加深对空间滤波和光学信息处理原理的认识,并学会其应用。

【实验原理】

1. 散斑错位干涉的基本原理

实现散斑错位干涉的方法很多,下面以双孔径散斑错位干涉为例说明其原理。如图 6-3-1 所示,待测物体用准直激光束照明,在透镜前面放置双孔径板,两小孔相对于光轴对称布置,两孔径间距为 t,小孔直径为 d,要求 $t>d$。记录用底片放置在像面后 Δv 处,这样物面上一点经过透镜后变为两个像点,彼此相距 $\Delta x_i = t\Delta v/v_0$。由于孔径的直径 d 很小,致使焦深很长,故两个像点均处于适焦的状态。反之,对底片平面上给定点的散斑产生贡献的光线,来自物面上彼此分离间距为 Δx_0 的两个相邻物点,且

$$\Delta x_0 = \frac{\Delta x_i}{M} = \frac{t\Delta v}{Mv_0} \tag{6-3-1}$$

式中:M 是透镜的横向放大率。底片上该点的光强度为

$$I_1 = a^2(x) + a^2(x+\Delta x_0) + 2a(x)a(x+\Delta x_0)\cos\varphi \tag{6-3-2}$$

式中:$a(x)$ 表示 x 轴上位于 x 点附近小面元所散射的光在底片平面上产生的实振幅;φ 是 $a(x)$ 与 $a(x+\Delta x_0)$ 之间产生的位相差。物体发生微小形变后,在底片上该点的光强为

$$I_2 = a^2(x) + a^2(x+\Delta x_0) + 2a(x)a(x+\Delta x_0)\cos(\varphi+\alpha) \tag{6-3-3}$$

式中：δ 是由于物体变形引起 x 点和 $x+\Delta x_0$ 点相对位移所产生的纯位相变化。底片上记录的总光强度可表示成

$$I = I_1 + I_2 = 2[a^2(x)+a^2(x+\Delta x_0)] + 4a(x)a(x+\Delta x_0)\cos(\varphi+\frac{\alpha}{2})\cos\frac{\delta}{2} \tag{6-3-4}$$

当 $\delta=2N\pi(N=0,1,2,\cdots)$ 时，I 最大；当 $\delta=(2N+1)\pi(N=0,1,2,\cdots)$ 时，I 最小，从而产生干涉条纹。

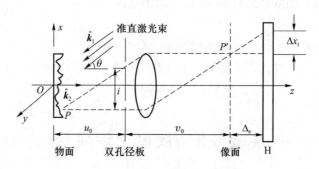

图 6-3-1　双孔径散斑错位干涉仪

2. 空间滤波

由于物面上各点发生的运动状态不完全相同，所以这种条纹图样要经过空间滤波处理后才能看到，其滤波系统如图 6-3-2 所示。激光束经扩束后由透镜 L_1 聚焦到平面 P 上，该平面即是点源的像面。由傅里叶变换关系知，当散斑底片置于透镜和此像面之间时，在该像面上将获得散斑图样的傅里叶变换频谱，而散斑图样将成像于其频谱面的后方。在频谱面上插入滤波孔径，则在其后的像面上将显示出条纹图样。

式(6-3-4)中的 δ 可由下述的计算得到。对最初位于 x 处的物点因其位移 $L(x)$ 所引起的散射光的位相变化为

$$\delta(x) = \frac{2\pi}{\lambda}(\hat{k}_2-\hat{k}_1)\cdot L(x) \tag{6-3-5}$$

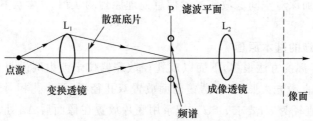

图 6-3-2　空间滤波系统光路图

式中：$\hat{k}_2$、$\hat{k}_1$ 分别为观察方向与照明方向的单位矢量(见图 6-3-1)；λ 为激光波长。同样，对最初位于 $(x+\Delta x_0)$ 处的物点，由位移 $L(x+x_0)$ 引起的散射光的位相变化为

$$\delta(x+\Delta x_0) = \frac{2\pi}{\lambda}(\hat{k}_2-\hat{k}_1)\cdot L(x+\Delta x_0) \tag{6-3-6}$$

遂由 x 点和 $x+\Delta x_0$ 点相对位移产生的纯位相变化为

$$\delta = \delta(x+\Delta x_0) - \delta(x) = \frac{2\pi}{\lambda}(\hat{k}_2-\hat{k}_1)\cdot[L(x+\Delta x_0)-L(x)] \tag{6-3-7}$$

令 $L(x)$ 的分量为 $u(x)$、$v(x)$、$w(x)$，$\hat{k}_1$、$\hat{k}_2$ 的各分量由图 6-3-1 所示，有

$$
\begin{cases}
\hat{k}_{1x} = -\sin\theta, & \hat{k}_{1y} = 0, & \hat{k}_{1z} = -\cos\theta \\
\hat{k}_{2x} = 0, & \hat{k}_{2y} = 0, & \hat{k}_{2z} = 1
\end{cases}
\tag{6-3-8}
$$

则由式(6-3-7)得

$$
\begin{aligned}
\delta &= \frac{2\pi}{\lambda}\left\{\left[u(x+\Delta x_0)-u(x)\right]\sin\theta + \left[w(x+\Delta x_0)-w(x)\right](1+\cos\theta)\right\} \\
&= \frac{2\pi}{\lambda}\left[\frac{\partial u}{\partial x}\sin\theta + \frac{\partial w}{\partial x}(1+\cos\theta)\right]\Delta x_0
\end{aligned}
\tag{6-3-9}
$$

由此可见，δ 与位移导数相关联，从而条纹图样将反映位移导数的等值线。应用滤波小孔，让频谱面上的一个亮斑通过，则在成像透镜 L_2 的像面上呈现一组散斑干涉条纹。令 $\delta = N\pi$，则由式(6-3-9)得

$$
\frac{\partial u}{\partial x}\sin\theta + \frac{\partial w}{\partial x}(1+\cos\theta) = \frac{N\lambda}{2\Delta x_0}
\tag{6-3-10}
$$

式中：N 为条纹级次，由测点位置决定。当 N 为偶数时得明条纹，N 为奇数时得暗条纹。

为了同时测出 $\dfrac{\partial u}{\partial x}$ 和 $\dfrac{\partial w}{\partial x}$，需要有两个方程联立求解，为此就要从两个不同的照明方向 θ_1、θ_2 记录两组条纹图样，这时得到

$$
\begin{cases}
\dfrac{\partial u}{\partial x}\sin\theta_1 + \dfrac{\partial w}{\partial x}(1+\cos\theta_1) = \dfrac{N_1\lambda}{2\Delta x_0} \\[2mm]
\dfrac{\partial u}{\partial x}\sin\theta_2 + \dfrac{\partial w}{\partial x}(1+\cos\theta_2) = \dfrac{N_2\lambda}{2\Delta x_0}
\end{cases}
\tag{6-3-11}
$$

上列两式联立求解，最后得

$$
\begin{cases}
\dfrac{\partial u}{\partial x} = \dfrac{\lambda}{2\Delta x_0}\dfrac{N_1(1+\cos\theta_2)-N_2(1+\cos\theta_1)}{(1+\cos\theta_2)\sin\theta_1-(1+\cos\theta_1)\sin\theta_2} \\[3mm]
\dfrac{\partial w}{\partial x} = \dfrac{\lambda}{2\Delta x_0}\dfrac{N_2\sin\theta_1-N_1\sin\theta_2}{(1+\cos\theta_2)\sin\theta_1-(1+\cos\theta_1)\sin\theta_2}
\end{cases}
\tag{6-3-12}
$$

式中：N_1、N_2 分别为对应照明角 θ_1、θ_2 的条纹级次。对于不同的测试点，N_1、N_2 的值将有所不同。

若选择 $\theta_2 = -\theta_1$（对称光路），则在同等加力条件下，有

$$
\begin{cases}
\dfrac{\partial u}{\partial x} = \dfrac{\lambda}{2\Delta x_0}\dfrac{(N_1-N_2)(1+\cos\theta_1)}{2(1+\cos\theta_1)\sin\theta_1} = \dfrac{\lambda(N_1-N_2)}{4\Delta x_0\sin\theta_1} \\[3mm]
\dfrac{\partial w}{\partial x} = \dfrac{\lambda}{2\Delta x_0}\dfrac{(N_2+N_1)\sin\theta_1}{2(1+\cos\theta_1)\sin\theta_1} = \dfrac{\lambda(N_2+N_1)}{4\Delta x_0(1+\cos\theta_1)}
\end{cases}
\tag{6-3-13}
$$

对于 y 方向的错位干涉，公式形式是一样的，并且可以取 $\Delta y_0 = \Delta x_0 = \dfrac{t\Delta v}{Mv_0}$，同时采用 4 孔径板进行测试（见图 6-3-3）。

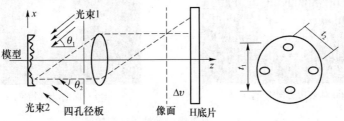

图 6-3-3　四孔径散斑错位干涉

3. 计算机程序

据上述各公式编写的计算机程序,见本实验末附录 6-3-1。该程序采用 Fortran 语言写成,主要用了两个语句函数和多维数组,比较简洁。

【实验步骤】

1. 制作待测实验物体

实验物体可以是一个圆柱或平板状物体。先在其表面涂上无光白漆或白色广告颜料,以增强条纹反差;然后在其表面画上小方格,并选定若干待测点,标上编号。

2. 布置实验光路

实验光路如图 6-3-3 所示。将待测物体放在沿水平方向和竖直方向都可同时加载的装置上,用两束准直激光照明。四孔径板置于紧靠透镜前,记录底片放在可严格复位的干板支架上。有关光路系统的参考数据见表 6-3-1。

表 6-3-1 实验光路参考数据

物距 u_0 /cm	像距 v_0 /cm	θ_1 /rad	θ_2 /rad	孔径间距 t_1 /cm	孔径间距 t_2 /cm	孔径直径 d /cm	离焦量 Δv /cm
174.9	76.0	0.140	−0.140	6.00	4.24	0.80	0.20

布置光路时,选择 θ_1 和 θ_2 的值应使干涉图样中的条纹疏密适当。由式(6-3-13)看到,随着 θ 的增加,条纹级次将有所减小。为便于测试,通常要求干涉图样上能出现 6～16 条亮(暗)条纹。相应的实验结果表明 θ 选择为 $10°～30°$ 为宜。

3. 曝光与底片处理

记录散斑条纹图样时采用两张底片,物体变形前挡住光束 2,对底片 H_1 进行第一次曝光,然后取下 H_1,用黑纸包好,换上底片 H_2,只用光束 2 进行曝光;物体变形后,再用光束 2 对 H_2 进行第二次曝光,然后取下 H_2,用黑纸包好,又将 H_1 重新放入干板支架并严格复位,挡住光束 2,再用光束 1 进行第二次曝光。对散斑图底片的处理,包括显影、定影和漂白等,与普通全息底片的处理相同。

4. 数据采集

将拍摄得到的散斑图底片按图 6-3-2 光路进行滤波处理,以得到干涉条纹图样。其条纹代表位移导数的等值线。图 6-3-4 是据此拍得的散斑错位干涉条纹图样照片,供参考。从中要采集的实验数据是 N_1 和 N_2,或 y 方向的 N_3 和 N_4,而读取 $N1$、N_2(或 N_3、N_4)时,可将条纹图样的对称轴线作为零级条纹,并选定沿任意方向(例如,向右)的条纹分布作为正的条纹级次,则沿另一方向的条纹分布即为负的条纹级次;同时,需注意,明条纹对应于偶数条纹级次,暗条纹对应于奇数条纹级次。

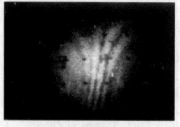
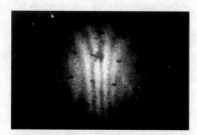

<table>
<tr><td align="center">(a) 对应于 x 方向错位,θ_1 角</td><td align="center">(b) 对应于 x 方向错位,θ_2 角</td></tr>
</table>

图 6-3-4 散斑错位干涉条纹图样照片

5. 计算和作图

将预先给定的实验参数(表 6-3-1 或由实际情况给定)及对各测试点采集到的一组实验数据代入本实验末的程序中,即可对各测试点算出 $\frac{\partial u}{\partial x},\frac{\partial w}{\partial x};\frac{\partial u}{\partial y},\frac{\partial w}{\partial y}$ 的值,并作出它们的等值线图。

【讨论】

(1) 根据已作出的 $\frac{\partial u}{\partial x},\frac{\partial w}{\partial x};\frac{\partial u}{\partial y},\frac{\partial w}{\partial y}$ 的等值线图,可对物体发生的应变情况做出解释。通常,在等值线的走向发生突变的地方,物体形变最大,物体在该处可能产生破裂。

(2) 本实验集散斑计量、空间滤波、光学信息处理和上机计算于一体,属于综合性实验,对于培养学生的实际动手能力和综合处理能力是很有帮助的。

【实验仪器】

He-Ne 激光器(40 mW 左右)	1 台	待拍摄物体	1 个
电子快门	1 个	加力装置	1 套
反射镜	2 个	四孔径板	1 块
扩束镜	2 个	干板架	2 个
准直镜	2 个	全息干板	若干小块
成像透镜	1 个	米尺(公用)	1 把

参 考 文 献

[6-3-1] 王仕璠. 信息光学理论与应用[M]. 4 版. 北京:北京邮电大学出版社,2020.

[6-3-2] WANG SF,ZHOU L. Speckle interferometry for strain field of geologic structure model[J]. Chinese Journal of Lasers(E. E.),1992,1(5):445-452.

附录 6-3-1 用离焦散斑错位干涉法测全场应变的 Fortran 程序

```
C   COMPUTER PROGRAM FOR FULL FIELD STRAIN MESUREMENT
C   UTILIZING MISFOCUSING SPECKLE SHEARINR INTERFEROMETRIC METHOD
    DIMENSION SN(60,6),F(60,6)
    CHARACTER NH(60)*3
    REAL LAMBDA
    WRITE(*,10)
10  FORMAT(1X,'ENTER THE WAVELENGTH (CM)')
    READ(*,*)LAMBDA
    WRITE(*,20)
20  FORMAT(1X,'ENTER THE NUMBER OF MEASUREMENT POINTS ON THE OBJECT:NG:')
    READ(*,*) NG
    WRITE(*,30)
30  FORMAT (1X,'ENTER THE ANGLES OF THE COLLIMATED BEAM OF LASER TO Z AXE (RAD)')
    READ(*,*)THETA1,THETA2
    WRITE(*,40)
```

```
40    FORMA T(1X,'ENTER THE OBJECT DISTANcE AND THE IMAGE DISTANCE(CM)')
      READ( * , * )U,V
      OPEN(7,FILL ='FOR TO 7 .DAT')
      DO 70I = 1,NG
      READ(7, * )NH(I),(SN(I,J),J = 1,6)
70    CONTINUE
      CLOSE(7)
      Q1 = THETA1
      Q2 = THETA2
      S = 0.2
      T1 = 6.0
      T2 = 3.0 * SQRT(2.0)
      E = V/D
      D1 = (S * T1)/(E * V)
      D2 = (S * T2)/(E * V)
      P1 = 2.0 * D1 * (SIN(Q1) * (1.0 + COS(Q2)) - SIN(Q2) * (1.0 + COS(Q1)))
      P2 = 2.0 * D2 * (SIN(Q1) * (1.0 + COS(Q2)) - SIN(Q2) * (1.0 + COS(Q1)))
      ZHU11 (A,B) = (LAMBDA/P1) * (A * (1.0 + COS(Q2)) - B * (1.0 + COS(Q1)))
      ZHU12 (A,B) = (LAMBDA/P2) * (A * (1.0 + COS(Q2)) - B * (1.0 + COS(Q1)))
      ZHU21 (A,B) = (LAMBDA/P1) * (B * SIN(Q1) - A * SIN(Q2))
      ZHU22 (A,B) = (LAMBDA/P2) * (B * SIN(Q1) - A * SIN(Q2))
      DO 80 K = 1,NG
      F(K,1) = ZHU11(SN(K,1),SN(K,2))
      F(K,2) = ZHU11(SN(K,3),SN(K,4))
      F(K,3) = ZHU12(SN(K,5),SN(K,6))
      F(K,4) = ZHU21(SN(K,1),SN(K,2))
      F(K,5) = ZHU21(SN(K,3),SN(K,4))
      F(K,6) = ZHU22(SN(K,5),SN(K,6))
80    CONTINUE
      WRITE( * ,90)
90    FORMAT (1X,'THE RESURTANT DERIVATIVES OF SPATIAL DISPLACEMENTS ARE * * *')
      WRITE( * ,100)
100   FORMA T(1X,'OBJ.NO',6X,'DU/DX','6X,'DU/DY',6X,'DU/DL',6X,'DW/DX',6X,'DW/DY',
      6X,'DW/DL')
DO    120 L = 1,NG
      WRITE( * ,110)NH(L),(F(L,J),J = 1,6)
110   FORMAT(2X,A3,4X,6E11.4)
120   CONTINUE
      END
```

实验 6-4　白光散斑摄影测量术

当用非相干的白光照明具有颗粒状反射率分布的物体表面时,由其散射的光场强度也在空间形成复杂的颗粒状结构的分布。这种光强结构分布通常称为白光散斑。当物表面状态发生变化时,白光散斑场的分布也将发生变化,物表面的状态信息就表现在散斑场的变化之中。采用白光照明产生的这种散斑场变化来测量物体位移或形变的方法,称为白光散斑摄影测量术。它与前面介绍的相干光散斑摄影测量术相较,由于两种情况下所使用的光源不同,因而它们形成散斑图的机理将有所不同,但信息的记录和表征原理完全相同,信息提取的方法也同样可以采用全场分析和逐点分析两种方式。

为了实现白光散斑摄影测量,被测物面应具有颗粒状的反射率分布。为此,对于那些不具备这种条件的被测物面,必须进行处理以产生这种"颗粒状"特性,这个过程称为物体表面的散斑化。因此,白光散斑又被称之为"人造"散斑。最常用的表面散斑化方法就是在物体表面涂敷一层某种白光反射涂料。

本实验介绍采用环形孔径的二次曝光白光散斑摄影术,并用以测量物体的位移。该方法的特点是:测试灵敏度高,且灵敏度调节范围宽,不需采用激光光源,能用于现场对实物进行测试。

【实验目的】

(1) 掌握白光散斑产生的机理,以及采用环形孔径的二次曝光白光散斑图测试物体位移的方法。

(2) 初步领会白光光学信息处理的原理和方法,并掌握白光信息处理系统的实验技巧。

(3) 拍摄一张环形孔径的二次曝光白光散斑图,具体测算出被测物体的位移量。

【实验原理】

图 6-4-1 是采用环形孔径的白光散斑摄影的光学系统原理图。图中 S_0 是扩展多色(白光)光源;L_0 是短焦距会聚透镜;σ 是小孔屏;M 是反射镜;O 是待测物面;A 是环形孔径,紧贴于成像透镜 L 的前面,其内、外径分别是 d 和 D;I 是像面;d_i 是像距。整个成像系统从光源 S_0 开始,经会聚透镜 L 会聚后,再经小孔 σ 减小光源尺寸,得到一个相干性好、强度适合的点光源,又经反射镜 M 反射后,使得光束能直接照射物面,扩大物面的相干区域。物面漫反射的光通过环形孔径 A,最后由透镜 L 成像在 I 处。采用二次曝光法(物体位移发生在两次曝光之间)以获得白光散斑摄影干涉图样。

由于物体使用非相干光照明,故此成像系统是对光强度进行线性变换,遂有

$$I_i(x,y) = I_0(x,y) * h_I(x,y) \tag{6-4-1}$$

式中:$I_i(x,y)$ 为像面光强分布;$I_0(x,y)$ 为物面光强分布;$h_I(x,y)$ 称为强度点扩展函数,为相干系统中点扩展函数的模的平方。根据傅里叶光学原理,对式(6-4-1)做傅里叶变换,应用傅里叶变换卷积定理,并对零空间频率归一化,得

$$G_{I_i}(f_x,f_y) = G_{I_0}(f_x,f_y) H_0(f_x,f_y) \tag{6-4-2}$$

式中:$G_{I_i}(f_x,f_y)$、$G_{I_0}(f_x,f_y)$、$H_0(f_x,f_y)$ 分别表示像强度、物强度和强度点扩展函数的归一化频谱,$H_0(f_x,f_y)$ 可写成

$$H_0(f_x,f_y) = \mathscr{F}\{h_I(x,y)\} / \mathscr{F}\{h_I(x,y)\}\Big|_{\substack{f_x=0 \\ f_y=0}} \tag{6-4-3}$$

$H_0(f_x,f_y)$ 称为衍射受限非相干系统的光学传递函数,表征该非相干光学系统传递频谱的能力,它与光学系统的结构参数有密切关系。图 6-4-2 给出了内、外径之比为 η 的环形孔径的光学传递函数同规范化空间频率的关系曲线。图中曲线 A、B、C 和 D 分别表示 $\eta=0.0$、0.25、0.50 和 0.75 的四种情况。其中,$\rho=\sqrt{f_x^2+f_y^2}$,$\rho_0=D/(2\lambda d_i)$ 为相干系统的截止频率(D 为环形孔径的外径,d_i 为像距),$2\rho_0$ 为非相干系统的截止频率。因此,对于非相干成像系统,高于截止频率的成分不能通过透镜。成像系统的相对孔径越大,空间截止频率越高,测量灵敏度就越高。由图 6-4-2 显然可见,利用环形孔径记录白光散斑图,在仅考虑衍射效应时,高频成分有明显提高,而低频成分有显著降低,从而扩大了测量灵敏度的调节范围。

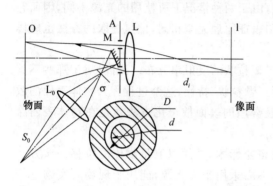

图 6-4-1 原理光路

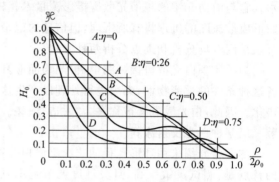

图 6-4-2 光学传递函数与规范化空间频率的关系曲线

拍得的二次曝光散斑图底片既可采用逐点分析法(见实验 6-1),又可采用全场分析法进行处理。若将其置于图 6-4-3 所示的全场分析法光路系统的输入平面上,用激光平行光束照明,则经变换透镜系统后,像面上的光强分布可写成

$$I(x,y)=4I_1(x,y)\cos^2(\delta/2) \tag{6-4-4}$$

而

$$\delta=\frac{2\pi}{\lambda f}\boldsymbol{l}\cdot\boldsymbol{r} \tag{6-4-5}$$

式中:$I_1(x,y)$ 为单曝光散斑图的光强分布;r 为频谱面上的位置矢量,l 为散斑图上像点的位移矢量,并且有

$$\boldsymbol{l}\cdot\boldsymbol{r}=\begin{cases} n\lambda f & \text{对应于亮条纹} \\ \left(n+\dfrac{1}{2}\right)\lambda f & \text{对应于暗条纹} \end{cases} \tag{6-4-6}$$

式中:n 为零或正负整数。这些条纹分布在散斑图上,构成位移矢量 l 在 r 方向投影的等值线族。

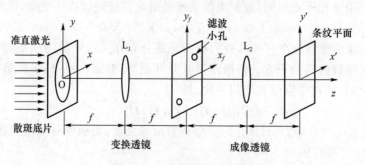

图 6-4-3 全场分析法光路

若位移是均匀的(刚性位移),则由式(6-4-6)有

$$l=n\lambda f/r_l=\lambda f/(r_l/n) \tag{6-4-7}$$

由此得到垂直于位移矢量的一族直线条纹,条纹间距等于 r_l/n,而位移量值为 $L=l/M$。式中:M 为成像放大率。

若物体位移是非均匀的(发生形变),则一般在频谱面上看不到干涉条纹。这时需要在频谱面上安置一个滤波小孔(见图 6-4-3)。当滤波小孔位于 $(x_{f_0},0)$ 时,则在像面上凡是位移分量为

$$L_x=\frac{n\lambda f}{Mx_{f_0}}(n=0,\pm1,\pm2,\cdots) \tag{6-4-8}$$

的点均出现亮条纹,由此得到水平位移相等的点的轨迹。当滤波小孔位于 $(0,y_{f_0})$ 时,则像面上凡是位移分量为

$$L_y=\frac{n\lambda f}{My_{f_0}}(n=0,\pm1,\pm2,\cdots) \tag{6-4-9}$$

的点均出现亮条纹,由此得到竖直位移相等的点的轨迹。滤波小孔位于频谱面上任意位置时,可类似分析。

【实验步骤】

1. 选择待测物体

为了提高散斑条纹的对比度,物面的粗糙度一定要合适。物面太光滑会使物面无足够的位相差产生完整的相消干涉,并使物面的空间频域变窄,从而降低散斑条纹的对比度。相反,物面太粗糙,光程差大于相干长度会使非相干成分增加,从而也降低散斑条纹的对比度。建议在实验中采用毛玻璃作为待测物面,其粗糙程度正好适合实验测量,或选用 600♯ 金相砂皮随机打毛物面,效果也很好。

2. 制作环形孔径

根据实验所用透镜孔径,制作环形孔径,可在一平整度好的玻璃板上贴环形黑纸进行制作,其内外径可各控制在 36 mm 和 48 mm(即 $\eta=0.75$)。环形孔径还可按外径相同,内径、外径比 η 不同几种情况设置,以从实验结果验证系统测试灵敏度与环形孔径设置的关系。

3. 布置光路

由于白光光源需要经过小孔减小光源尺寸以提高其空间相干性,因此出射光强一般较弱,如采用图 6-4-1 所示的反射光路,物光强度将会很暗;故实验中建议采用透射光路,并在透光性好的毛玻璃上加入掩模作为物体 O,如图 6-4-4 所示。

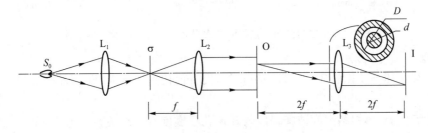

图 6-4-4　实验光路

布置光路时的注意事项如下。

① 本实验使用的是经小孔 σ 后的光来进行拍摄的,由于所用的白光光源功率较大,在光源处容易产生大量的噪声光,因此实验中需要将噪声控制在有效的范围内。这可通过在白光光源旁设置黑罩来完成。

② 物体需要放置在一个可微移的平台上,平台的移动可由固定于其上的测微螺旋控制并提供读数。

③ 实验中对成像透镜 L_3 可设置不同物距、像距比,研究不同的成像放大率对实验结果的影响。

④ 为了使光路系统中各光学元件严格遵循共轴等高,需要先用细激光束来辅助准直光路。调整光路时遵循由后向前(先 L_3,再 L_2,最后 L_1)调整的原则,先设置好三个透镜后,再放置物面、像面以及小孔屏,最后放置白光光源。根据像面上的光强,在保持小孔足够小的情况下,适当调节小孔的大小。

4. 实验操作

首先,将测微螺旋按预定方向转动一些,以避免由螺纹间隙带来的误差;记下转动后的初始读数,进行第一次曝光。然后,将测微螺旋旋动 $20 \sim 40 \, \mu m$(旋转操作最好事先演练一下,避免实验时旋转过大或过小)。静止后,再进行第二次曝光。将二次曝光后的干板做显影、定影和漂白处理,再记下测微螺旋旋动后的读数。最后,算出两次曝光之间的读数差。

5. 数据采集和处理

将已处理好的二次曝光白光散斑图底片置于图 6-4-3 的输入面,对于上述刚性位移,可在频谱面上观察到条纹图样。测出条纹间隔 Δt 和透镜焦距 f,便可由公式 $L = \dfrac{\lambda f}{M \Delta t}$ 算得位移量,位移方向与条纹取向垂直。将最后算得的结果与在测微螺旋上的两次读数之差值进行比较。

根据具体的实验课时安排,对 2~3 个环形孔板,重复 4、5 步的操作,即在不同位移下实验 2~3 次,并将每次实验算得的结果与测微螺旋两次的读数差进行比较。图 6-4-5 是根据实验采集的数据对三组不同环形孔径拍得的散斑条纹图样照片,供参考。

  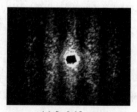

(a) L=0.51 mm　　　　　(b) L=0.23 mm　　　　　(c) L=0.12 mm

图 6-4-5　在频谱面上拍得的二次曝光白光散斑条纹图样照片

【讨论】

(1) 若某组环形孔径的环宽与另一组相等,而 η 值比另一组大,则二者所得到的结果将如何?为什么?

(2) 根据实验,再现条纹的清晰程度与环形孔径宽度有什么关系?为什么?

【实验仪器】

白光光源(150 W 钨卤素灯)	1 台	光屏	1 个
小孔光阑	1 个	干板架	3 个

聚焦透镜	1 个	带掩模(物体)的毛玻璃	1 个
准直透镜	1 个	可微移的平台	1 个
成像透镜	1 只	米尺	1 把
孔屏	1 个	全息干板	若干小块
环形孔径	1～3 个		

参 考 文 献

[6-4-1]　王开福,沈永昭,姜锦虎,等.环形孔径白光散斑照相法的研究[J],应用光学,1994,15(4):54-57.

[6-4-2]　王仕璠,信息光学理论与应用[M].4 版.北京:北京邮电大学出版社,2020.

第7章 空间滤波与光学信息处理

空间滤波是指在光学系统的傅里叶变换频谱面上放置适当的滤波器,以改变光波的频谱结构,从而使物图像获得预期的改善。在此基础上,发展了光学信息处理技术。后者是一个更为宽广的领域,它主要是指用光学方法对输入信息实施某种运算或变换,以达到对感兴趣的信息进行提取、编码、存储、增强、识别和恢复等目的。其中最基本的操作是用光学方法对图像信息进行傅里叶变换,并采用频谱的语言来描述信息,用改善频谱的手段来改造信息。

空间滤波与光学信息处理有许多类型,应用十分广泛,本章仅介绍其中一些典型的实验。

实验 7-1 用光栅法实现光学图像相减

图像相减是求两张相近照片的差异,并从中提取差异信息的一种运算。通过在不同时期拍摄的两张照片相减,在医学上可用来发现病灶的变化;在军事上可以发现地面军事设施的增减;在农业上可以预测农作物的长势;在工业上可以检查集成电路掩膜的疵病;等等。此外,图像相减还可用于地球资源探测、气象变化以及城市发展研究等各个领域。图像相减是相干光学处理中的一种基本的光学数学运算,是图像识别的一种主要手段。实现图像相减的方法很多,本实验介绍利用正弦光栅作为空间滤波器实现图像相减的方法。

【实验目的】

(1) 采用正弦光栅或 Ronchi 光栅作为滤波器,对图像进行相加和相减实验,加深对空间滤波概念的理解。

(2) 通过实验,加深对傅里叶光学相移定理和卷积定理的认知。

【实验原理】

设正弦光栅的空间频率为 f_0,将其置于 $4f$ 系统的滤波平面 P_2 上,如图 7-1-1 所示,光栅的复振幅透过率为

$$H(f_x,f_y)=\frac{1}{2}+\frac{1}{2}\cos(2\pi f_0 x_2+\phi_0)=\frac{1}{2}+\frac{1}{4}\mathrm{e}^{\mathrm{i}(2\pi f_0 x_2+\varphi_0)}+\frac{1}{4}\mathrm{e}^{-\mathrm{i}(2\pi f_0 x_2+\phi_0)} \quad (7\text{-}1\text{-}1)$$

式中:$f_x=\dfrac{x_2}{\lambda f}$,$f_y=\dfrac{y_2}{\lambda f}$;$f$ 为傅里叶变换透镜的焦距;f_0 为光栅频率;ϕ_0 表示光栅条纹的初位相,它决定了光栅相对于坐标原点的位置。

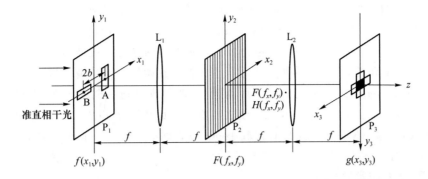

图 7-1-1 利用光栅实现图像相减

将图像 A 和图像 B 置于输入平面 P_1 上，且沿 x_1 方向相对于坐标原点对称放置，图像中心与光轴的距离均为 b。选择光栅的频率为 f_0 使得 $b = \lambda f f_0$，以保证在滤波后两图像中 A 的 $+1$ 级像和 B 的 -1 级像能恰好在光轴处重合。于是，输入场分布可写成

$$f(x_1, y_1) = f_A(x_1 - b, y_1) + f_B(x_1 + b, y_1) \tag{7-1-2}$$

其在频谱面 P_2 上的频谱为

$$F(f_x, f_y) = F_A(f_x, f_y) e^{-i2\pi f_x b} + F_B(f_x, f_y) e^{i2\pi f_x b}$$

$$= F_A(f_x, f_y) e^{-i2\pi f_0 x_2} + F_B(f_x, f_y) e^{i2\pi f_0 x_2} \tag{7-1-3}$$

经光栅滤波后的频谱为

$$F(f_x, f_y) H(f_x, f_y) = \frac{1}{4} \left[F_A(f_x, f_y) e^{i\phi_0} + F_B(f_x, f_y) e^{-i\phi_0} \right] +$$

$$\frac{1}{2} \left[F_A(f_x, f_y) e^{-i2\pi f_0 x_2} + F_B(f_x, f_y) e^{i2\pi f_0 x_2} \right] +$$

$$\frac{1}{4} \left[F_A(f_x, f_y) e^{-i(4\pi f_0 x_2 + \phi_0)} + F_B(f_x, f_y) e^{i(4\pi f_0 x_2 + \phi_0)} \right] \tag{7-1-4}$$

再通过透镜 L_2 进行逆傅里叶变换（取反演坐标系统），在输出平面 P_3 上的光场为

$$g(x_3, y_3) = \frac{1}{4} e^{i\phi_0} \left[f_A(x_3, y_3) + f_B e^{-i2\phi_0} \right] + \frac{1}{2} \left[f_A(x_3 - b, y_3) + f_B(x_3 + b, y_3) \right] +$$

$$\frac{1}{4} \left[f_A(x_3 - 2b, y_3) e^{-i\phi_0} + f_B(x_3 + 2b, y_3) e^{i\phi_0} \right] \tag{7-1-5}$$

当光栅条纹的初位相 $\phi_0 = \pi/2$，即光栅条纹偏离轴线 $1/4$ 周期时，式（7-1-5）第一行中的因子 $e^{-i2\phi_0} = -1$，于是式（7-1-5）变为

$$g(x_3, y_3) = \frac{i}{4} \left[f_A(x_3, y_3) - f_B(x_3, y_3) \right] + 其余 4 项 \tag{7-1-6}$$

结果表明，在输出面 P_3 上系统的光轴附近实现了图像相减。

当光栅条纹的初位相 $\phi_0 = 0$，即光栅条纹与轴线重合时，式（7-1-6）第一行中的指数因子均等于 1，结果在输出面 P_3 上系统的光轴附近实现了图像相加。

【实验步骤】

1. 图形设计与光栅制作

实验前须先制作适当的图形和合适的光栅。全息光栅的记录光路仍如图 3-1-1 所示。采用两束平行光记录。根据光栅方程：

$$2d \sin \frac{\theta}{2} = \lambda$$

改变图 3-1-1 中的 θ 值便可控制光栅条纹密度 f_0(即 $d=1/f_0$ 的大小)。

为简洁起见,本实验采用两个透光的长条孔作为图形,其中图形孔 A 竖放,图形孔 B 水平横放,如图 7-1-2(a)所示,两者中心相距为 $2b$。为使其零级像和一级像能分开,距离 b 必须大于图形的长边。实验前,物面上的两个图形可事先粘贴在两块光洁的玻璃板上,便于调节其相对位置及中心间距的值 $2b$(b 可用游标卡尺测量)。选用或自制一全息光栅,使其空间频率满足 $f_0=b/\lambda f$。为此,宜综合考虑 f_0 的值,使之与所用透镜焦距 f 和图像间距协调。f_0 值过大将使 b 值过大,图像不便摆放,故 f_0 值宜取小一些,即要求在较小的角度下拍摄全息光栅,例如,光束间夹角控制在 $10°$ 左右。

2. 布置 4f 系统实验光路

按图 7-1-1 布置好 4f 系统光路,并调整入射的相干光为准直光,然后将物图形 $f(x_1,y_1)$ 和光屏分别置于输入面 P_1 和输出面 P_3。

3. 光栅滤波

将已制作好的正弦光栅 G 按其栅线竖向置于傅里叶变换透镜 L_1 的后焦面上,并使其沿水平方向可微动(用一维平移台来实现),在光屏 P_3 上观察其对图形 A 的 $+1$ 级衍射像 A_{+1} 和对图形 B 的 -1 级衍射像 B_{-1},使 A_{+1} 和 B_{-1} 的中心重合于光轴上。若 A_{+1} 和 B_{-1} 的中心重合不好,可稍微调节图形 A、B 的相对位置。

4. 观察图形的相加和相减

令光栅沿水平横向微动时,便可在输出面 P_3 上观察到 A_{+1} 和 B_{-1} 的重合处周期地交替出现图形 A、B 相加和相减的效果。相加时,重合处特别亮,相减时,重合处变得全黑。可用干板记录下图形相加和相减的实验结果,如图 7-1-2(b)所示。

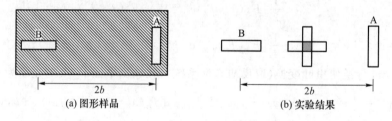

| (a) 图形样品 | (b) 实验结果 |

图 7-1-2　图形样品及实验结果

【注意事项】

(1) 实验中如果出现无论怎样调整光栅位置,A_{+1} 和 B_{-1} 的重合处始终无法变得全黑的情况,可能是由下列原因引起的:

① 用于照明图形 A 和 B 的光场不均匀,应重新调整照明光束;

② 实验数据 f_0 和 b 估算不准,致使 A_{+1} 和 B_{-1} 的中心未能完全重合,应重新核算 f_0 和 b 的值;

③ 4f 系统光路不共轴或透镜焦距不准确,应重新调整光路,应从 L_2 开始,在激光束未扩束前依次调整透镜 L_2 和 L_1,使其中心的位置与激光束中心重合,办法是分别观察透镜两表面反射的系列光点是否位于同一条直线上。

(2) 在观察周期性交替出现图像相加和相减的效果时,光栅相对于光轴的初位相每次只需改变 $\dfrac{\pi}{2}$,相应地光栅移动 $\dfrac{1}{4}$ 周期或 $\dfrac{1}{4f_0}$,亦即光栅每次所需要的移动量 Δ 是很小的

$\left(\Delta=\dfrac{1}{4f_0}=\dfrac{\lambda f}{4b}\right)$，因此移动光栅时要小心缓慢地操作。实验时也可使放置光栅的微动平台的微动方向倾斜于光轴的方向，以减缓其变化量。

【实验仪器】

He-Ne 激光器(40 mW 左右)	1 台	观察屏	1 个
电子快门	1 个	一维可移动平台(或支架)	1 个
扩束镜	1 个	游标卡尺	1 把
$\phi100$ mm 准直镜	1 个	100 mm×100 mm 载物玻璃板	2 块
$\phi100$ mm 傅里叶变换透镜	2 个	全息干板	若干小块
干板架	2 个	米尺	1 把

参 考 文 献

[7-1-1]　王仕璠，朱自强. 现代光学原理[M]. 成都：电子科技大学出版社，1998.

[7-1-2]　王仕璠. 信息光学理论与应用[M]. 4 版. 北京：北京邮电大学出版社，2020.

实验 7-2　用全息法实现光学图像相减

【实验目的】

(1) 利用 π 相移器，采用二次曝光法对图像进行相减实验。

(2) 通过实验掌握 π 相移器的移相原理和使用方法。

【实验原理】

本实验的要点是采用一个 π 相移器，并应用二次曝光法在同一张全息底片上先后记录两个物体的全息图，使其二者相减。实验光路如图 7-2-1 所示。在输入平面 P₁ 上放置第一个图像 A，先记录 A 的全息图，然后取下 A，放上图像 B(也可将图像 A 的一部分挡去后，作为图像 B)，并加入一个 π 相移器使物光位相延迟 π，再记录 B 的全息图。这样记录的二次曝光全息图，经显影、定影和反皱缩等处理后被放回干板架上，当用原参考光照明重现时，在重现光场中同时包括了图像 A 和 B，由于在记录过程中使 A 和 B 物光的位相差为 π，故在重现此全息图时，图像 A 和 B 的相同部分便被消去了，只留下差异部分。

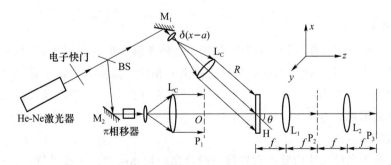

图 7-2-1　用全息法实现图像相减的实验光路

为了进一步理解应用二次曝光全息法进行图像相减的原理，下面对上述记录过程再进行

较详细的分析。设参考光为平面波

$$R(x,y)=A_\mathrm{R}\mathrm{e}^{-i2\pi\xi x} \tag{7-2-1}$$

式中：$\xi=\sin\theta/\lambda,\theta$ 为参考光与记录平面法线的夹角，(x,y) 为记录平面上的位置坐标。又设图像 A 和 B 在记录平面上的光场分布分别为 $A(x,y)$ 和 $B(x,y)$，则记录图像 A 时，全息图面上的光强分布为

$$I_\mathrm{A}(x,y)=|A+R|^2=|A|^2+|R|^2+R^*A+RA^* \tag{7-2-2}$$

记录图像 B 时，物光引入了相移 π，变为 $B(x,y)\mathrm{e}^{i\pi}$，故全息图面上光强分布变为

$$I_\mathrm{B}(x,y)=|-B+R|^2=|B|^2+|R|^2-R^*B-RB^* \tag{7-2-3}$$

经两次曝光后，总的光强分布为

$$I(x,y)=I_\mathrm{A}(x,y)+I_\mathrm{B}(x,y)$$
$$=|A|^2+|B|^2+2|R|^2+R^*(A-B)+R(A^*-B^*) \tag{7-2-4}$$

设全息底片工作于线性区内，则经显影、定影等处理后的全息图，其透过率为

$$\tau=\tau_0+\beta I=\tau_0+\beta[|A|^2+|B|^2+2|R|^2+R^*(A-B)+R(A^*-B^*)] \tag{7-2-5}$$

式中：τ_0、β 为常数（$\beta<0$）。重现时，对全息图进行傅里叶变换，有

$$\tilde{\tau}=\mathscr{F}\{\tau\}=\mathscr{F}\{\tau_0+\beta I\}$$
$$=\mathscr{F}\{\tau_0+\beta[|A|^2+|B|^2+2|R|^2+R^*(A-B)+R(A^*-B^*)]\} \tag{7-2-6}$$

其中有一项为

$$\mathscr{F}\{\beta[R^*(A-B)]\}=\mathscr{F}\{\beta(A-B)\mathrm{e}^{i2\pi\xi x}\}=\beta[\tau_\mathrm{A}(x'-x)-\tau_\mathrm{B}(x'-x)] \tag{7-2-7}$$

式中：τ_A、τ_B 分别相应于图像 A 和 B 的振幅透过率。式（7-2-7）显然实现了图像 A 和 B 的相减，可以在频谱面 P_2 上的确定位置找到相减图像的频谱。

【实验步骤】

1. 光路布置

按图 7-2-1 布置实验光路。注意使物光束与参考光束间的夹角 θ 控制在 $30°\sim45°$；两束光至干板中心的光程相等；物、参光强比控制在 $1:2\sim1:5$。

2. 选择 π 相移器

用二次曝光法实现图像相减，其成功与否的关键是 π 相移器的选用。实现 π 相移的方法有多种，例如采用 π 相移板（$\lambda/2$ 波片），或在液槽中滴入 NaCl 溶液，以改变液槽中溶液对光的折射率，浓度适当时可使通过的物光发生 π 相移。最好在实验前就由实验室事先将 π 相移器调好。

3. 二次曝光记录

为了便于在暗室中操作，可先将图像 A 和 π 相移器都安放在光路中，并挡去图像 A 的一部分作为图像 B，因此第一次曝光实际是对已发生 π 相移的图像 B 进行全息记录，然后去掉对图像 A 的遮挡屏和 π 相移器，做第二次曝光，即对图像 A 进行了全息记录，这样就完成了对全息图的二次曝光记录。

4. 底片处理

对此二次曝光全息底片的处理程序与一般全息照相相同。由于在处理过程中乳胶可能产生收缩，为了能使全息图精确对位，最好在经显影、定影处理后，再将全息底片进行反皱缩处理。一种办法是把已处理好的全息图浸泡在三乙醇胺中，使其膨胀到记录时的厚度，三乙醇胺

的浓度一般取 7.5% 左右。另一种办法是把已发生皱缩的全息图经甲醇溶液浸泡后,再放入异丙醇中浸泡处理。

5. 观察图像相减效果

把经过上述处理的二次曝光全息图放回光路中,遮住物光束,以参考光照明全息图,这时在输出平面 P_3 上将显示出两个图像的差异部分(即图像 A 被挡去的部分)。

【讨论】

(1) π 相移器的相移效果可以采用马赫-曾德尔干涉仪来进行检验,试说明检验的原理和具体办法。

(2) 利用 π 相移器有可能实现两图像的实时相减,请提出一种设计方案,并对其做简要的说明。

【实验仪器】

He-Ne 激光器(40 mW 左右)	1 台	傅里叶变换透镜	2 个
电子快门	1 个	干板架	3 个
分束镜	1 个	π 相移器	1 个
反射镜	2 个	被拍摄的图像(透明片)	1 个
扩束镜	2 个	观察屏	1 个
准直透镜	2 个	全息干板	若干小块

参 考 文 献

[7-2-1]　王仕璠.信息光学理论与应用[M].4 版.北京:北京邮电大学出版社,2020,8.

实验 7-3　匹配滤波与光学图像识别

匹配滤波与光学图像识别是相干光学处理中一种典型的信息处理方法。它可以从某一图像中提取有用的信息或检测某一信息是否存在(若存在,还包括其存在的位置)。因此,这种信息处理方法又称为特征识别。特征识别在指纹鉴别、空间飞行物探测、字符识别以及从病理照片中识别癌变细胞等领域有着广泛应用,是相干光学处理的一个重要课题。

特征识别的方法已有很多种,本实验先介绍最基本的一种,即傅里叶变换方法,其关键技术是制作空间匹配滤波器。

【实验目的】

(1) 了解匹配滤波器的意义和制作方法。

(2) 通过实验,了解相干光学处理系统的典型结构和调节方法。

(3) 掌握对指纹或字符识别的基本技术。

【实验原理】

1. 空间匹配滤波器的意义

设有一幅透明图片,其振幅透过率为 $h(x_1,y_1)$,令其傅里叶变换频谱为 $H(f_x,f_y)$。若有一空间滤波器,其振幅透过率(或称滤波函数)为 $H^*(f_x,f_y)$("$*$"号表示复共轭),则该滤波器就是上述透明图片 $h(x_1,y_1)$ 的匹配滤波器。

2. 匹配滤波器的制作

匹配滤波器是复数滤波器,可以用光学全息方法制作,也可采用计算全息术制作,实际上是制作一张待识别图像的傅里叶变换全息图。图 7-3-1 所示为用光学全息方法制作匹配滤波器的原理光路。令特征信号 $h(x_1,y_1)$ 在平面 P 上的频谱为 $H(f_x,f_y)$,准直参考光倾斜入射到 P 平面,其复振幅为 $F[A_R\delta(x-a,y)]=A_Re^{-i2\pi f_xa}$,其中 $f_x=\sin\theta/\lambda$,则在 P 平面上的复振幅分布为

$$G(f_x,f_y)=H(f_x,f_y)+A_Re^{-i2\pi f_xa} \qquad (7\text{-}3\text{-}1)$$

强度分布为

$$\begin{aligned}I(f_x,f_y)&=|H(f_x,f_y)+A_Re^{-i2\pi f_xa}|^2\\&=|H(f_x,f_y)|^2+A_R^2+A_RH^*(f_x,f_y)e^{-i2\pi f_xa}+A_RH(f_x,f_y)e^{i2\pi f_xa}\end{aligned} \qquad (7\text{-}3\text{-}2)$$

上式中第 3 项包含对特征信号 $h(x_1,y_1)$ 的匹配滤波函数 $H*(f_x,f_y)$,这正是实验所需要的匹配滤波器。

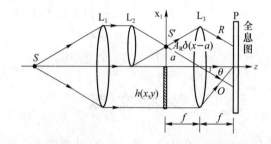

图 7-3-1　全息匹配滤波器制作光路

3. 利用匹配滤波器进行图像识别

特征识别的方法是将待检测的物函数 $f(x_1,y_1)$ 放在相干光学处理系统(典型的如 $4f$ 系统,见图 7-3-2)的输入平面 P_1 上,而将含有特征信号 $h(x_1,y_1)$ 共轭谱 $H*(f_x,f_y)$ 的全息匹配滤波器置于频谱面 P_2 上。设物函数的频谱函数为 $F(f_x,f_y)$,则在 P_2 后表面的复振幅分布为 $F(f_x,f_y)\tau$,其中 τ 为全息匹配滤波器的复振幅透过率,在线性记录条件下,该全息匹配滤波器的复振幅透过率与曝光光强 I 成正比,由此得 P 后表面的复振幅分布:

$$\begin{aligned}F(f_x,f_y)\tau&\infty F(f_x,f_y)I(f_x,f_y)\\&=FHH^*+FA_R^2+FA_RH^*(f_x,f_y)e^{-i2\pi f_xa}+FA_RH(f_x,f_y)e^{i2\pi f_xa}\end{aligned} \qquad (7\text{-}3\text{-}3)$$

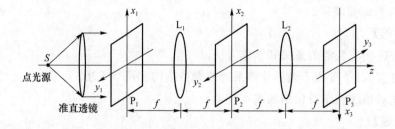

图 7-3-2　典型的相干光学处理系统

而在 P_3 平面上的复振幅分布 $g(x_3,y_3)$ 为(在反演坐标下):

$$g(x_3,y_3)=F^{-1}[F(f_x,f_y)I(f_x,f_y)]$$
$$=f(x_3,y_3)*h(x_3,y_3)\otimes h(x_3,y_3)+A_R^2 f(x_3,y_3)$$
$$+A_R f(x_3,y_3)\otimes h(x_3,y_3)*\delta(x_3-a,y_3)$$
$$+A_R f(x_3,y_3)*h(x_3,y_3)*\delta(x_3+a,y_3) \qquad (7\text{-}3\text{-}4)$$

式(7-3-4)中重要的是第 3、4 项,它们分别是输入的物函数与特征信号的互相关和卷积,其中心在 $(\pm a,0)$ 处,如图 7-3-3 所示。图中 W_f 和 W_h 分别代表物函数和特征信号在 x_3 方向的宽度。在特征识别中,关心的是相关。

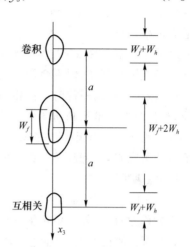

若待检测的物函数图像中包含特征信号和相加性噪声,则

$$f(x_1,y_1)=h(x_1,y_1)+n(x_1,y_1) \qquad (7\text{-}3\text{-}5)$$

令其频谱为

$$F(f_x,f_y)=H(f_x,f_y)+N(f_x,f_y) \qquad (7\text{-}3\text{-}6)$$

则经 H^* 滤波后的频谱为

$$F(f_x,f_y)H^*(f_x,f_y)=|H(f_x,f_y)|^2$$
$$+N(f_x,f_y)H^*(f_x,f_y) \qquad (7\text{-}3\text{-}7)$$

图 7-3-3　在 P_3 平面上各输出项的位置

再经 L_2 进行逆傅里叶变换后,在输出平面 P_3 上的复振幅分布为

$$g(x_3,y_3)=h(x_3,y_3)\otimes h(x_3,y_3)+n(x_3,y_3)\otimes h(x_3,y_3) \qquad (7\text{-}3\text{-}8)$$

式(7-3-8)的最后一项能量比较弥散,只有特征信号的自相关在相应位置处存在鲜明亮点。式(7-3-4)的第 4 项由于卷积的结果获得一个模糊的图像,所以远不如相关亮点鲜明。因此,利用匹配滤波相关检测方法就可以从带有噪声的信息中提取有用信息,从而达到特征识别的目的。

【实验步骤】

(1) 按图 7-3-4 布置实验光路。

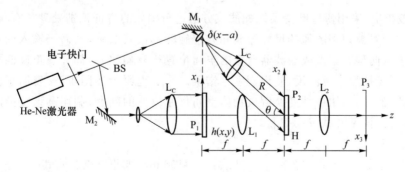

图 7-3-4　实验光路

(2) 在输入平面 P_1 上放置透明图片(指纹或字符透明片),使其在输出平面 P_3 上成清晰的像。同时使参考光束与 P_2 平面上图像的频谱很好地重叠。两路光束在频谱面上的光强比要调节适当,一般以能观察到频谱的二、三级较为合适。

(3) 制作匹配滤波器。调好光路之后,在 P_2 平面上放置全息干板,进行曝光,在原地显影、定影和清洗,并用冷风吹干,这样就制得了该输入图像的匹配滤波器。

(4) 匹配滤波器制好后,挡掉参考光,只让物光频谱通过匹配滤波器(即全息图片),这时重现的光束应该是原来的参考光束,因而在 P_3 平面的光屏上沿参考光的方向($x_3 = \lambda f f_x$, $y_3 = 0$)便能看到一个亮点,这就是自相关亮点,其位置与原来参考光的聚焦点重合。若在 P_3 平面上放置干板,便可记录下自相关亮点的强弱,也可用光电探测器来测量其相对大小。此外,在 $x_3 = 0$, $y_3 = 0$ 处可以观察到 $h(x_1, y_1)$ 的实像,在 $x_3 = -\lambda f f_x$, $y_3 = 0$ 处能观察到与 $h(x_1, y_1)$ 的卷积的模糊像。

(5) 观察输入图像位置变化对自相关亮点的影响。平移输入图像时,在 P_3 平面上可看到自相关亮点随之移动,但不会消失,亮度也不会变化;如果输入图像放在一个可以转动的框架中,则当缓慢地转动图片时,自相关亮点将逐渐变弱,在大约转过 $3° \sim 5°$ 后,亮点就会消失。注意,操作时要尽量不触动图片本身。

(6) 观察失配情况。在完成上述观察之后,若在 P_1 平面换上另外的透明图片,此时将得不到自相关亮点,得到的是互相关的模糊散斑。

【注意事项】

(1) 在原地显影、定影和清洗匹配滤波器底片时必须小心地操作,这是本实验成败的关键。在操作过程中,要尽量不触动全息底片和全息台。

(2) 为了使相关项(包括卷积项)与中心项不相互重叠,以避免对识别的干扰,参考光倾角的大小须适当选择。设待检测物函数 $f(x_1, y_1)$ 和特征信号 $h(x_1, y_1)$ 沿 x_3 方向的宽度分别为 W_f 和 W_h,而由式(7-3-4)知,其中前两项的宽度分别为 $W_f + 2W_h$ 和 W_f,相关项和卷积项的宽度均为 $W_f + W_h$,如图 7-3-3 所示。显然,欲使各项完全分离,应该满足:

$$a > \frac{3}{2}W_h + W_f \qquad (7\text{-}3\text{-}9)$$

而

$$a = \lambda f f_x = \lambda f \frac{\sin\theta}{\lambda} \approx f\theta$$

故

$$\theta > \frac{3}{2}\frac{W_h}{f} + \frac{W_f}{f} \qquad (7\text{-}3\text{-}10)$$

(3) 应该指出,采用傅里叶变换匹配滤波方法进行图像的特征识别处理是有其局限性的。由于匹配滤波器对被识别图像的尺寸缩放和方位旋转都极其敏感,因而当输入的待识别图像的尺寸和角度取向稍有偏差或滤波器自身的空间位置稍有偏移时,都会使正确匹配产生的响应急剧降低,甚至被噪声所湮没,使识别发生错误。为了克服上述困难,又发明了多种实现特征识别的方法,例如:利用梅林变换解决物体空间尺寸改变的问题;利用圆谐变换解决物体的转动问题;等等。详见文献[7-3-2]。

【实验仪器】

He-Ne 激光器(40 mW 左右)	1 台	ϕ100 mm 傅里叶变换透镜	2 个
电子快门	1 个	干板架	3 个
扩束镜	2 个	100 mm×100 mm 载物玻璃板	1 块
反射镜	4 个	观察屏	1 个
分束镜	1 个	一维可移动平台(或支架)	1 个
ϕ100 mm 准直镜	1 个	全息干板	若干小块

参 考 文 献

[7-3-1]　王仕璠,朱自强.现代光学原理[M].成都:电子科技大学出版社,1998.

[7-3-2]　王仕璠.信息光学理论与应用[M].4 版.北京:北京邮电大学出版社,2020.

实验 7-4　用联合变换相关原理实现光学图像识别

光学联合变换相关识别(JTC)也是利用透镜的两次傅里叶变换来实现的,但在原理和方法上它又与匹配滤波相关识别存在明显的差异。它把待识别的目标图像和一个参考图像一起并列放置在傅里叶变换透镜的前焦面上,然后用准直相干光照明,在透镜的后焦面上得到两图像的联合变换傅里叶频谱,再用感光胶片记录下这个联合变换功率谱。经显影、定影处理后,胶片在线性工作条件下,其透过率正比于联合功率谱;然后再把它经过一次逆傅里叶变换,在输出平面上产生两个图像的自相关峰和互相关峰。通过对互相关峰的观察来判断输入的待识别图像和参考图像是否相关。因此,它在识别目标时,不用制作匹配滤波器,且其参考图像与匹配滤波相关识别中的全息匹配滤波器相比要简单得多,并且参考图像可以用液晶电视(简称LCTV)显示,对联合功率谱也可以使用 CCD 等光电器件探测,易于引入计算机处理,实现光、机、电的实时光学图像识别。

本实验主要介绍联合变换相关的基本实验原理、联合变换功率谱探测及相应的光路设置和重现结果。

【实验目的】

(1) 掌握联合变换相关的基本原理;掌握联合变换功率谱重现的相关簇特点。

(2) 对相同图像、相似图像、不相似图像三种情况分别拍摄并重现其联合变换功率谱,观察三种情况下的相关峰,观察用联合变换实现光学图像识别的效果。

(3) 进一步学习光学图像识别的方法,体会光学图像识别的要素。

【实验原理】

1. 联合变换相关原理

如图 7-4-1 所示,图中 L 为傅里叶变换透镜,待识别图像 $t(x_1, y_1)$ 置于输入平面的一侧,其中心位于 $(-a, 0)$,参考图像 $r(x_1, y_1)$ 置于输入平面的另一侧,其中心位于 $(a, 0)$。用准直的激光束照明,并通过透镜进行傅里叶变换,则在透镜后焦面上的振幅分布为

$$F(f_x, f_y) = \int_{-\infty}^{\infty}\int_{-\infty}^{\infty} [t(x_1+a, y_1) + r(x_1-a, y_1)] \exp[-i2\pi(f_x x_1 + f_y y_1)] dx_1 dy_1$$

$$(7\text{-}4\text{-}1)$$

$F(f_x, f_y)$ 称为待识别图像和参考图像的联合傅里叶谱。

式(7-4-1)可以写成为下列的形式:

$$F(f_x, f_y) = T(f_x, f_y)\exp[i2\pi f_x a] + R(f_x, f_y)\exp[-i2\pi f_x a] \qquad (7\text{-}4\text{-}2)$$

式中:$T(f_x, f_y)$ 和 $R(f_x, f_y)$ 分别是待识别图像 $t(x_1, y_1)$ 和参考图像 $r(x_1, y_1)$ 的傅里叶变换谱。

透镜后焦面的光强分布为

$$I = |F(f_x, f_y)|^2 = |T(f_x, f_y)|^2 + |R(f_x, f_y)|^2 + T(f_x, f_y)R^*(f_x, f_y)\exp[\mathrm{i}4\pi f_x a] +$$
$$T^*(f_x, f_y)R(f_x, f_y)\exp[-\mathrm{i}4\pi f_x a]$$
$$= |T(f_x, f_y)|^2 + |R(f_x, f_y)|^2 + 2|T(f_x, f_y)R(f_x, f_y)| \cdot$$
$$\cos[4\pi f_x a + \phi_T(f_x, f_y) - \phi_R(f_x, f_y)] \tag{7-4-3}$$

式中 $\phi_T(f_x, f_y)$ 和 $\phi_R(f_x, f_y)$ 分别是 $T(f_x, f_y)$ 和 $R(f_x, f_y)$ 的位相。式(7-4-3)就是待识别图像和参考图像的联合傅里叶变换的功率谱。

对上述联合变换功率谱再进行一次逆傅里叶变换。如图 7-4-2 所示,在傅里叶透镜 L 的前焦面上放置图 7-4-1 中记录的联合变换功率谱,然后用准直激光束照明,这样在线性记录和反演坐标条件下,就在透镜的后焦面上得到原输入物面上两个图像的零级自相关峰和 ±1 级互相关峰:

$$O(x_3, y_3) = t(x_3, y_3) \otimes t(x_3, y_3) + r(x_3, y_3) \otimes r(x_3, y_3) +$$
$$t(x_3, y_3) \otimes r(x_3, y_3) * \delta(x_3 + 2a, y_3) +$$
$$t(x_3, y_3) \otimes r(x_3, y_3) * \delta(x_3 - 2a, y_3) \tag{7-4-4}$$

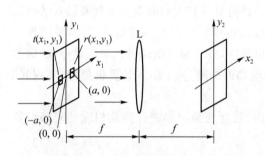 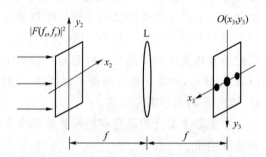

图 7-4-1 联合变换功率谱的记录   图 7-4-2 联合功率谱的逆傅里叶变换

式中: $\otimes$ 表示相关运算, $*$ 表示卷积运算。式中的第一项和第二项分别是输入待识别图像和参考图像的自相关项,均位于输出平面的中心附近,可以称为零级项,它们不是所需要的输出信号。第三、四项是待识别图像和参考图像的互相关项,在反演坐标下,它们分别位于 $(-2a, 0)$ 和 $(2a, 0)$ 处,在输出平面上沿 x_3 轴分别平移 $-2a$ 和 $2a$,称为一级项,这两项正是所需要的相关输出信号。适当选取 $2a$ 值,就能使相关输出信号从其他项中分离出来。对一级互相关峰的光强的测量可判断待识别图像和参考图像之间的相关程度,即相关峰越强,则表明待识别图像和参考图像越相关。因此,它在识别目标时,不用制作匹配滤波器。

【实验步骤】

1. 制作实验图形

用硬纸板或黑纸制作几组二值化的实验图形。例如,使用字母“E”为参考图像,字母“E”“F”“A”分别为待识别图像,各字母大小一致。由于输入图像中心间距为 $2a$,最后重现的相关峰距中心的间距为 $2a$,而各个字母都有一定宽度,因此要注意使字母宽度小于 a,否则将导致重现的相关峰产生叠合。

2. 布置实验光路

记录联合变换功率谱的实验光路如图 7-4-3 所示;图中 L 和 L_c 各是扩束、准直透镜,L_1 是傅里叶变换透镜,其前焦面 P_1 是输入面,后焦面 P_2 处放置全息干板进行联合变换功率谱的记录。注意在放置输入物像时要与光轴对称。

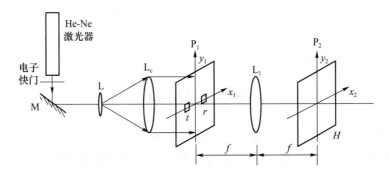

图 7-4-3　联合变换相关实验记录光路示意图

3. 拍摄与干板处理

在 P_1 面上分别放置不同的实验图形,分别记录多组图形的联合变换功率谱,更换过程中注意不要触动其他光学元件,更换后需要保持静止 1 min 以上再开始拍摄。由于功率谱中心光强很强,记录时间一般仅为 1~3 s。干板在显影过程中要注意观察,否则显影时间长了容易导致显影过度。定影、漂白、烘干过程与其他全息照相实验过程一致。

注意:随着曝光、显影的时间不同,全息底片的衍射效果将不同,重现的相关峰强度也不同,会影响对两物像相关程度的判断。因此,对于多张底片,曝光时间要固定一致,显影时最好放到一个平板上,在显影液中同时显影,同时取出。

4. 重现与观察

将处理好的底片分别放置在如图 7-4-3 所示的光路的 P_1 面上对准,观察在 P_2 面上出现的自相关峰和两个互相关峰。观察不同组图像相应的互相关峰强度。图 7-4-4 是据此记录的一组图像的重现结果,供读者参考。

(a) 输入图像　　　　(b) 重现结果

图 7-4-4　联合变换功率谱的重现结果

【讨论】

理想的联合变换功率谱再进行一次逆傅里叶变换后,在输出平面的 $(-2a,0)$ 和 $(2a,0)$ 两个位置上出现的互相关峰为点状,易于用光电探测器接收并判断相关点强度。但从实验结果可以看出,联合变换功率谱再现的相关峰不是一个点,而具有展宽现象。这是由于对输入图像进行傅里叶变换时,两个图像的各个部分之间都要进行傅里叶变换,使得联合变换功率谱在进行逆傅里叶变换时产生的相关峰展得很开,不易积分获得相关峰的强度,从而给判断待识别图像和参考图像的相关程度带来一定的困难。

以上问题可以通过图像分割或计算机处理功率谱等方法加以解决。

【实验仪器】

He-Ne 激光器(40 mW 左右)	1 台	干板架	2 个
电子快门	1 个	观察屏	1 个

扩束镜	1 个	二值化图像	多组
ϕ100 mm 准直镜	1 个	全息干板	若干小块
ϕ100 mm 傅里叶变换透镜	1 只		

参 考 文 献

[7-4-1] 宋菲君,JUTAMULIA S.近代光学信息处理[M].北京:北京大学出版社,1998.

[7-4-2] 段作梁,刘艺,王仕璠.用全光联合变换相关实现目标识别[J].激光杂志:2000,
21(4):9-10.

[7-4-3] 李源,刘艺,王仕璠.基于归一化的条纹调制联合变换相关器[J].中国激光,2002,
A29(4):351-355.

实验 7-5 用复合光栅滤波实现光学图像微分

对于对比度较低的物像,各个部分因为强度变化不大,有时很难分清楚。由于人眼对于物体或图像的边缘轮廓比较敏感(轮廓也是物体的重要特征之一),如果能设法使图像的边缘较中间部位明亮,就容易看清楚,这种方法称为图像边缘增强。光学图像微分处理不仅是一种主要的光学数学运算,还在光学图像处理中是突出信息的一种重要方法,尤其是对突出图像边缘轮廓和图像细节有明显的效果。例如,对一些模糊图片(如透过云层的卫星图片或雾中摄影图片)进行光学微分,勾画出物体的轮廓来,便能识别这样的模糊图片,所以光学图像微分是图像识别的一种重要手段。

光学图像微分有多种方法,例如:

① 高通微分滤波法:利用挡住或衰减零频和低频的高通空间滤波器,实现不同程度的微分滤波,以增强图像的边缘轮廓。

② 复合光栅微分滤波法:先使待处理的图像产生两个错位的像,然后让相同部分相减而留下由错位产生的边缘部分,以增强图像的边缘轮廓。

还有其他一些实现光学图像微分的方法,各有不同特色,本实验只讨论利用复合光栅滤波实现光学图像微分的方法。

【实验目的】

(1)掌握用复合光栅对光学图像进行微分处理的原理和方法。

(2)领会空间滤波的意义,加深对光学信息处理实质的理解。

(3)通过实验加深对傅里叶光学中相移定理和卷积定理的认识。

(4)通过实验观察对图像微分后突出其边缘轮廓的效果。

【实验原理】

1. 光学微分光路及其工作原理

本实验的光路系统是一个典型的相干光学处理系统(即 $4f$ 系统),如图 7-3-2 所示。将待微分的图像置于 $4f$ 系统输入面 P_1 的原点位置,微分滤波器(也称复合光栅)置于频谱面 P_2 上,经适当调整位置即可在输出面 P_3 上得到微分图形。

设输入图像为 $t(x,y)$,其傅里叶变换频谱为 $T(f_x,f_y)$,则由傅里叶变换定理有

$$\mathscr{F}\left\{\frac{\partial t(x,y)}{\partial x}\right\}=\mathrm{i}2\pi f_x T(f_x,f_y) \tag{7-5-1}$$

式中：$f_x=x_2/\lambda f$，$f_y=y_2/\lambda f$。由式(7-5-1)显然可见，如果置于频谱面上的滤波器的滤波函数为

$$H(f_x,f_y)=\mathrm{i}2\pi f_x=\mathrm{i}2\pi(x_2/\lambda f) \tag{7-5-2}$$

则可实现对图像的光学微分。实际上，微分滤波器的振幅透过率只需满足正比于 x_2，即可达到光学微分的目的。

2. 微分滤波器的制作方法

微分滤波器可以用多种方法制作，例如，用光学全息方法或计算全息方法制作。本实验采用光学全息方法制作，它实际是一个复合光栅，由两套空间取向完全相同、空间频率相差 Δf_0 的一维余弦振幅光栅叠合而成。其拍摄光路仍如图 3-1-1 所示，采用二次曝光法，并将干板架置于一个能在水平面内旋转的转盘上，两次曝光之间使转盘旋转一微小角度 Δa。设第一次曝光得到的光栅频率为 f_0，第二次曝光得到的光栅频率为 f_0'，底片经显影、定影、漂白等处理后便制作成了光学微分滤波器。显然，此复合光栅包含了两种频率，为书写简洁起见，令其初始透过率函数为

$$H\left(\frac{x_2}{\lambda f},\frac{y_2}{\lambda f}\right)=t_0+t_1\cos(2\pi f_0 x_2)+t_2\cos(2\pi f_0' x_2)$$

$$=t_0+\frac{t_1}{2}(\mathrm{e}^{\mathrm{i}2\pi f_0 x_2}+\mathrm{e}^{-\mathrm{i}2\pi f_0 x_2})+\frac{t_2}{2}(\mathrm{e}^{\mathrm{i}2\pi f_0' x_2}+\mathrm{e}^{-\mathrm{i}2\pi f_0' x_2}) \tag{7-5-3}$$

由于此复合光栅被置于 $4f$ 系统的频谱面上，故物频谱通过滤波平面后，其光场变为

$$T(f_x,f_y)\mathrm{H}(f_x,f_y)=T\left(\frac{x_2}{\lambda f},\frac{y_2}{\lambda f}\right)t_0+\frac{t_1}{2}T\left(\frac{x_2}{\lambda f},\frac{y_2}{\lambda f}\right)(\mathrm{e}^{\mathrm{i}2\pi f_0 x_2}+\mathrm{e}^{-\mathrm{i}2\pi f_0 x_2})+$$

$$\frac{t_2}{2}T\left(\frac{x_2}{\lambda f},\frac{y_2}{\lambda f}\right)(\mathrm{e}^{\mathrm{i}2\pi f_0' x_2}+\mathrm{e}^{-\mathrm{i}2\pi f_0' x_2}) \tag{7-5-4}$$

显然物频谱受到两个一维余弦光栅的调制。当其受第一次记录的光栅调制后，在输出面 P_3 上可得到 3 个衍射像，其中零级衍射像位于 $x_3 O y_3$ 平面的原点，正、负一级衍射像则沿 x_3 轴对称分布于 y_3 轴的两侧，距原点的距离为 $x_3=\pm\lambda f f_0$（f 为透镜焦距）。同样，受第二次记录的光栅调制后，在输出面上将得到另一组衍射像，其中，零级衍射像仍位于坐标原点，与前一个零级像重合，正、负一级衍射像也沿 x_3 轴对称分布于原点的两侧，但与原点的距离为 $x_3'=\pm\lambda f f_0'$。由于 $\Delta f_0=f_0'-f_0$ 很小，故 x_3 与 x_3' 的差 $\Delta x_3=\pm\lambda f\Delta f_0$ 也很小，从而使两个对应的 ±1 级衍射像几乎重叠，沿 x_3 方向只错开很小的距离 Δx_3。Δx_3 比图形本身的尺寸要小很多（见图 7-5-1），当复合光栅平移一适当的距离 Δl 时，由此引起两个同级衍射像的相移量为

$$\Delta\varphi_1=2\pi f_0\Delta l,\quad \Delta\varphi_2=2\pi f_0'\Delta l \tag{7-5-5}$$

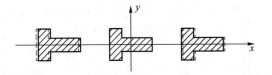

图 7-5-1　在输出面上得到的图像微分结果示意图

导致两者之间有一附加位相差

$$\Delta\varphi=\Delta\varphi_2-\Delta\varphi_1=2\pi\Delta f_0\Delta l \tag{7-5-6}$$

令 $\Delta\varphi=\pi$,得

$$\Delta l=\frac{1}{2\Delta f_0} \tag{7-5-7}$$

这时两个同级衍射像正好相差 π 位相,相干叠加时两者的重叠部分(如图 7-5-1 中阴影部分所示)相消,只剩下错开的图像边缘部分,从而实现了边缘增强。转换成强度分布时形成亮线,构成了光学微分图形,如图 7-5-2 所示。若将复合光栅条纹在面内旋转 90°,便可得到对图像沿 y 方向的微分,如图 7-5-3 所示。

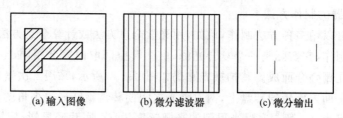

(a) 输入图像　　　　　(b) 微分滤波器　　　　　(c) 微分输出

图 7-5-2　沿 x 方向光学微分处理过程示意图

(a) 输入图像　　　　　(b) 微分滤波器　　　　　(c) 微分输出

图 7-5-3　沿 y 方向光学微分处理过程示意图

【实验步骤】

1. 制作实验目标物

为使实验取得明显的效果,建议采用二元图形作为待微分处理的目标物,可在黑纸板上挖孔制作,孔的形状最好是简单、规则又易制作的几何图形,如圆孔、矩形等,并且图形宽度 L 不宜太大,必须使其满足 $L\angle\lambda f_0 f$,以保证 ±1 级衍射像与零级衍射像不产生重叠。

2. 制作复合光栅

仍按图 3-1-1 记录复合光栅。此时干板架应置于一个能在水平面内旋转的转盘上,使在两次曝光之间该转盘可旋转一微小角度 $\Delta\alpha$。在布置复合光栅记录光路时,首先,应注意使光栅频率 f_0 与图像宽度 L 及透镜焦距 f 相匹配,满足 $f_0>L/\lambda f$,为此应按光栅公式:

$$d=\frac{\lambda}{2\sin(\theta/2)} \quad \left(d=\frac{1}{f_0}\right) \tag{7-5-8}$$

估算图 3-1-1 中两光束之间的夹角 θ。其次,差频 Δf_0 的选择要适当,因差频 Δf_0 影响微分像的宽度,Δf_0 大时,图像的轮廓就粗。

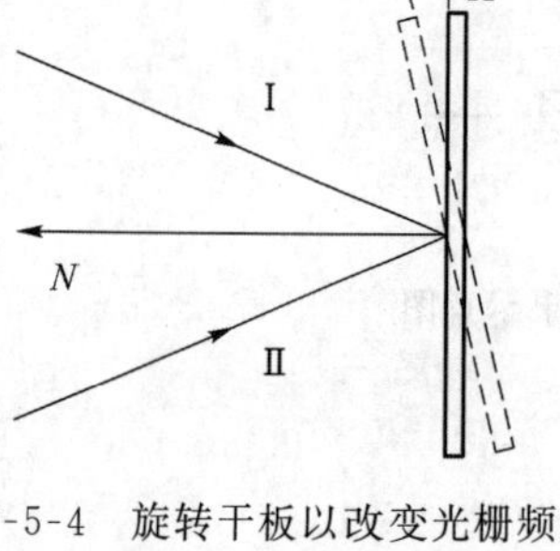

差频 Δf_0 的量值直接由干板架的转角 α 决定。如图 7-5-4所示,当干板 H 的法线与光束 Ⅰ、Ⅱ 的夹角平分线重合时,光栅频率为

$$f_0=\frac{1}{d}=\frac{2\sin(\theta/2)}{\lambda}$$

图 7-5-4　旋转干板以改变光栅频率　　如果干板转过一个角度 α,则光栅频率将变为

$$f_0' = f_0 \cos\alpha = \frac{2\sin(\theta/2)}{\lambda}\cos\alpha \qquad (7\text{-}5\text{-}9)$$

而差频为

$$\Delta f_0 = |f_0 - f_0'| = f_0(1-\cos\alpha) \qquad (7\text{-}5\text{-}10)$$

例如,设 $f_0 = 100$ 线/毫米,$\Delta f_0 = 2$ 线/毫米,则由式(7-5-10)算得

$$\alpha = \arccos\frac{f_0 - \Delta f_0}{f_0} \approx 11.5^0$$

因此,在旋转干板架时就要设法精确读取转角值。可通过微调旋钮以满足式(7-5-10)的要求。

还可以多制作几种不同频率 f_0 和不同差频 Δf_0 的复合光栅进行实验,观察其对图像的微分效果。

3. 观察、比较和拍摄光学微分图像

按图 7-5-5 布置实验光路。在频谱面上分别放置已制作的几种复合光栅,并令其左右平移,用毛玻璃在输出面 P_3 上观察图像的变化,找到最好的微分图像,然后在 P_3 面上换用全息干板或胶片,拍摄微分图像作为实验结果。

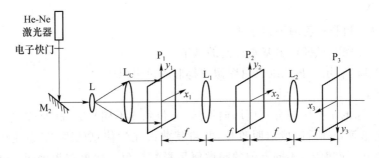

图 7-5-5　利用复合光栅实现光学图像微分的实验光路

【讨论】

(1) 在本实验结果中,微分图像失去了水平轮廓,为什么?

(2) 本实验采用的光学微分原理与实验 7-1 的实验原理在本质上有何异同?

【实验仪器】

He-Ne 激光器(40 mW 左右)	1 台	准直透镜	1 个
电子快门	1 个	傅里叶变换透镜	2 个
反射镜	1 个	光屏	1 个
扩束镜	1 个	干板架	3 个
目标实验物	1 个	全息干板	若干小块
转盘	1 个		

参 考 文 献

[7-5-1]　王仕璠.信息光学理论与应用[M].4 版.北京:北京邮电大学出版社,2020.

[7-5-2]　王绿苹.光全息与信息处理实验[M].重庆:重庆大学出版社,1991.

实验 7-6　θ调制空间假彩色编码

一张黑白图像有相应的灰度分布。人眼对灰度的识别能力是不高的,最多有 15~20 个层次。但是人眼对色度的识别能力却很高,可以分辨数十种乃至上百种色彩。若能将图像的灰度分布转化为彩色分布,势必大大提高人们分辨图像的能力,这项技术称之为光学图像的假彩色编码。假彩色编码方法有若干种,按其性质可分为等空间频率假彩色编码和等密度假彩色编码两类;按其处理方法则可分为相干光处理和白光处理两类。等空间频率假彩色编码是对图像的不同空间频率赋予不同的颜色,从而使图像按空间频率的不同显示出不同的色彩;等密度假彩色编码则是对图像的不同灰度赋予不同的颜色。前者用以突出图像的结构差异,后者则用以突出图像的灰度差异,以提高对黑白图像的目视判读能力。

黑白图片的假彩色化已在遥感、生物医学和气象等领域的图像处理中得到了广泛的应用。本实验介绍 θ调制空间假彩色编码方法。

【实验目的】

(1) 掌握 θ调制假彩色编码的原理。

(2) 巩固和加深对光栅衍射基本理论的理解。

(3) 通过实验,利用一张二维黑白图像获得假彩色编码图像。

【实验原理】

对于一幅图像的不同区域分别用取向不同(方位角 θ不同)的光栅预先进行调制,经多次曝光和显影、定影等处理后制成透明胶片,并将其放入光学信息处理 $4f$ 系统中的输入面,用白光照明,则在其频谱面上,不同方位的频谱便呈彩虹颜色。如果在频谱面上开一些小孔,则在不同的方位角上,小孔可选取不同颜色的谱,最后在信息处理系统的输出面上便得到所需的彩色图像。由于这种编码方法是利用不同方位的光栅对图像不同空间部位进行调制来实现的,故称为 θ调制空间假彩色编码。具体编码过程如下。

1. 被调制物的制备

物的样品如图 7-6-1 所示。若要使其中花、叶茎和背景 3 个区域呈现 3 种不同的颜色,则可在一胶片上曝光 3 次,每次只曝光其中一个区域(其他区域被挡住),并在其上覆盖某取向的朗奇光栅,3 次曝光分别取 3 个不同取向的光栅,如图 7-6-1(a)中线条所示。将这样获得的调制片经显影、定影处理后,置于光学信息处理 $4f$ 系统的输入平面 P_1 上,用白光平行光照明,并进行适当的空间滤波处理。

(a) 输入面上的调制物　　　(b) 滤波器结构

图 7-6-1　θ调制示意图

2. 空间滤波

由于物被不同取向的光栅所调制,所以在频谱面 P₂ 上得到的将是取向不同的带状谱(均与其光栅栅线垂直)。物的 3 个不同区域的信息分布在 3 个不同的方向上,互不干扰,当用白光照明时,各级频谱呈现出的是色散的彩带,由中心向外按波长从短到长的顺序排列。选用一个带通滤波器,实际是一个被穿了孔的光屏,如图 7-6-1(b)所示(图中只画出了±1 级谱)。如果带孔的光屏挡去水平方向的频谱点,则背景的图像消失;如果挡去另一方向的频谱点,则对应的那部分图像就会消失。因此,在代表花、叶茎和背景信息的右斜、左斜和水平方向的频谱带上分别在红色、绿色和黄色位置打孔,使这 3 种颜色的谱通过,其余颜色的谱均被挡住,则在系统的输出面就会得到红花、绿叶茎和黄背景效果的彩色图像。很明显,θ 调制空间假彩色编码就是通过 θ 调制处理手段,"提取"白光中所包含的彩色,再"赋予"图像而形成的。

【实验步骤】

1. θ 调制片的制作

(1) 图案设计。先构想一幅二维图像,根据需要将图像分割成几部分,例如,图 7-6-1(a)所示图案可分为花、叶茎和背景 3 部分,并预计输出像上花为红色,叶茎为绿色,背景为黄色。

(2) 空心图案制作。做 3 块尺寸相同的硬纸板,都画上实验用的二维图案,然后在第一块纸板上将花的图案雕空(图案 1),在第二块纸板上将叶茎的图案雕空(图案 2),在第三块纸板上将背景雕空(图案 3)。

(3) 3 次曝光记录。将上述 3 个纸板分别与全息干板紧贴在一起,采用等时曝光对各个空心图案记录不同方位的光栅(光栅的制作见实验 3-1)。每曝光一次更换一个紧贴干板的空心图案,并使干板连同该空心图案一起转动一定角度(例如,45°),转动时,每张纸板与干板的相对位置要对准,不能相对移动,以免整个图案组合不起来。光栅的空间频率以 100 线/毫米为宜。

(4) 底片处理。将曝光后的全息底片进行显影、定影和漂白处理,最后烘干,即制成了由 3 个不同方位光栅组成的 θ 调制片。

2. 观察 θ 调制空间编码效果

观察实验光路(4f 系统),如图 7-6-2 所示。图中 S 为白光光源(例如,150 W 钨卤素灯),经 L₁ 聚焦、L₂ 准直后获得平行光,以照明 4f 系统。首先,将制得的 θ 调制片置入 4f 系统的输入平面 P₁ 上,在输出平面 P₃ 上放置毛玻璃观察。如果光路调整正确,将在毛玻璃上呈现出清晰的像。其次,在频谱面上放一张不透光的白纸屏,可看到其上有 3 组彩色谱点。根据预想的各部分图案所需要的颜色,用大头针扎小孔或用细的卫生香烧洞,在图案 1 对应的一组谱点中,让这组频谱的红色通过,在图案 2 对应的一组谱点中让绿色通过,在图案 3 对应的频谱中让黄色通过,再在输出平面 P₃ 上观看经编码得到的假彩色像。显然,假彩色像的颜色可以通过在频谱面上给不同颜色对应的谱点部分扎孔来实现,并任意调色。最后,用彩色胶卷照相机记录所获得的彩色像,作为实验结果。

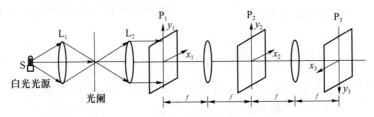

图 7-6-2　θ 调制空间假彩色编码光路

【讨论】

（1）用白光照明观察假彩色像时，大部分光能向四周辐射损失掉了，光能利用率低，像的亮度不大。有时为增强光通量，往往在二、三级谱点的位置也打孔。

（2）在实验过程中，得到的输出像往往出现串色现象。这是由于色区形状与孔的形状不匹配而引起的频谱混叠。为了避免这种现象，可在孔上放置相应的滤色片，以提高色纯度。

【实验仪器】

白光光源（150 W钨卤素灯）	1台	光屏	1个
小孔光阑	1个	干板架	3个
聚焦透镜	1个	扩束镜	2个
准直透镜	1个	目标实验物（掩模板）	1组
傅里叶变换透镜	2个	全息干板	若干小块
孔屏	1个		

参 考 文 献

[7-6-1]　王仕璠.信息光学理论与应用[M].4版.北京：北京邮电大学出版社，2020.

[7-6-2]　王绿苹.光全息与信息处理实验[M].重庆：重庆大学出版社，1991.

实验 7-7　位相调制密度假彩色编码

【实验目的】

（1）掌握位相调制密度假彩色编码的原理，加深对空间滤波和光学信息处理实质的理解。

（2）应用位相调制假彩色编码方法对一黑白图像进行假彩色化，并观察其实验结果。

【实验原理】

位相调制密度假彩色编码利用矩形光栅对欲处理的黑白图像进行编码记录，再做漂白处理，使图像上不同的密度信息转化成位相信息，最后将此位相图像放在白光信息处理系统中进行滤波解调处理，便可在输出面上得到密度假彩色图像。可见，该方法在原理上可分为3个步骤：光栅调制、漂白处理和滤波解调。下面分别予以介绍。

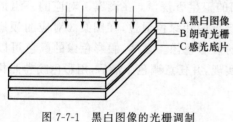

图 7-7-1　黑白图像的光栅调制

1. 光栅调制

将一黑白图像透明片与周期为 d、缝宽为 a 的矩形振幅光栅密接，在一张感光底片上均匀曝光，如图 7-7-1 所示。矩形光栅的透过率为

$$t_r(x_1) = \mathrm{rect}\left(\frac{x_1}{a}\right) * \frac{1}{d}\mathrm{comb}\left(\frac{x_1}{d}\right) \tag{7-7-1}$$

设输入图像的密度分布为 $D_i(x_1, y_1)$，入射的曝光量为 $E_i(x_1, y_1)$，则原片（黑白图像）的强度透过率 $t_i(x_1, y_1)$ 与 $D_i(x_1, y_1)$ 的关系为

$$D_i(x_1, y_1) = \lg \frac{1}{t_i(x_1, y_1)} = -\lg t_i(x_1, y_1) \tag{7-7-2}$$

感光底片的光密度 $D(x_1, y_1)$ 与曝光量 $E(x_1, y_1)$ 的关系在其线性工作区内可写成

$$D(x_1, y_1) = \gamma \lg E(x_1, y_1) + D_0 \tag{7-7-3}$$

式中：D_0 是底片的灰雾密度；γ 是底片的反差系数。输入光强经原片衰减和光栅取样后，到达感光底片的曝光量为

$$E(x_1, y_1) = \begin{cases} 0, & t_r = 0 \\ E_i(x_1, y_1) t_i(x_1, y_1), & t_r = 1 \end{cases} \tag{7-7-4}$$

故底片经曝光、显影、定影等处理后的光密度为

$$\begin{aligned} D(x_1, y_1) &= \gamma \lg [E_i(x_1, y_1) t_i(x_1, y_1)] + D_0 \\ &= \gamma \lg E_i(x_1, y_1) - \gamma D_i(x_1, y_1) + D_0 \end{aligned} \tag{7-7-5}$$

或写成

$$D(x_1, y_1) = [D_{10} - \gamma D_i(x_1, y_1)] \mathrm{rect}(\frac{x_1}{a}) * \frac{1}{d} \mathrm{comb}\left(\frac{x_1}{d}\right) + D_0 \tag{7-7-6}$$

式中已令 $D_{10} = \gamma \lg E_i(x_1, y_1)$，此项可通过改变曝光条件来控制。这样就制成了一张矩形光栅，其底片光密度为

$$D(x_1, y_1) = \begin{cases} D_0, & t_r = 0 \\ D_{10} - \gamma D_i(x_1, y_1), & t_r = 1 \end{cases} \tag{7-7-7}$$

2. 漂白处理

将上面获得的编码底片进行漂白处理后，制成透明的编码位相片，只要适当控制漂白工艺，就可以使位相片所引起的光程 $L(x_1, y_1)$ 近似正比于底片的光密度，即

$$L(x_1, y_1) = \begin{cases} L_0 = c D_0, & t_r = 0 \\ L_1 = c [D_{10} - \gamma D_i(x_1, y_1)], & t_r = 1 \end{cases} \tag{7-7-8}$$

其相应的位相分布为

$$\phi(x_1, y_1) = \begin{cases} \phi_0 = \dfrac{2\pi}{\lambda} L_0, & t_r = 0 \\[2mm] \phi_1 = \dfrac{2\pi}{\lambda} L_1, & t_r = 1 \end{cases} \tag{7-7-9}$$

复振幅透过率为

$$\mathrm{e}^{\mathrm{i}\phi(x_1, y_1)} = \begin{cases} \mathrm{e}^{\mathrm{i}\phi_0} = \mathrm{e}^{\mathrm{i}\frac{2\pi}{\lambda}c D_0}, & t_r = 0 \\ \mathrm{e}^{\mathrm{i}\phi_1} = \mathrm{e}^{\mathrm{i}\frac{2\pi}{\lambda}c[D_{10} - \gamma D_i(x_1, y_1)]}, & t_r = 1 \end{cases} \tag{7-7-10}$$

这样，图像的密度变化信息就转化成为位相变化信息。由于密度变化速率远低于调制光栅频率，故可认为在某一局部区域，位相延迟 $\Delta\phi = \phi_1 - \phi_0$ 相对恒定，遂可近似将上述结果按矩形位相光栅来处理，如图 7-7-2 所示。

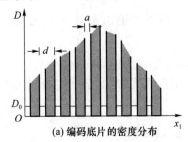

(a) 编码底片的密度分布

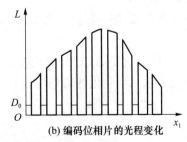

(b) 编码位相片的光程变化

图 7-7-2　密度信息转化成位相信息（矩形位相光栅）

最后得到编码的矩形位相光栅的振幅透过率为

$$t(x_1,y_1) = (t_1 - t_0)\, \text{rect}\left(\frac{x_1}{a}\right) * \frac{1}{d}\text{comb}\left(\frac{x_1}{d}\right) + t_0 \tag{7-7-11}$$

式中：$t_0 = e^{i\phi_0}$，$t_1 = e^{i\phi_1}$，$\Delta\phi = \phi_1 - \phi_0 = \frac{2\pi}{\lambda}(L_1 - L_0) = \frac{2\pi}{\lambda}\Delta L$。

3. 滤波解调

将编码位相光栅放在信息处理系统的输入平面 P_1 上，用白光平行光照明，其光路与图 7-6-2类似。设入射光强度为 $I(\lambda)$，则频谱面上的复振幅为式(7-7-11)的傅里叶变换，即

$$T\left(\frac{x_2}{\lambda f}, \frac{y_2}{\lambda f}; \lambda\right) = \sqrt{I(\lambda)}\left[\frac{a}{d}(t_1 - t_0)\sum_{m=-\infty}^{\infty} \text{sinc}\left(\frac{am}{d}\right)\delta\left(\frac{x_2}{\lambda f} - \frac{m}{d}, \frac{y_2}{\lambda f}\right) + t_0\delta\left(\frac{x_2}{\lambda f}, \frac{y_2}{\lambda f}\right)\right] \tag{7-7-12}$$

其中对零级频谱$(m=0)$有

$$T\left(\frac{x_2}{\lambda f}, \frac{y_2}{\lambda f}; \lambda\right) = \sqrt{I(\lambda)}\left[\frac{a}{d}(t_1 - t_0) + t_0\right]\delta\left(\frac{x_2}{\lambda f}, \frac{y_2}{\lambda f}\right) \tag{7-7-13}$$

对第 m 级频谱，有

$$T\left(\frac{x_2}{\lambda f}, \frac{y_2}{\lambda f}; \lambda\right) = \sqrt{I(\lambda)}\left[\frac{a}{d}(t_1 - t_0)\,\text{sinc}\left(\frac{am}{d}\right)\delta\left(\frac{x_2}{\lambda f} - \frac{m}{d}, \frac{y_2}{\lambda f}\right) + t_0\delta\left(\frac{x_2}{\lambda f}, \frac{y_2}{\lambda f}\right)\right] \tag{7-7-14}$$

若在频谱面 P_2 上放置小圆孔滤波器，分别让零级谱和第 m 级谱通过，则在输出平面 P_3 上的复振幅分布分别为

$$\begin{cases} g_0(x_3, y_3; \lambda) = \sqrt{I(\lambda)}\left[\dfrac{a}{d}(t_1 - t_0) + t_0\right] \\[2mm] g_m(x_3, y_3; \lambda) = \sqrt{I(\lambda)}\left[\dfrac{a}{d}(t_1 - t_0)\,\text{sinc}\left(\dfrac{am}{d}\right)e^{i2\pi\frac{m}{d}x_3} + t_0\right] \end{cases} \tag{7-7-15}$$

其对应的强度只与位相差 $\Delta\phi$ 及 λ 有关。若令 $d=2a$，并将 $t_0 = e^{i\phi_0}$，$t_1 = e^{i\phi_1}$，$\Delta\phi = \phi_1 - \phi_0 = \frac{2\pi}{\lambda}\Delta L$ 代入式(7-7-15)，最后求得

$$\begin{cases} I_0(x_3, y_3; \lambda) = |g_0(x_3, y_3; \lambda)|^2 = \dfrac{I(\lambda)}{2}(1 + \cos\Delta\phi) = \dfrac{I(\lambda)}{2}\left(1 + \cos\dfrac{2\pi}{\lambda}\Delta L\right) \\[3mm] I_m(x_3, y_3; \lambda) = |g_m(x_3, y_3; \lambda)|^2 = \dfrac{2I(\lambda)}{(m\pi)^2}(1 - \cos\Delta\phi) = \dfrac{2I(\lambda)}{(m\pi)^2}\left(1 - \cos\dfrac{2\pi}{\lambda}\Delta L\right) \end{cases} \tag{7-7-16}$$

上述结果表示，对于每一个衍射级次，输出图像的强度随波长和光程差的变化而变化。图 7-7-3(a)和(b)分别给出了零级和一级衍射的输出强度随光程差 ΔL 变化的曲线，其中取 $I(\lambda)=1$，λ 作为参变量。

若光源中仅含有红、绿、蓝 3 种色光 λ_r、λ_g、λ_b，则强度输出是这 3 种色光输出的非相干叠加：

$$I(\Delta L) = I(\Delta L, \lambda_r) + I(\Delta L, \lambda_g) + I(\Delta L, \lambda_b) \tag{7-7-17}$$

由此便得到随光程差 ΔL 变化的彩色输出。当采用白光光源时，各种色光的非相干叠加可用积分表示：

$$I(\Delta L) = \int I(\Delta L, \lambda)\,\mathrm{d}\lambda \tag{7-7-18}$$

仍然是随 ΔL 变化的彩色输出。

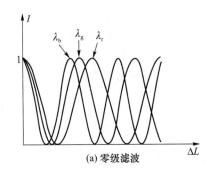 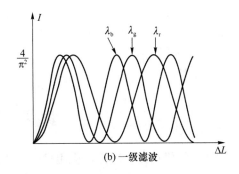

图 7-7-3　输出强度随光程差变化的曲线

由于在编码和漂白处理过程中,已使光程差随输入图像的密度而变化,因此实现了按输入图像密度变化的假彩色编码。用这种编码方法得到的彩色化图像,具有色度丰富、色饱和度好和清晰度高等特点,并且在低衍射级(即使是零级)输出情况下,也能得到彩色化效果极佳的输出图像。

【实验步骤】

1. 光栅编码

将待处理的黑白胶片(如遥感图片等)置于放大机底片架内(见图 7-7-4),调整放大机,使像的大小控制在 50 mm×50 mm 以内,且成像清晰。然后把一块 60 mm×60 mm 的全息干板置于尺板上,乳胶面朝上,在其上再叠放一块频率约为 50 线/毫米的矩形或正弦振幅光栅,使光栅乳胶面朝下,即与全息干板乳胶面相对,压紧后曝光。曝光量大小以全息干板上成像清楚为准,曝光时应采用小光圈,曝光时间稍长一些。

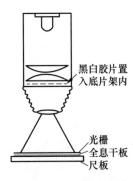

图 7-7-4　光栅编码光学实现

2. 显影、定影与漂白处理

将曝光后的全息干板进行显影、定影和漂白等处理,制成编码位相型图片,它实际上就是一张带有图像的位相光栅。

3. 小孔滤波

将编码位相片放在图 7-6-2 所示白光信息处理系统的输入面 P_1 上,在频谱面 P_2 上用白色硬纸板做成小孔滤波器,只让某一级谱点通过,而把其余谱点挡住,在输出面 P_3 上用毛玻璃即可观察到随黑白图像密度变化的假彩色编码图像。

4. 记录实验结果

将所观察到的假彩色编码图像用彩色胶卷相机记录下来,作为实验结果。

【讨论】

(1) 在本实验中,如果编码片不做漂白处理,但在滤波解调时分别在零级和一级谱点处加上不同颜色的滤色片,并在零级处加中性衰减片使通过的零级频谱与一级频谱强度匹配,则在输出面上将得到什么结果?

(2) 试设计另外一种对黑白图像按密度假彩色编码的方法。

【实验仪器】

白光光源(150 W 钨卤素灯)	1 台	光屏	1 个

小孔光阑	1 个	干板架	3 个
聚焦透镜	1 个	准直透镜	1 个
矩形或正弦振幅光栅(空间频率 50 线/毫米)	1 个	放大机(公共)	1 台
傅里叶变换透镜	2 个	待编码黑白图片	1 张
孔屏(滤波器)	1 个	全息干板	若干小块

参 考 文 献

[7-7-1]　王仕璠.信息光学理论与应用[M].4 版.北京:北京邮电大学出版社,2020.

第8章 数字全息

数字全息术(Digital Holography)是 20 世纪 90 年代迅速发展起来的一种新型的全息成像技术,它利用 CCD 等光电传感器件取代传统光学全息中的记录介质来记录全息图,重建过程利用计算机完成,容易实现实时处理和重现。数字全息术已经被广泛应用于干涉计量、微小粒子检测、器件形貌分析、微小形变、三维物体识别和测量、三维显示等。本章主要通过经典的同轴数字全息、离轴数字全息、多波长彩色数字全息及数字全息显微术(Digital Holographic Microscopy)等实验了解数字全息技术的基本原理、数字全息重建的主要方法、数字全息的基本图像处理以及该技术在一些领域中的应用。本章对数字全息的仿真与处理算法均采用 MATLAB 工具软件进行编写,正文中也引用了部分 MATLAB 函数进行阐述。

实验 8-1 Gabor 同轴数字全息的记录与重现仿真

Gabor 同轴数字全息的基本结构是单光束同轴数字全息,物光和参考光经过相同的光学路径,具有记录光路简单、对光源的相干性和记录器件的分辨率要求较低、受环境振动和空气扰动影响小等优点,在光学干涉测量、生物医学显微成像与检测等领域应用广泛。本实验主要通过算法仿真,了解 Gabor 同轴数字全息的原理和实现算法,为后续实验打下基础。本实验分为光场分布仿真、全息干涉图像生成和重构重现三部分,通过仿真全面理解数字全息算法的原理。

【实验目的】

(1) 了解 Gabor 同轴数字全息的基本原理。

(2) 学习通过衍射计算完成光学同轴数字全息记录仿真。

(3) 根据菲涅耳衍射实现物像重现。

【实验原理】

1. 物光场的菲涅耳衍射积分表达

Gabor 同轴全息的记录与重现过程如图 8-1-1(a)～图 8-1-1(c)所示。

图 8-1-1(a)描述的是 Gabor 同轴全息的记录过程,准直平面光波在传播过程中经过一个透明物体,并继续向前传播距离 d 之后到达全息记录面 H。设透明物体对应的物像为 $U(x_o, y_o)$,

149

$U(x_o,y_o)$ 经过衍射到达记录面 H 上的物光场为 $O(x,y)$。当 d 满足菲涅耳衍射条件时,物光场 $O(x,y)$ 可以根据菲涅耳衍射积分公式求出:

$$O(x,y) = \frac{\exp(\mathrm{j}kd)}{\mathrm{j}\lambda d} \iint U(x_o,y_o)\exp\left\{\frac{\mathrm{j}k}{2d}\left[(x-x_o)^2+(y-y_o)^2\right]\right\}\mathrm{d}x_o\mathrm{d}y_o \quad (8\text{-}1\text{-}1)$$

式中:j 是虚数单位;$k=\dfrac{2\pi}{\lambda}$;λ 为光波的波长。

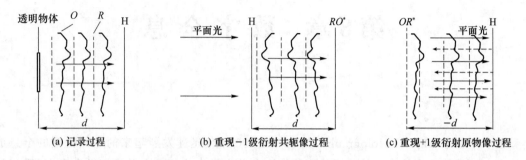

(a) 记录过程   (b) 重现−1级衍射共轭像过程   (c) 重现+1级衍射原物像过程

图 8-1-1　Gabor 同轴全息的记录与重现

2. 物光场的快速计算

直接根据式(8-1-1)计算需要在输入面和记录面都做二重积分,计算效率很低。一般使用快速傅里叶变换(Fast Fourier Transform,FFT)算法,有效提高菲涅耳衍射积分的计算效率。

(1) S-FFT 算法

将式(8-1-1)中的二次相位因子 $\exp\left\{\dfrac{\mathrm{j}k}{2d}\left[(x-x_o)^2+(y-y_o)^2\right]\right\}$ 展开,并将其中与积分量无关的项提到积分号之前,式(8-1-1)转化为菲涅耳衍射积分的傅里叶变换形式:

$$O(x,y) = \frac{\exp(\mathrm{j}kd)}{\mathrm{j}\lambda d}\exp\left[\frac{\mathrm{j}k}{2d}(x^2+y^2)\right]\mathscr{F}\left\{U(x_o,y_o)\exp\left[\frac{\mathrm{j}k}{2d}(x_o^2+y_o^2)\right]\right\} \quad (8\text{-}1\text{-}2)$$

根据式(8-1-2),只需进行一次傅里叶变换即完成菲涅耳衍射计算,此即单次快速傅里叶变换算法(Single Fast Fourier Transform Algorithm,S-FFT)。在使用 S-FFT 算法计算衍射积分的时候,输入面尺寸、取样点数、衍射距离以及光波波长都预先设定,记录面的尺寸根据采样定理计算得出。

使用 S-FFT 算法时,全息面的尺寸 $L_{x\max}^{\mathrm{CCD}}$、$L_{y\max}^{\mathrm{CCD}}$ 可以表示为

$$L_{x\max}^{\mathrm{CCD}} = \frac{N_x\lambda d}{L_{x_o}}, \quad L_{y\max}^{\mathrm{CCD}} = \frac{N_y\lambda d}{L_{y_o}} \quad (8\text{-}1\text{-}3)$$

式中:$N_x\times N_y$ 表示衍射面采样点数量,$L_{x_o}\times L_{y_o}$ 表示衍射面的采样尺寸。式(8-1-3)表明,全息面的尺寸与衍射距离 d 有关,当衍射距离 d 很小时,若保持衍射面的采样点数量不变,则最终全息面的尺寸也会很小,容易导致欠采样的情况。因此为了尽可能地利用全息面的接收范围,S-FFT 算法更适合衍射距离较大的情况。不过在设置衍射距离的同时,也需要考虑全息面自身的接收范围,注意不要选取过大的衍射距离导致全息面的尺寸超过允许的接收范围。

总的来说,S-FFT 算法在衍射距离较长时失真率低、计算速度快、抗欠采样性较强、内存使用少,但由于采样的限制,在衍射距离较长时记录面尺寸会较大,记录的像素分辨率会较低;同时,对于厘米和毫米级别的短距离传输问题,S-FFT 算法还会出现欠采样的问题。

（2）T-FFT 算法

菲涅耳衍射具有空不变的特性，其脉冲响应函数为 $h(x,y)=\dfrac{\exp(\mathrm{j}kd)}{\mathrm{j}\lambda d}\exp\left[\dfrac{\mathrm{j}k}{2d}(x^2+y^2)\right]$。

因此菲涅耳衍射积分可以写成 $U(x_o,y_o)$ 与 $h(x,y)$ 的卷积，即

$$O(x,y)=U(x_o,y_o)*h(x,y) \tag{8-1-4}$$

空域的卷积计算通常变换到频域上进行，有

$$
\begin{aligned}
O(x,y)&=\mathscr{F}^{-1}\left\{\mathscr{F}[U(x_o,y_o)]\mathscr{F}[h(x,y)]\right\}\\
&=\frac{\exp(\mathrm{j}kd)}{\mathrm{j}\lambda d}\mathscr{F}^{-1}\left\{\mathscr{F}[U(x_o,y_o)]\mathscr{F}\left[\exp\left[\frac{\mathrm{j}k}{2d}(x^2+y^2)\right]\right]\right\}
\end{aligned}
\tag{8-1-5}
$$

算法包含对物像和脉冲响应函数的两次傅里叶变换，以及一次逆傅里叶变换，故称三次快速傅里叶变换算法（Triple Fast Fourier Transform Algorithm，T-FFT）。此即菲涅耳衍射的卷积算法。

$U(x_o,y_o)$ 与 $h(x,y)$ 在频域的相乘要考虑相同空间频率的对应关系，因此 $U(x_o,y_o)$ 与 $h(x,y)$ 的最大空间频率需要相同。物像的最大空间频率可表示为

$$f_{x\max}=\frac{N_x}{2L_{x_o}},\quad f_{y\max}=\frac{N_y}{2L_{y_o}} \tag{8-1-6}$$

由于衍射面和全息面的采样点数量相同，计算采样的衍射面和全息面的尺寸也相同，这也是 T-FFT 算法与 S-FFT 算法之间存在的一个区别。由于 T-FFT 算法需要计算 $h(x,y)$ 的傅里叶变换，当衍射距离 d 很小时，会导致频谱计算出现欠采样的情况。因此 T-FFT 算法与 S-FFT算法类似，都更适合衍射距离 d 较大的情况。由于 T-FFT 算法中全息面的尺寸不会随着衍射距离的增大而增大，全息图中接收到衍射光的采样点个数更多，相对于 S-FFT 算法而言，T-FFT 算法计算的全息图信息量更高。

（3）D-FFT 算法

将菲涅耳衍射脉冲响应函数 $h(x,y)$ 的傅里叶变换具体表达出来，即传递函数 $H(f_x,f_y)$ 有

$$H(f_x,f_y)=[\mathscr{F}(x,y)]=\exp\left\{\mathrm{j}kd\left[1-\frac{\lambda^2(f_x^2+f_y^2)}{2}\right]\right\} \tag{8-1-7}$$

则卷积算法可写为

$$O(x,y)=\mathscr{F}^{-1}\left\{\mathscr{F}[U(x_o,y_o)]\exp\left[\mathrm{j}kd\left[1-\frac{\lambda^2(f_x^2+f_y^2)}{2}\right]\right]\right\} \tag{8-1-8}$$

与 T-FFT 算法相比，此算法应用了菲涅耳传递函数 $H(f_x,f_y)$ 的解析表达式，省略了一次傅里叶变换，故称两次快速傅里叶变换算法（Double Fast Fourier Transform Algorithm，D-FFT）。D-FFT 算法中计算的记录面尺寸与衍射面也相同。

由于直接使用传递函数解析表达式，D-FFT 在算法计算频谱时，即使衍射距离 d 很小也不会出现欠采样的情况。因此，相对于 T-FFT 和 S-FFT 算法，D-FFT 算法可用于计算衍射距离 d 很小的情况。

上述三种算法，读者可分别根据算法参数进行选用，具体算法可参见本实验附录 8-1。其中，卷积算法 T-FFT 和 D-FFT 只能用于计算与衍射面尺寸相同的接收面的大小，在实际需要计算较大接收范围时，可对衍射面周围进行适当补零来解决，这样一来，算法简单，但具体计算时应注意避免计算量过大。

3. 数字全息图与重现计算

经过物像 $U(x_o, y_o)$ 传播到全息面 H 的透射光场由参考光 R 和衍射物光波 O 组成。R 与 O 在全息记录面 H 上叠加干涉,记录面上的光强可表示为

$$I(x,y) = |O(x,y)|^2 + |R(x,y)|^2 + O(x,y)R^*(x,y) + R(x,y)O^*(x,y)$$

$$= |O(x,y)|^2 + |R(x,y)|^2 + 2\sqrt{|O(x,y)|^2 |R(x,y)|^2} \cos(\varphi_O - \varphi_R) \qquad (8\text{-}1\text{-}9)$$

等式右端前两项分别是衍射物光和参考光的强度,φ_O、φ_R 分别表示参考光场和衍射物光场的相位。

重现时,使用参考光 R 照射全息面 H,满足菲涅耳衍射近似条件的逆衍射过程可以表示为

$$O(x_1, y_1) = \frac{\exp(-\mathrm{j}kd_1)}{\mathrm{j}\lambda d_1} \iint_{-\infty}^{+\infty} I(x,y) \exp\left[-\mathrm{j}k\frac{(x_1-x)^2 + (y_1-y)^2}{2d_1}\right] \mathrm{d}x\mathrm{d}y$$

$$(8\text{-}1\text{-}10)$$

式中:$O(x_1, y_1)$ 表示重现像的复振幅分布;d_1 表示重现像与干涉图之间的距离。当 $d_1 = -d$ 时,即可得到物光场的复振幅分布。

【实验步骤】

在 MATLAB 中完成 Gabor 同轴全息的记录与重现过程的仿真,并观察衍射参数不同时重现像的特点。具体步骤如下。

1. 设置物光场分布

(1) 输入物像 U_0,对于彩色 RGB 图像取第一层,显示物像。

(2) 获得物像的宽高 w、h,设置照明光是振幅为 1 的垂直入射平面光,使透射光场即为与物体透射率相同的透明物像。

(3) 设置波长 λ、波数 k、全息记录距离 z_0 和物面尺寸 L_0。根据 w、h 生成衍射面坐标网络。

2. 计算全息干涉

(1) 根据对应的菲涅耳衍射积分计算公式,分别利用 S-FFT 算法、T-FFT 算法和 D-FFT 算法计算全息图的光场分布 U_h。

(2) 计算全息图的光强分布 I_h。

3. 重构重现像

(1) 设置观察面到全息面的重现距离 z_i,可将 z_i 设置为与 z_0 相等的值。

(2) 根据菲涅耳衍射公式,完成全息面到观察面的衍射计算,得到观察面的光场分布 U_i。

(3) 计算观察面的光强分布 I_i。

(4) 改变重现距离 z_i,观察重现像的变化。

【实验结果】

仿真程序如附录 8-1 所示,图 8-1-2(a)～图 8-1-2(g)显示了全息记录距离和图像重现距离均为 0.2 m 时的仿真结果。其中,S-FFT 算法的全息图和重现图改变了待测图像的尺寸,而 D-FFT 算法和 T-FFT 算法的全息图和重现图的尺寸均与原物像相同。由于同轴再现,重现的原物像、零级像、共轭像在成像面重叠,重现物像边缘呈现一定的模糊。

【讨论】

(1) 重现像中是否只包含+1 级原物像?为什么?

(2) 增大全息记录距离 z_0,并保持重现距离 z_i 与 z_0 相等,重现像有什么变化?

(a) 原始图像　　　　(b) S-FFT算法的全息图　　(c) S-FFT算法的重现图

(d) T-FFT算法的全息图　(e) T-FFT算法的重现图　(f) D-FFT算法的全息图　(g) D-FFT算法的重现图

图 8-1-2　Gabor 同轴全息仿真结果图

【实验仪器】

电子计算机　　　　　　　1 台　　　　　　MATLAB 软件　　　　　　　1 套

参 考 文 献

[8-1-1]　王仕璠，龚耀寰. 全息干涉图的数据处理和自动分析[J]. 激光杂志，1990(2)，90-94.

[8-1-2]　钱晓凡. 信息光学数字实验室[M]. 北京：科学出版社，2015.

[8-1-3]　李俊昌. 衍射计算及数字全息[M]. 北京：科学出版社，2014.

[8-1-4]　LI J C，ZHU J，PENG Z J . The S-FFT calculation of Collins formula and its application in digital holography[J]. European Physical Journal D，2007，45(2)：325-330.

[8-1-5]　AVAL Y M，STOJANOVIC M . Differentially Coherent Multichannel Detection of Acoustic OFDM Signals[J]. IEEE Journal of Oceanic Engineering，2015，40(2)：251-268.

[8-1-6]　L I J C. D-FFT Calculation of Collins' Formula[J]. Chinese Journal of Computational Physics，2008.

附录 8-1　Gabor 同轴数字全息仿真记录与重现 MATLAB 代码

```
clear all;
close all;
clc;
Uo = imread ('E. png'); % 输入作为物的图像
Uo = double(Uo(:,:,1));% 取第一层，并转为双精度
[w,h] = size (Uo);
Uo = ones (w,h) * 0.98-Uo/255 * 0.5;
lamda = 6328 * 10^( - 10);k = 2 * pi/lamda;% 设置波长、波数，单位：m
zo = 0.20; % 全息记录距离，单位：m
Lo = 5 * 10^(-3);% 定义衍射面(物)的尺寸，单位：m
```

```
L = w * lamda * zo/Lo;  % 定义全息面的尺寸,单位:m
xo = linspace ( - Lo/2,Lo/2, w) ;yo = linspace ( - Lo/2,Lo/2,h);
[xo, yo] = meshgrid (xo,yo) ;
x = linspace ( - L/2,L/2, w) ;y = linspace ( - L/2,L/2,h);
[x,y] = meshgrid(x,y);
 %================================
```

% 用 S-FFT 算法完成全息图记录过程的计算

```
S0 = exp(j * k * zo)/ (j * lamda * zo);
S1 = exp(j * k/2/zo. * (x.^2 + y.^2));
S = S0 * S1;
f = Uo;
F = exp(j * k/2/zo. * (xo.^2 + yo.^2));
Us = S. * fftshift(fft2(f. * F));
Is = Us. * conj(Us);
figure,imshow(Is,[0,max(max(Is))/1]),title('S-FFT 算法采集的全息图');
```

% 用 T-FFT 算法完成全息图记录过程的计算

```
T0 = exp(j * k * zo)/ (j * lamda * zo);
T1 = exp(j * k/2/zo. * (xo.^2 + yo.^2));
fT1 = fft2(T1);
fUo_t = fft2(Uo);
Flt = fT1. * fUo_t;
Ut = T0. * fftshift(ifft2 (Flt));
It = Ut. * conj (Ut);
figure,imshow(It,[0,max(max(It))/1]),title('T-FFT 算法采集的全息图');
```

% 用 D - FFT 算法完成全息图记录过程的计算

```
fx = linspace( - h/(2 * Lo),h/(2 * Lo),h);
fy = linspace( - w/(2 * Lo),w/(2 * Lo),w);
[fx,fy] = meshgrid(fx,fy);
H = exp(j * k * zo * (1 - lamda^2 * (fx.^2 + fy.^2)/2));
fUo_d = fftshift(fUo_t);
Ud = ifft2(fUo_d. * H);
Id = Ud. * conj(Ud);
figure,imshow(Id,[0,max(max(Id))/1]),title('D-FFT 算法采集的全息图');
```

```
 %================================
```

% 用 S-FFT 算法完成重现成像的衍射计算

```
zi = 0.2;  % 重现成像距离,单位:m
S0i = exp(j * k * zi)/ (j * lamda * zi);
```

```
S1i = exp(j * k/2/zi. * (xo.^2 + yo.^2));
Si = S0i * S1i;
fi = Is;
Fi = exp(j * k/2/zo. * (x.^2 + y.^2));
Us_img = Si. * fftshift(fft2(fi. * Fi));
Is_img = Us_img. * conj(Us_img);
figure,imshow(Is_img,[0,max(max(Is_img))/1]),title('S-FFT算法的重现图');
```

%用 T－FFT 算法完成重现成像的衍射计算
```
zi = 0.20;
F0i = exp(j * k * zi)/ (j * lamda * zi) ;
F1i = exp(j * k/2/zi. * (xo. ^2 + yo.^2));
fF1i = fft2 (F1i) ;
fIh = fft2 (Ih) ;
FufIh = fIh. * fF1i ;
U_image = F0i. * fftshift (ifft2 (FufIh)) ;
I_image = U_image. * conj (U_image);
figure,imshow(I_image,[0,max(max(I_image))/1]),title('T-FFT算法的重现像');
```

%用 D－FFT 算法完成重建成像的衍射计算
```
zi = 0.2;
fxi = linspace( - h/(2 * Lo),h/(2 * Lo),h);
fyi = linspace( - w/(2 * Lo),w/(2 * Lo),w);
[fxi,fyi] = meshgrid(fxi,fyi);
Hi = exp(j * k * zo * (1 - lamda^2 * (fxi.^2 + fyi.^2)/2));
fUo_di = fftshift(fft2(Id));
Ud_image = ifft2(fUo_di. * Hi);
Id_image = Ud_image. * conj(Ud_image);
figure,imshow(Id_image,[0,max(max(Id_image))/1]),title('D-FFT算法的重现像');
```

实验 8-2　离轴数字全息的记录与重现仿真

离轴数字全息可以使重现的原始像、零级像、共轭像相互分离,使用这种技术获得被测样品的相位信息时只需要记录一幅离轴干涉图,因此应用数字全息离轴干涉图可实现样品的快速成像及对其动态过程的测量,是干涉测量中经常使用的记录方式。本实验基于离轴数字全息的基本原理,通过衍射计算仿真掌握离轴全息记录与重现过程,为后续实验打下理论基础。

【实验目的】

(1)了解离轴数字全息的基本原理。

(2)学习通过衍射计算完成数字离轴全息记录过程仿真。

（3）根据菲涅耳衍射积分公式计算得到重现像。

【实验原理】

1962 年，美国密歇根大学雷达实验室的利思和乌帕特尼克斯成功拍摄了离轴全息，并实现了零级像、原始像和共轭像的分离，其光路如图 8-2-1 所示。

图 8-2-1　离轴全息光路图

波长为 λ 的激光束由针孔 S 射出，经扩束准直后变为平面光，照射到棱镜和物体。一束由棱镜折射成倾角为 θ 的透射平面光波作为参考光，另一束经物体衍射作为物光，两光束在全息平板上叠加干涉。其中，参考光 $R(x,y)$ 和衍射物光 $O(x,y)$ 可以表示为

$$R(x,y)=|R(x,y)|\exp\{j[\phi_R(x,y)]\}) \tag{8-2-1}$$

$$O(x,y)=|O(x,y)|\exp\{j[\phi_O(x,y)+\Delta\phi(x,y)]\}) \tag{8-2-2}$$

式中：$|R(x,y)|$ 和 $|O(x,y)|$ 分别表示参考光和物光的振幅。物光和参考光叠加干涉，记录为全息图 H，光强为

$$I(x,y)=(|O(x,y)|^2+|R(x,y)|^2)+O(x,y)R^*(x,y)+$$
$$O^*(x,y)R(x,y)=(|O|^2+|R|^2)+OR^*+O^*R \tag{8-2-3}$$

式中：$R^*(x,y)$ 和 $O^*(x,y)$ 分别表示参考光和物光的复共轭函数。式(8-2-3)中，第一项因子 $|O|^2+|R|^2$ 被称为 0 级分量，表示背景信息；第二项因子 OR^* 被称为 +1 级分量，表示原物虚像；第三项因子 O^*R 被称为 −1 级分量，表示原物的共轭实像。

重现时，为了同时看到 0 级、+1 级和 −1 级分量，暂不考虑消除干扰项，直接令振幅为 1 的平面光垂直入射到全息记录面，根据式(8-1-10)计算重现像。

【实验步骤】

仿真离轴数字全息记录以及重现的过程，观察重现像中的 +1 级像、0 级像和 −1 级像，以及它们随参考光、物光夹角 θ 的变化。具体步骤如下。

1. 设置物光场分布

（1）输入作为物的图像，考虑使用 He-Ne 激光照明，对于彩色 RGB（红绿蓝）图像取红色通道，显示物像。

（2）获得物的图像的宽高 w、h。输入波长 λ、波数 k、衍射距离 z_0 和物面尺寸 L_0。

（3）根据菲涅耳衍射公式，计算得到全息记录面上的光场分布 O。

（4）计算物光场的光强 I 并显示。

2. 引入参考光

（1）赋值参考光与 x 轴的夹角 α。

（2）赋值参考光与 y 轴的夹角 β，并生成参考光 R。

3. 参考光与物光干涉

（1）调整物光场 O 的振幅，并进行归一化，以获得适当的物、参光束比。

（2）将 O 光与参考光 R 叠加，得到离轴全息图。

（3）计算全息图的光强分布 I，用二维图像显示。

4．计算重现像

（1）设重现像观察面距全息图的距离为 z_i，计算观察面的尺寸 L_i，$L_i = r * \lambda * z_i / L_0$，$r$ 为原始物体图像 U_0 的宽度。

（2）根据菲涅耳衍射积分公式计算得到重现像的分布。由于没有进行滤波，因此，我们可以在重现像上同时看到 +1 级、0 级和 -1 级的像。

（3）将获得的重现像保存，后续可与实验结果进行对比。

【实验结果】

实验仿真程序如附录 8-2 所示，$\lambda = 632.8 \, nm$，$z_i = 0.3 \, m$，$L_0 = 5.1 \, mm$。物光平行于 z 轴，与 x、y、z 轴的夹角 α、β、γ 分别取值为 $\pi/2$、$\pi/2$、0，参考光对应夹角取值分别为 $\pi/2$、$\pi/2.023$、0，计算可得此时物参光夹角 $\theta \approx 1.02°$，符合一般数字全息记录要求。仿真结果如图 8-2-2(a)～图 8-2-2(d) 所示。图 8-2-2(d) 的中间为零级像，上下分别为 ±1 级像，三者明显分离。夹角 θ 增大时，0 级像、+1 级像和 -1 级像分离更远。

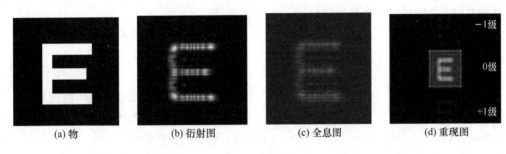

(a) 物　　　　　(b) 衍射图　　　　　(c) 全息图　　　　　(d) 重现图

图 8-2-2　仿真结果图

【讨论】

（1）改变参考光与 x 轴、y 轴的夹角 α、β，重现像会有哪些变化？

（2）改变 z_i 的大小，重现像会有哪些变化？

【实验仪器】

电子计算机　　　　　　　　1 台　　　　　　　　MATLAB 软件　　　　　　　　1 套

参 考 文 献

[8-2-1]　钱晓凡. 信息光学数字实验室[M]. 北京：科学出版社，2015.

[8-2-2]　张佳恒，马利红，李勇，等. 卤素灯照明光栅衍射共路数字全息显微定量相位成像[J]. 中国激光，2018，45(006)：247-253.

[8-2-3]　向根祥，邓晓鹏，刘艺，等. 数字全息中再现照明光对重建像的影响[J]. 激光杂志，2005，26(004)：51-53.

附录 8-2　光学离轴全息记录与重现过程的 MATLAB 仿真程序

```
clear all;close all;clc;
Input_image = imread('E.png');              % 输入作为物的图像
Uo = double(Input_image (:,:,1));           % 取第一层，并转为双精度
figure,imshow(Uo,[]),title('物像')
```

```
[r,c] = size(Uo);
Lambda = 6328 * 10^( - 10);k = 2 * pi/ Lambda;          % 定义波长、波数
zo = 0.3;                                               % 物到全息记录面的距离,单位:m
Lo = 5.1 * 10^( - 3);                                   % 定义衍射面(物)的尺寸,单位:m
    % ===================================
 % 用衍射法完成全息图记录过程的计算
xo = linspace( - Lo/2,Lo/2,c);yo = linspace( - Lo/2,Lo/2,r);
[xo,yo] = meshgrid(xo,yo);
F0 = exp(1i * k * zo)/(1i * Lambda * zo);
F1 = exp(1i * k/2/zo. * (xo.^2 + yo.^2));
fa = fft2(Uo); fF1 = fft2(F1);
Fuf = fa. * fF1;
O = F0. * fftshift(ifft2(Fuf));
I = O. * conj(O);                                       % 全息记录面上的光强分布
figure,imshow(I,[]), title('衍射图')
  % 引入参考光
alpha = pi/2.00;                                        % 参考光与 x 轴间的夹角
beita = pi/2.023;                                       % 参考光与 y 轴间的夹角
R = exp(1i * k * (xo * cos(alpha) + yo * cos(beita)));% 参考光
Int = 0. /max(max(sqrt(I))) + R;                        % 调节光束比,并使参、物光干涉
Holo = Int. * conj(Int);                                % 干涉得到全息图
figure,imshow(Holo,[]),title('全息图')
  % 重现全息像
zi = 0.30;                                              % 全息图到观察面的距离,单位:m
Li = r * Lambda * zi/Lo;                                % 给出像面的尺寸,单位:m
x = linspace( - Li/2,Li/2,c);y = linspace( - Li/2,Li/2,r);
[x,y] = meshgrid(x,y);
F0 = exp(1i * k * zi)/(1i * Lambda * zi) * exp(1i * k/2/zi * (x.^2 + y.^2));
F = exp(1i * k/2/zi * (xo.^2 + yo.^2));
  % 取重现单位振幅照明光垂直入射
U_holo = Lo/r * Lo/c * fftshift(fft2(Holo. * F * 1)); U_holo = U_holo. * F0;
I_image = U_holo. * conj(U_holo);
figure,imshow(I_image,[0,max(max(I_image)). /1]), title('重现像')
```

实验 8-3　数字全息图像处理实验

　　相比于传统全息,数字全息需要利用光电转换器件(CCD、CMOS 等)记录干涉图像,再结合计算程序完成重现像的重构,因而可以数字化地记录、存储、传输、复制和重现物体信息,这也为数字化处理相应图像带来便利。学习相关的数字全息图像处理技术可以消除重现像中的

零级像和共轭像，达到提高重现像质量和提取目标信息的目的。本实验通过对实验 8-2 离轴数字全息的仿真结果进行匹配滤波处理，提高重现像的质量。

【实验目的】

（1）了解数字图像处理技术在全息照相中的应用。

（2）设计不同参数的匹配滤波器，掌握通过图像处理提高离轴数字全息重现像质量的方法。

【实验原理】

全息记录是利用干涉原理，将物体发出的特定光波以干涉条纹的形式记录下来，使物光波前的全部信息都贮存下来。以 $R(x,y)$ 表示参考光，$O(x,y)$ 表示物光，干涉记录的全息图强度 $I(x,y)$ 如式（8-2-3）所示。

数字全息重现时，为便于计算，一般通过算法产生单位振幅的平面波照明全息图，并着重观察重现的 +1 级原物像。尽管实验 8-2 的离轴全息在满足重现像分离的条件下，已将 0 级和 ±1 级衍射像在成像平面上分离，但式（8-2-3）中第一项和第二项的 0 级像，以及式（8-2-3）中第四项的共轭像，仍将对重现结果造成一定干扰。特别是 0 级像作为物光和参考光的自相关干扰像，能量大、亮度高，使 +1 级重现像黯淡不清晰。为了获得高质量的重现像，一般利用匹配滤波的方法处理，去除 0 级像及共轭像的干扰。

设记录全息图的参考光为一束平行光，振幅为 A、波长为 λ、入射角为 θ，则其空间频率为 $\alpha=\sin(\theta/\lambda)$；令物光波频谱为 $G_O(\xi,\eta)=\mathscr{F}\{O(x,y)\}$，令 G_1、G_2、G_3、G_4 分别为如式（8-2-3）所示的全息图四项分量的空间频谱，忽略全息图孔径大小的影响，有

$$G_1(\xi,\eta)=\mathscr{F}\{|R|^2\}=A^2\,\delta(\xi,\eta)$$
$$G_2(\xi,\eta)=\mathscr{F}\{|O|^2\}=G_O(\xi,\eta)\otimes G_O(\xi,\eta)$$
$$G_3(\xi,\eta)=\mathscr{F}\{OR^*\}=AG_O(\xi,\eta-\alpha)$$
$$G_4(\xi,\eta)=\mathscr{F}\{O^*R\}=AG_O^*(-\xi,-\eta-\alpha)$$

(8-3-1)

式中：⊗表示相关。

在满足 0 级像和 ±1 级像分离的条件下，G_1、G_2、G_3、G_4 四项的频谱的空间关系可如图 8-3-1 所示，其中 $2B$ 表示物像带宽。此时，含有物信息的 G_2、G_3、G_4 项互不重叠，只需将 G_1、G_2、G_4 从频谱中滤除，即可获得原始物的 +1 级空间频谱 G_3，从而在重现时消除零级像和共轭像。

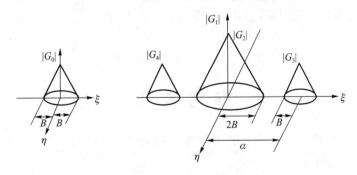

图 8-3-1　全息图的频谱分布示意图

具体操作上，首先对数字全息图进行傅里叶变换，获得数字全息图的频谱，再根据 α 和 B 等实验参数，设计一个位置和大小适当的二值化匹配滤波器，其 +1 级频谱处透射率为 1，其余

部分为 0。全息图频谱经过匹配滤波,仅提取原物像频谱,从而有效地滤除零级像及共轭像干扰。滤波操作后的频谱再做傅里叶逆变换,得到滤波后的全息图,再经算法重现物像。

【实验步骤】

(1) 读取物像,并基于实验 8-2 中的实验步骤生成该物的离轴仿真数字全息图像。

(2) 使用傅里叶变换函数对读入的数字全息图像进行傅里叶变换,获取其频谱图像。

(3) 设计匹配滤波器,滤除 0 级及共轭像干扰,只保留+1 级频谱部分。

(4) 对步骤(3)滤波后的图像使用傅里叶逆变换,得到滤波后的全息图,并重现物像。

【实验结果】

实验仿真程序如附录 8-3 所示,滤波前参数设置同实验 8-2,仿真结果如图 8-3-2(a)~图 8-3-2(g)所示。图 8-3-2(d)中 0 级和±1 级频谱在 x 和 y 方向均占据较大面积,但对+1 级频谱进行分析,频率能量主要集中在 25 个像素宽度以内,因此仿真中设置匹配滤波器边长尺寸为 25 个像素。

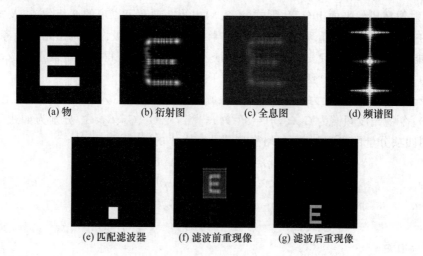

(a) 物   (b) 衍射图   (c) 全息图   (d) 频谱图

(e) 匹配滤波器   (f) 滤波前重现像   (g) 滤波后重现像

图 8-3-2　仿真结果图

【讨论】

(1) 与传统全息术相比,数字全息在图像重建方面具有哪些优势?

(2) 设计不同尺寸的匹配滤波器会对全息重现有什么影响?

(3) 将匹配滤波器的值取反,会对全息重现有什么影响?

【实验仪器】

电子计算机　　　　　　　　1 台　　　　　MATLAB 软件　　　　　　　　1 套

参 考 文 献

[8-3-1]　马利红,王辉,李勇,等. 数字全息图再现像的像质改善[J]. 光子学报,2007,36(011):1993-1997.

[8-3-2]　曾然,赵海发,刘树田. 数字全息再现像中零级干扰噪声消除及图像增强研究[J]. 光子学报,2004,33(010):1229-1232.

[8-3-3]　刘诚,李良钰,李银柱,等. 无直透光和共轭像的数字全息[J]. 光学学报,2002(04):427-431.

附录 8-3 数字全息图像处理 MATLAB 仿真程序

```
clear all;
close all;
clc;
Input_image = imread('E.png');                    % 输入作为物的图像
Uo = double(Input_image(:,:,1));                   % 取第一层,并转为双精度
figure,imshow(Uo,[]),title('物像')
[r,c] = size(Uo);
Lambda = 6328 * 10^(-10);k = 2 * pi/ Lambda;       % 定义波长、波数
zo = 0.3;                                          % 物到全息记录面的距离,单位:m
Lo = 5.1 * 10^(-3);                                % 定义衍射面(物)的尺寸,单位:m
% 用衍射法完成全息图记录过程的计算
xo = linspace(-Lo/2,Lo/2,c);yo = linspace(-Lo/2,Lo/2,r);
[xo,yo] = meshgrid(xo,yo);
F0 = exp(1i * k * zo)/(1i * Lambda * zo);
F1 = exp(1i * k/2/zo. * (xo.^2 + yo.^2));
fa = fft2(Uo); fF1 = fft2(F1);
Fuf = fa. * fF1;
O = F0. * fftshift(ifft2(Fuf));
I = O. * conj(O);                                  % 全息记录面上的光强分布
figure,imshow(I,[]), title('衍射图')
% 引入参考光
alpha = pi/2.00;                                   % 参考光与 x 轴间的夹角
beita = pi/2.023;                                  % 参考光与 y 轴间的夹角
R = exp(1i * k * (xo * cos(alpha) + yo * cos(beita))); % 参考光
Int = O./max(max(sqrt(I))) + R;                    % 调节光束比,并使参、物光干涉
Holo = Int. * conj(Int);                           % 干涉得到全息图
figure,imshow(Holo,[]),title('全息图')
% 在频域中作匹配滤波
s = 25;                                            % 匹配滤波器的窗口大小(像素)
h_d = round(round(r/2)/3 * 2);
H = zeros(r,c);
H(round(r/2) + 1 - s + h_d:round(r/2) + s + h_d,round(c/2) + 1 - s:round(c/2) + s) = 1;
                                                   % 匹配滤波器
FFT_Holo = fftshift(fft2(Holo));                   % 计算全息图的频谱
HFF = H. * FFT_Holo;                               % 滤波
figure,imshow(abs(FFT_Holo),[0,100])               % 显示全息图的频谱
figure,imshow(H,[])                                % 显示匹配滤波器
IIy = ifft2(HFF);                                  % 计算滤波后的全息图
```

```
% 重现全息像
zi = 0.3;                                              % 全息图到观察面的距离,单位:m
Li = r * Lambda * zi/Lo;                               % 给出像面的尺寸,单位:m
x = linspace( - Li/2,Li/2,c);y = linspace( - Li/2,Li/2,r);
[x,y] = meshgrid(x,y);
F0 = exp(1i * k * zi)/(1i * Lambda * zi) * exp(1i * k/2/zi * (x.^2 + y.^2));
F = exp(1i * k/2/zi * (xo.^2 + yo.^2));
% 计算频域滤波前的重现像
holo1 = Lo/r * Lo/c * fftshift(fft2(Holo. * F * 1)); holo1 = holo1. * F0;
Ii = holo1. * conj(holo1);
figure,imshow(Ii,[0,max(max(Ii))./1]),title('频域滤波前重现像')
% 计算频域滤波后的重现像
holo2 = Lo/r * Lo/c * fft2(IIy. * F * 1);holo2 = holo2. * F0;
Ii2 = holo2. * conj(holo2);
figure,imshow(Ii2,[0,max(max(Ii2))./1]), title('频域滤波后重现像')
```

实验 8-4　四步相移同轴数字全息实验

数字全息中一个重要的问题是如何提高重现像的分辨能力,同轴全息记录时,物光与参考光均平行于光轴入射到 CCD 中,因此能够有效利用 CCD 的空间带宽,提高重现像的分辨率,但一幅数字同轴全息图不能直接分离物像的复振幅信息。同轴相移干涉以双光束全息干涉为基础,在参考光路中加入移相装置,利用物光和不同相移参考光干涉的多幅全息图来提取物光中包含的相位信息。根据相移装置在参考光路中引入相移量的次数,可以将该技术分为两步、三步、四步相移等。本实验采用的是四步相移光路,通过数字相机分时记录多幅不同移相的全息干涉图像,再利用相应的重构算法对所记录的全息图像实现物光波的重现。

【实验目的】

(1) 理解双光束全息干涉的原理及相移数字全息理论。

(2) 掌握多步相移光路实现的方法。

(3) 利用多步相移重构算法对物体光波进行重现。

【实验原理】

本实验基于相移数字全息理论。相移技术是使相干两波面中的一个波面的相位连续变化,当相位变化到某一特定值(2π 以内)时对干涉场进行图像采集,得到全息图像。其主要优点是可实现重现光场有用信息与无用信息及噪声之间的分离,从而提高重现像的信噪比。相移数字全息主要包括两步相移法、三步相移法和四步相移法。对于四步相移法,通常选择以 0、$\pi/2$、π 和 $3\pi/2$ 作为参考光相移量与物光干涉记录四张全息图,四张全息图经过一定的计算可以消除 0 级光和共轭像。

四步相移法可以简化为三步相移法,此时只需采集三张全息图,通常选择以 0、$\pi/2$ 和 π 作为相移量。若假设全息图 $I_1(x,y)$、$I_2(x,y)$ 和 $I_3(x,y)$ 的相移量分别为 0、$\pi/2$ 和 π,则物光相对于参考光的相位差 $\varphi(x,y)$ 可以表示为

$$\varphi(x,y)=\arctan\left[\frac{I_1(x,y)+I_3(x,y)-2I_2(x,y)}{I_1(x,y)-I_3(x,y)}\right] \tag{8-4-1}$$

三步相移法可进一步简化为两步相移法,通常选择以 0 和 $\pi/2$ 作为相移量,若假设全息图 $I_1(x,y)$ 和 $I_2(x,y)$ 的相移量分别为 0 和 $\pi/2$,则物光相对于参考光的相位差 $\varphi(x,y)$ 可以表示为

$$\varphi(x,y)=\arctan\left[-\frac{I_o(x,y)+I_R(x,y)-I_2(x,y)}{I_o(x,y)+I_R(x,y)-I_1(x,y)}\right] \tag{8-4-2}$$

式中:$I_o(x,y)$ 与 $I_R(x,y)$ 分别表示物光与参考光的强度分布。根据式(8-4-2)可以发现,两步相移法需要事先获取物光和参考光的强度分布才能进一步求出相位差。由于三步相移法和两步相移法都可以根据四步相移法简化得到,因此本实验只讨论四步相移法。

四步相移法的数字全息光路如图 8-4-1 所示,高度相干的激光由分束镜 $\mathrm{BS_1}$ 分为两束,分别经过含针孔滤波器的准直扩束装置 $\mathrm{BE_1}$ 和 $\mathrm{BE_2}$ 后形成平行光,调节光阑 1 和光阑 2 用于控制两束光的光束直径。其中一束由反射镜 $\mathrm{M_1}$ 反射后照射到透射待测样品上,为物光 $O(x,y)$;另一束经过空间光调制器(Spatial Light Modulator,SLM)引入附加相移,为参考光 $R(x,y)$。最后,这两束光经分束镜 $\mathrm{BS_2}$ 在数字相机处发生同轴干涉。

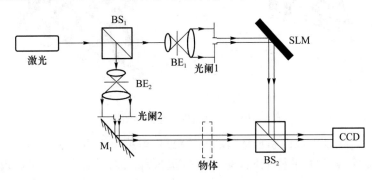

图 8-4-1　同步多路相移数字全息光路图

设物光和参考光具有如下复振幅形式:

$$O(x,y)=A_o(x,y)\exp[\mathrm{i}\varphi_o(x,y)] \tag{8-4-3}$$

$$R(x,y)=A_R(x,y)\exp[\mathrm{i}\varphi_R(x,y)+\alpha] \tag{8-4-4}$$

式(8-4-3)和(8-4-4)中:$A_o(x,y)$ 和 $A_R(x,y)$ 为物光和参考光的振幅;$\varphi_o(x,y)$ 和 $\varphi_R(x,y)$ 为物光和参考光的相位;α 为参考光的相移。两束光发生干涉后,全息干涉图样为

$$I(x,y,\alpha)=A_o^2(x,y)+A_R^2(x,y)+2A_o(x,y)A_R(x,y)\cos\{\varphi_o(x,y)-[\varphi_R(x,y)+\alpha]\}$$

$$\tag{8-4-5}$$

下面通过四步相移使图像重建。在参考光束中引入连续的 $\pi/2$ 相位改变,记录四幅不同的全息图:

$$I(x,y,0)=A_o^2(x,y)+A_R^{\ 2}(x,y)+2A_o(x,y)A_R(x,y)\cos[\varphi_o(x,y)-\varphi_R(x,y)]$$

$$I(x,y,\pi/2)=A_o^2(x,y)+A_R^2(x,y)+2A_o(x,y)A_R(x,y)\cos[\varphi_o(x,y)-\varphi_R(x,y)+\pi/2]$$

$$I(x,y,\pi)=A_o^2(x,y)+A_R^2(x,y)+2A_o(x,y)A_R(x,y)\cos[\varphi_o(x,y)-\varphi_R(x,y)+\pi]$$

$$I(x,y,3\pi/2)=A_o^2(x,y)+A_R^2(x,y)+2A_o(x,y)A_R(x,y)\cos[\varphi_o(x,y)-\varphi_R(x,y)+3\pi/2]$$

$$\tag{8-4-6}$$

将式(8-4-6)进行三角函数简化并进行代数计算后,直流分量 $A_o^2(x,y)+A_R^2(x,y)$ 被消

去,一般可取参考光 $A_R=1$,考虑归一化,利用四幅全息记录光波推导出的物体波阵面振幅和相位可表示为

$$I_o(x,y)=[I(x,y,3\pi/2)-I(x,y,\pi/2)]^2+[I(x,y,0)-I(x,y,\pi)]^2$$

$$\varphi_o(x,y)=\arctan\frac{I(x,y,3\pi/2)-I(x,y,\pi/2)}{I(x,y,0)-I(x,y,\pi)} \tag{8-4-7}$$

计算出全息图面上的物光复振幅 $A_o(x,y)\exp[i\varphi_o(x,y)]$ 后,如图 8-4-2 所示,再通过图像重建算法实现样品图像的重现。

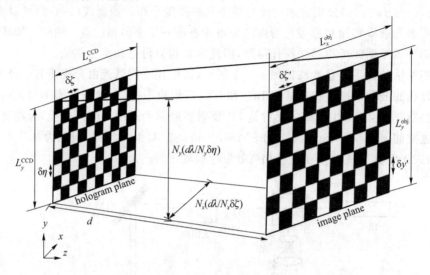

图 8-4-2　图像重建原理图

在图 8-4-2 中,d 是重现面和全息面之间的距离,即重现距离。$N_x\times N_y$ 是全息面的采样点总数,$\delta\xi,\delta\eta$ 是全息面的采样间隔,$\delta\xi',\delta\eta'$ 是重现像面的采样间隔,即重现像像元尺寸。$L_x^{\text{CCD}}\times L_y^{\text{CCD}}=N_x\delta\xi\times N_y\delta\eta$ 表示全息面的尺寸,$L_x^{\text{Obj}}\times L_y^{\text{Obj}}=N_x\delta\xi'\times N_y\delta\eta'$ 表示重现像面的尺寸。为了得到与原物完全相同的重现像,通常使重现距离等于记录距离,避免重现像离焦。设记录距离也为 d,在菲涅耳近似下,d 满足 $d\gg L_x^{\text{CCD}},L_y^{\text{CCD}},L_x^{\text{Obj}},L_y^{\text{Obj}}$。考虑一般性,如果使用波长为 λ_i 的激光重现,利用离散菲涅耳变换推导出的重构公式为

$$\Gamma(m\delta\xi',n\delta\eta')=\frac{\exp(\frac{i2\pi}{\lambda_i}d)}{i\lambda_i d}\exp[i\pi\lambda_i d(\frac{m^2}{N_x^2\delta\xi^2}+\frac{n^2}{N_y^2\delta\eta^2})]\times$$

$$\mathscr{F}\left\{I(x,y)\exp\left[\frac{i\pi}{\lambda_i d}(x^2\delta\xi^2+y^2\delta\eta^2)\right]\right\}_{m,n} \tag{8-4-8}$$

式中:$I(x,y)$ 为记录的数字全息图。式(8-4-8)中傅里叶变换频率为

$$f_x=\frac{\delta\xi'}{\lambda_i d},f_y=\frac{\delta\eta'}{\lambda_i d} \tag{8-4-9}$$

空域与频域采样间隔之间的变换关系可以表示为

$$\Delta f_x=\frac{1}{N_x\delta\xi},\Delta f_y=\frac{1}{N_y\delta\eta} \tag{8-4-10}$$

从而根据式(8-4-9)和(8-4-10)可以得到重现像采样间隔:

$$\delta\xi'=\frac{\lambda_i d}{N_x\delta\xi},\delta\eta'=\frac{\lambda_i d}{N_y\delta\eta} \tag{8-4-11}$$

可以看出,物体与记录全息图像的 CCD 距离增加时,视场范围增大,但是在重现过程中的

采样点数目仍然保持不变,因此重现像的像元尺寸是距离的函数。通过以上的分析,记录的波阵面信息可以通过计算程序实时重现出物体光波信息。

【实验步骤】

1. 光路调整

根据图 8-4-1 所示的同轴数字全息光路图,考虑各个光学器件的特点,在台面上先大致设计好光路的摆放,再进一步调整光路。搭建光路需要注意以下几点。

(1) 调节含针孔滤波器的准直扩束装置时,可以先调节针孔的位置,并用黑色纸片在针孔后观察,直到在黑色纸片上观察到均匀的光斑。然后调整扩束镜的位置,直到光斑经过扩束镜后形成平行光束,可以在光轴的多个位置用黑色纸片接收光斑并测量光斑的直径,若大小相等,则表示光束已近似平行。

(2) 注意物光和参考光两束光的夹角为零。

(3) 从分束镜到记录平面应使参考光和物体中心部位的物光光程相等。

2. 调节分束镜的分光比

光束比最好用光探测器测量,如果没有光探测器,可分别遮挡参考光和物光,通过白屏直接用人眼观察二者的强弱,当感觉参考光的平均光强稍强于物光的平均光强而又相差不大时即可。

3. 调节曝光时间

根据所用激光器的功率、被拍摄物面的反射率状况以及所用 CCD 的灵敏度,确定适合的曝光时间,并在曝光前预先试验一次以观察设定的曝光时间是否使记录的干涉条纹强度适当。

4. 拍摄全息图

调节相移器,在参考光与物光之间依次引入需要的相位差,拍摄四步相移数字全息图。

5. 重构物像

根据式(8-4-7)计算得到全息图平面上的相位与振幅分布,根据式(8-4-8)得到重构后的物像。

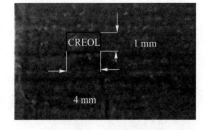

图 8-4-3　胶片实物图片

【实验结果】

本实验以一个 $1\,\text{mm}\times4\,\text{mm}$ 的胶片打印字体作为待测物体,如图 8-4-3 所示。利用同步四步相移光路得到的四幅不同相移的数字全息图,如图 8-4-4(a)~图 8-4-4(d)所示。

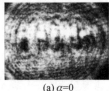 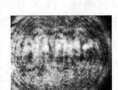  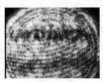

(a) $\alpha=0$　　　　(b) $\alpha=\pi/2$　　　　(c) $\alpha=\pi$　　　　(d) $\alpha=3\pi/2$

图 8-4-4　四步相移数字全息图

图 8-4-5　物像重现结果

根据四幅数字全息图,得到全息图平面上的相位图以及重构后的物像如图 8-4-5 所示,重构物像与实际胶片匹配。

【讨论】

(1) 分析四步相移的误差来源有哪些?

(2) 若四步相移的相位变化值偏大或偏小,则最终计算出的相位分布会如何变化?

(3) 在布置数字全息光路时,为什么要求物光与参考光的光程相等?

(4) 在进行相位重建时,能否可以将四步相移的步骤减少? 减少后的表达式是什么?

【实验仪器】

He-Ne 激光器(40 mW 左右)	1 台	全反镜	1 个
CCD 相机	1 台	分束镜	2 个
空间滤波器	1 个	黑色纸板	若干
空间光调制器	1 台	待测样品	1 个
电子计算机	1 台	计算软件	1 套

参 考 文 献

[8-4-1] 张静,叶玉堂,谢煜,等. 同步多路相移数字全息技术[J]. 光学学报,2013(10): 87-93.

[8-4-2] 王仕璠,刘艺,余学才. 现代光学实验教程[M]. 北京:北京邮电大学出版社,2004.

[8-4-3] 刘秋武,刘艺,王仕璠. 非定值相移量的单步相移同轴数字全息[J]. 电子科技大学学报,2006,35(005):788-790.

[8-4-4] 廖延彪,马晓红. 傅里叶光学导论[M]. 北京:清华大学出版社,2016.

[8-4-5] ZHANG X P, ZHANG J Y, LI Y, et al. Phase-shifting digital holography with vortex beam in one single exposure[J]. Optik, 2019, 185(1):1024-1029.

[8-4-6] 毕泽坤,徐先锋,王加栋,等. 基于两步广义相移干涉术的微纳形变测量[J]. 光学技术,2018,44(2):252-256.

实验 8-5   离轴数字全息实验

离轴数字全息可以使重现物像不与 0 级像、共轭像相互重叠,从而可以利用数字滤波方法直接得到物光场分布。离轴数字全息只需要单张全息图就可以实现波前重建,从而应用离轴数字全息可实现样品的快速成像及其动态过程的测量。本实验在实验 8-2 和实验 8-3 的仿真基础上深入讲解离轴数字全息,在搭建光路过程中讨论各种光学器件对光路的影响。

【实验目的】

(1) 理解通过记录物光与参考光发生干涉得到全息图的过程。

(2) 理解通过计算机模拟重现光波经全息图衍射后的传播规律实现数值重现的过程。

【实验原理】

如图 8-5-1 所示为离轴数字全息光路系统。参考光经过反射镜 M_1 时,需将反射镜旋转一定的角度,使得物光和参考光以适当的夹角到达 CCD,并干涉形成离轴全息图。需要注意的是,物光和参考光的夹角最大值 $\theta_{max} \leqslant \arcsin\left(\frac{\lambda}{2\Delta x}\right)$,$\lambda$ 为激光波长,Δx 为数字相机单个像素的大小;实验中应在允许范围内取物、参光夹角尽量大一些,使重现像更好分离。参考光 $R(x,y)$ 和物光 $O(x,y)$ 如式(8-2-1)和式(8-2-2)所示,当物光和参考光发生干涉时,获得的干涉图光强分布 $I(x,y)$ 可根据式(8-2-3)求得。

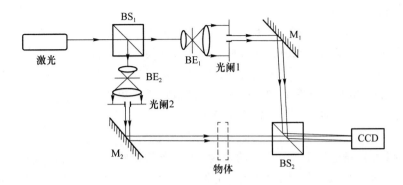

图 8-5-1 双光束离轴全息光路

离轴数字全息记录时,若物光和参考光的夹角足够大,全息图衍射的 0 级像、+1 级像和 −1 级像将被完全分离,OR^* 和 O^*R 的频谱左右对称分布在零级分量的两侧,如图 8-5-2 所示。

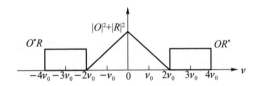

图 8-5-2 离轴数字全息图空间频谱

为了便于计算,将离轴数字全息记录的强度表达式(8-2-3)改写为

$$I(x,y) = (|O(x,y)|^2 + |R(x,y)|^2) + O(x,y)R^*(x,y) +$$
$$O^*(x,y)R(x,y) = a(x,y) + c(x,y) + c^*(x,y) \tag{8-5-1}$$

式中:$c(x,y) = O(x,y)R^*(x,y)$。令重现光 $R' = R$,对 R' 重现全息图结果做傅里叶变换有

$$F_I(f_x, f_y) = \mathscr{F}[R'I(x,y)] = A(f_x, f_y) + C(f_x, f_y) + C^*(f_x, f_y) \tag{8-5-2}$$

式中:(f_x, f_y) 为频域坐标;$C(f_x, f_y) = \mathscr{F}[R'R^*O(x,y)]$,$R'$ 与 $R^*(x,y)$ 的复数项相互抵消后为常数。可以认为全息图的 +1 级谱中只含有物光的频谱分布。由于频域中各级频谱充分分离,参考实验 8-3 选择合适的匹配滤波器 $H(f_x, f_y)$,将 +1 级频谱之外的其他频谱项滤除,只保留 +1 级频谱,有

$$F'_I(f_x, f_y) = H(f_x, f_y)F_I(f_x, f_y) \tag{8-5-3}$$

将滤波后的频谱 $F'_I(x,y)$ 做傅里叶逆变换,重建出 $c(x,y)$,考虑参考光 $|R| = 1$,从而得物光复振幅

$$|O(x,y)| = |\mathscr{F}^{-1}[F'_I(f_x, f_y)]| \tag{8-5-4}$$

$$\Delta\varphi(x,y) = \arctan[\mathrm{Im}(c(x,y))/\mathrm{Re}(c(x,y))] \tag{8-5-5}$$

式中:Im 和 Re 分别表示复数的虚部和实部。最后利用算法实现图像的重现。

【实验步骤】

本次实验所采用的离轴数字全息光路是在实验 8-4 同轴数字全息光路的基础上进行调整的,光路如图 8-5-1 所示,由波长为 532 nm 的激光器发出的激光,经空间滤波器和准直透镜后得到平行光会聚到分束镜。分束镜将单色光分为两束光,其中一束经过全反镜 M_1 为参考光 $R(x,y)$,另一束经过全反镜 M_2 照明待测物,且携带了待测物的信息 $\Delta\varphi(x,y)$,为物光 $O(x,y)$。

1. 光路调整

根据图 8-5-1 所示的离轴数字全息光路图,考虑各个光学器件的特点,在台面上大致设计好光路的摆放,再进一步调整光路。在安放光路时要注意到以下几点。

(1) 调节含针孔滤波器的准直扩束装置时,可以先调节针孔的位置,并用黑色纸片在针孔后观察,直到在黑色纸片上观察到均匀的光斑。然后调整扩束镜的位置,直到光斑经过扩束镜后形成平行光束,可在光轴的多个位置用黑色纸片接收光斑并测量光斑的直径,若大小相等,则表示光束已近似平行。

(2) 调整参考光路上的全反镜 M_1 的角度,使物光和参考光在叠加时形成一定的夹角 θ,夹角应在理论范围内取较大值,以使 0 级衍射像、+1 级衍射像和−1 级衍射像容易分开。

(3) 从分束镜到记录平面应使参考光和物体中心部位的物光光程相等。

2. 调节分束镜的分光比

光束比最好用光探测器测量,如果没有光探测器,可分别遮挡参考光和物光,通过白屏直接用人眼观察二者的强弱,当感觉参考光的平均光强稍强于物光的平均光强而又相差不大时即可。

3. 调节曝光时间

根据所用激光器的功率、被拍摄物面的反射率状况以及所用数字相机的灵敏度,确定适合的曝光时间,并在正式记录前预先曝光一次以观察设定的曝光时间是否符合预定要求。

4. 数字全息重现

(1) 利用 MATLAB 程序对 CCD 采集得到的数字全息图进行离散傅里叶变换,得到全息图的频谱。

(2) 设计滤波窗函数,提取+1 级频谱。

(3) 对滤波后的频谱进行傅里叶逆变换,得到只包含有原始物光波信息的新全息图,即式(8-2-3)中的第二项。

(4) 利用程序模拟原参考平面光照射新全息图。

(5) 结合菲涅耳衍射的算法实现,得到重现像分布。

【讨论】

(1) 与同轴全息术相比,离轴数字全息术具有哪些优点?

(2) 在布置离轴数字全息光路时,物光和参考光的夹角过大会有什么样的影响?

(3) 在设计滤波窗函数时,提取−1 级频谱,最后的图像会是什么样的?

【实验仪器】

绿光激光器	1 台	全反镜	2 个
CMOS 相机	1 台	分束镜	2 个
空间滤波器	1 个	黑色纸板	若干
圆形可调衰减器	1 个	待测样品	1 个
双凸透镜	1 个	电子计算机(含软件)	1 套

参 考 文 献

[8-5-1]　王仕璠,刘艺,余学才. 现代光学实验教程[M]. 北京:北京邮电大学出版社,2004.

[8-5-2]　孙腾飞,卢鹏,卓壮,等. 基于单一分光棱镜干涉仪的双通路定量相位显微术[J]. 物

理学报，2018，067(014):100-106.

[8-5-3] 张佳恒，马利红，李勇，等.卤素灯照明光栅衍射共路数字全息显微定量相位成像 [J].中国激光,2018，45(006):247-253.

实验 8-6 多波长数字全息记录实验

在大多数有关数字全息的研究中，只需采用单波长光源，但在涉及彩色全息时，需要采用多波长的激光分别记录多波长数字全息图。在记录完成后，将不同波长的全息图分别重建重现像，并进一步融合，即可实现彩色像的数字重现。本实验利用单色 CCD 记录多波长激光的数字全息图，并使用算法重建彩色全息像。

【实验目的】

(1) 理解多波长数字全息的基本原理。

(2) 了解单波长数字全息与多波长数字全息的区别。

(3) 掌握多波长数字全息图的采集和数字重现的方法。

【实验原理】

1. 多波长数字全息的记录和重现

多波长数字全息的原理与单波长类似，每次使用一种波长的激光作为光源。数字全息图的记录和重现过程可参考图 8-1-1，不同波长 $\lambda_i(i=1,2,3)$ 的光经过待测物体形成物光，与参考光在全息面上相干叠加，使用 CCD 分别记录得到多波长数字全息图 $H_i(x,y)(i=1,2,3)$。可根据式(8-4-8)分别对各波长数字全息图进行数字重现，此处不再详述。

对于单波长数字全息，由式(8-4-11)可知，重现像的像元尺寸与波长 λ_i 及重现距离 d 有关。波长或重现距离越长，重现像的像元尺寸越大。因此，对于多波长数字全息，不同波长会导致重现像的像元尺寸不同，造成不同波长的重现像显示时在空间上不重合，不同颜色的重现像在融合前需要进行校正，使不同波长的重现像大小相同。

2. 融合多波长对应的数字全息重建像

在获得经过调整的不同波长的数字重现像后，分别将它们作为不同颜色通道的图像进行叠加，在叠加的过程中注意需要根据不同波长的调制深度以及传播过程中不同颜色的衰减程度等影响因素来确定不同波长重现像的加权系数，以保持原有三种颜色的平衡。

由于需要多波长数字全息重现像叠加融合，因此需要保证不同数字全息图的像元尺寸能够相互匹配。为了解决这一问题，需要根据式(8-4-11)改变部分记录参数的大小来调整重现像的像元尺寸。对于每一次全息图的记录，波长 λ_i 和 CCD 的像元尺寸 $\Delta x、\Delta y$ 是确定的，因此可以通过改变全息图包含的像素数 $M \times N$ 或记录距离 d 来调整重现像的像元尺寸。

(1) 记录距离 d 相同，裁剪像素数方案

对于两幅分别用波长 λ_1 和 λ_2 记录的全息图，若采用调整全息图包含的像素数的方法时，根据式(8-4-11)，两幅全息图所包含的像素数 M_1 和 M_2 应满足

$$M_2/M_1 \approx \lambda_2/\lambda_1 \tag{8-6-1}$$

此时得到的重现像的像元尺寸可表示为

$$\Delta x_{11} = \frac{\lambda_1 d}{M_1 \Delta x} = \Delta x_{12} = \frac{\lambda_2 d}{M_2 \Delta x} \tag{8-6-2}$$

在改变不同波长对应的两幅全息图的像素数时,一般不使用插值等会改变像素值的方法,而是通过图像裁剪使像素数相同,避免影响图像融合的重现效果。

使用同轴数字全息方式记录和使用离轴数字全息方式记录,相同 CCD 记录后重现的物像像素量有差别,但不同波长记录和重现的像素数比例是一致的。

(2) 根据波长 λ_i 改变记录距离 d_i 方案

在重现算法中根据波长 λ_i 设置不同的重现距离 d_i,可以获得相应重现全息像大小的匹配。而通常取重现距离等于记录距离,避免使重现像产生离焦,因此也可以在记录时根据波长 λ_i 对等改变记录距离 d_i,使得重现时各颜色的重现像大小匹配。

若要满足式(8-6-2),记录距离与波长应满足:

$$d_{01}/d_{02} \approx (\lambda_2/\lambda_1) \tag{8-6-3}$$

注意,根据离轴全息成像原理,为了使重现的实像与虚像的频谱完全分离,且干涉条纹满足奈奎斯特采样条件,各波长记录的数字全息图仍应满足:

$$\begin{cases} \dfrac{\lambda_i d_0}{4(L_x^{CCD}+L_x^{Obj})} \geqslant \Delta x \\[3mm] \dfrac{\lambda_i d_0}{4(L_y^{CCD}+L_y^{Obj})} \geqslant \Delta y \end{cases} \tag{8-6-4}$$

式中:d_0 是物体到数字相机的记录距离。也就是说,需要根据波长来动态改变相应的记录距离,波长越长,相应的记录距离越短,但是都必须满足式(8-6-4)以满足采样条件,并达到实像与虚像的频谱分离。

3. 基于马赫-曾德尔光路的多波长数字全息系统

基于马赫-曾德尔光路的多波长数字全息系统如图 8-6-2 所示,不同波长的激光束通过开关控制开启,使得 CCD 每次只记录一种波长的全息图。激光束经半透半反分束镜 BS_1、BS_2 或 BS_3 被分成两束,各自被平面反射镜 M_1 和 M_2 以及 BS_4 或 BS_5 反射后,再经过扩束、准直系统 BE_1 和 BE_2 产生平行光束,并通过调节光阑 1 和光阑 2 来控制平行光的光束直径。由于不同波长光束控制相位较困难,光路采取离轴全息记录方案,在放置样品前,先将分束镜 BS_6 稍微倾斜,使物光和参考光经过 BS_6 后再在 CCD 上发生离轴干涉;然后放置待测样品,并通过 CCD 记录数字全息图。

【实验步骤】

(1) 按照图 8-6-2 所示搭建光路,该光路属于离轴数字全息光学系统。注意,先不加入准直透镜和扩束镜,而是用细激光束调节光路,使两细光束成一小角度投射到 CCD 上(可以在 CCD 的位置上放一块屏用于观察),让细激光束尽量从分束镜和反射镜中心区域通过,再加入准直透镜,使激光经过准直透镜的光轴,接着加入扩束镜,调节前后位置获得平行光输出,最后在扩束透镜后加入光阑来控制光束直径。为了滤去扩束镜上尘埃等脏物所引起的衍射光,可以在扩束镜的焦点处安置一个针孔滤波器。

(2) 在待测样品处放置透明待测物体,注意不要破坏原来的光路;注意将物、参光光程调节一致,并使在加入物体后物、参光光强比适当。

(3) 依次开启不同波长的激光器,分别记录物体在红、绿、蓝三种不同颜色激光的照明下产生的干涉条纹,由 CCD 存储下来。

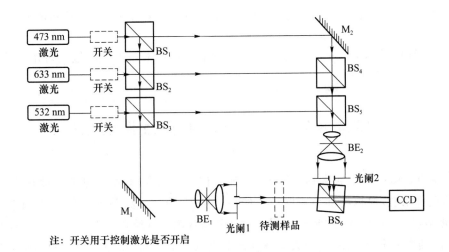

注：开关用于控制激光是否开启

图 8-6-2 多波长数字全息实验光路

对于调整像素数的方法，记录不同波长的全息图时，不需要改变记录距离，根据式(8-6-1)对采集到的不同波长的全息图沿四周进行裁剪，以得到包含不同像素数的全息图，因此需要注意使样品图像尽量位于全息图的中心位置；对于调整重现距离的方法，需要在使用不同波长的激光时，根据式(8-6-3)和式(8-6-4)调整 CCD 的位置以改变记录距离，该方法需要保证样品图像始终位于 CCD 的相同位置，调整难度相对要大一些。

（4）对各颜色激光的全息图进行数值重建，得到物体三种不同颜色的灰度重现图像，并利用 MATLAB 进行彩色融合以及彩色全息重建。

【讨论】

（1）图 8-6-2 所示的光路中不同波长的激光器能否交换位置？

（2）实际操作中，哪些因素会造成重现像的颜色失真？

（3）是否可以通过彩色 CCD 一次性记录红、绿、蓝三色激光同时照明物体时的数字全息图？

（4）是否可以任意选择某颜色的激光波长作为基准波长进行参数计算？

【实验仪器】

632.8 nm 的红色氦氖激光器	1 台	分束镜	6 个
532 nm 的绿色激光器	1 台	平面反射镜	4 个
473 nm 的蓝色半导体激光器	1 个	扩束镜	2 个
CCD 相机	1 台	米尺(公用)	1 个
空间滤波器	2 个	黑色纸板	若干
准直镜	2 个	待测样品	1 个
干板架	1 个	电子计算机(含软件)	1 套

参 考 文 献

[8-6-1] 王绿苹. 光全息和信息处理实验[M]. 重庆：重庆大学出版社，1991.

[8-6-2] 张维，吕晓旭，杨锋涛，等. 单色 CCD 记录多波长数字全息图及重现像彩色显示[J]. 光子学报，2007，036(011)：2003-2007.

[8-6-3] 李欣芫,赵梓言,付申成.马赫-曾德干涉光路下的全息数字记录及其重现[J].大学物理实验,2018,31(05):20-23.

[8-6-4] 张悦萌,蔡萍,隆军,等.多波长数字全息计量技术综述[J].激光与光电子学进展,2020,57(10).

实验 8-7　数字全息显微成像实验

数字全息显微成像是将数字全息技术和显微技术相结合,利用全息图携带有物光波振幅和相位的全部信息,可以精确地获取样品的高分辨率相位信息,并且具有实时、无标记、非接触、高精度等特点,因此,在细胞研究、微小物体外观检测等领域具有广泛的应用。本实验基于实验 8-5 离轴数字全息光路,利用数字全息显微成像对聚甲基丙烯酸甲酯(PMMA)样品进行测量。

【实验目的】

(1) 了解数字全息显微系统结构及成像要素。

(2) 分析影响数字全息显微成像分辨率的因素。

【实验原理】

实验系统中,光源采用 He-Ne 激光器,显微物镜可采用不同的放大倍数,如 4×、10×、25×等,载物台可沿 x、y、z 轴手动调节,可以调节记录距离。CCD 记录的全息图存储在计算机中,采用 MATALB 编程实现数字重现。

实验光路的基本结构是马赫-曾德尔干涉仪,如图 8-7-1 所示,从激光器出射后的光经过偏振分束镜 BS 分成两束。一束作为物光波经扩束准直镜 BE_1 扩束准直成平行光,由反射镜 M_1 反射后照射物体,再经显微镜 ob_1 和分束镜 BS 入射到 CCD 的靶面上。另一束作为参考光波,经反射镜 M_2 反射,由扩束准直镜 BE_2 扩束准直成平行光,经显微物镜 ob_2 和分束镜 BS 后入射到 CCD 上。物光波光轴垂直于 CCD,参考光波光轴与 CCD 法线成一定夹角 θ。采用离轴全息记录方式,夹角 θ 依据像元大小和全息记录的抽样条件确定。

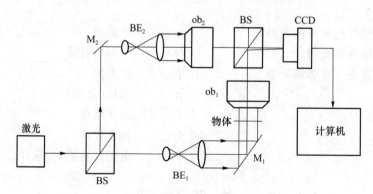

图 8-7-1　数字全息离轴显微成像实验光路

下面采用图 8-7-2 所示的几何坐标系统示意图来讨论数字全息记录和重现的数学模型。设被记录的物体位于 ξ-η 平面,在 x-y 平面记录数字全息图,数字重现像位于 ξ'-η' 平面,全息面与物面和像面的距离分别为 Z_0 和 Z_1。

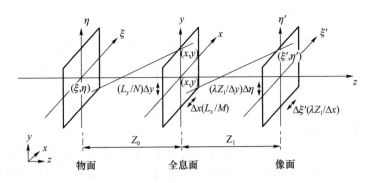

图 8-7-2　数字全息记录和重现坐标系

设 $R(x,y)$ 和 $O(x,y)$ 分别表示参考光和物光。当其发生干涉时,获得的干涉图如式 8-2-3 所示。又设光敏面尺寸为 $L_x \times L_y$,像素数为 $M \times N$ 个点,采样间隔即像素尺寸为 $\Delta x \times \Delta y$,且 $\Delta x = L_x/M$,$\Delta y = L_y/M$,则通过空间采样后的数字全息图可表示为

$$I(m,n) = I(x,y)\mathrm{rect}\Big[\Big(\frac{x}{L_x},\frac{y}{L_y}\Big)\Big]\sum_{m=-M/2}^{M/2}\sum_{n=-N/2}^{N/2}\delta(x-m\Delta x,y-n\Delta y) \qquad (8\text{-}7\text{-}1)$$

式中:m、n 为整数,$-\dfrac{M}{2} \leqslant m \leqslant \dfrac{M}{2}$,$-\dfrac{N}{2} \leqslant n \leqslant \dfrac{N}{2}$。

在重现过程中,假设计算机模拟重现光波的复振幅为 $C(x,y)$,则在菲涅耳衍射距离内,距离全息面 Z_1(通常 $Z_1 = Z_0$)处的重现像面 $\xi'\text{-}\eta'$ 上的重现像的复振幅分布为

$$U(\xi',\eta') = \frac{\mathrm{j}}{\lambda Z_1}\exp\Big(-\mathrm{j}\frac{2\pi}{\lambda}Z_1\Big)\int\!\!\!\int_{-\infty}^{+\infty}C(x,y)I(x,y)\times$$

$$\exp\Big[-\mathrm{j}\frac{\pi}{\lambda Z_1}((\xi'-x)^2+(\eta'-y)^2)\Big]\mathrm{d}x\mathrm{d}y \qquad (8\text{-}7\text{-}2)$$

将其展开,离散化后可表示为

$$U(p,l) = \frac{\mathrm{j}}{\lambda Z_1}\exp\Big(-\mathrm{j}\frac{2\pi}{\lambda}Z_1\Big)\exp\Big[-\mathrm{j}\frac{\pi}{\lambda Z_1}(p^2\Delta\xi'^2+l^2\Delta\eta'^2)\Big]\times$$

$$\sum_{m=0}^{M-1}\sum_{n=0}^{N-1}C(m,n)I(m,n)\exp\Big[-\mathrm{j}\frac{\pi}{\lambda Z_1}(m^2\Delta x^2+n^2\Delta y^2)\Big]\times$$

$$\exp\Big[\frac{\mathrm{j}2\pi}{\lambda Z_1}(m\Delta xp\Delta\xi'+n\Delta yl\Delta\eta')\Big] \qquad (8\text{-}7\text{-}3)$$

式中:$p=0,1,\cdots,M-1$;$l=0,1,\cdots,N-1$;$\Delta\xi'$、$\Delta\eta'$ 为重现像的采样间隔,也被定义为重现像的分辨率。重现使用菲涅耳衍射的卷积算法时,重现像面的采样间隔和 CCD 的像素尺寸大小 Δx、Δy 保持一致,即 $\Delta\xi' = \Delta x$,$\Delta\eta' = \Delta y$;重现使用菲涅耳衍射的单次快速傅里叶变换算法时,重现像面采样间隔为:$\Delta\xi' = \lambda Z_1/\Delta x$,$\Delta\eta' = \lambda Z_1/\Delta y$。采样间隔与传统光学成像系统的分辨本领具有相同的意义,取决于系统的像点与孔径光阑所张开的角度 Z_1/L_x、Z_1/L_y。其中,L_x、L_y 为 CCD 的横向尺寸,Z_1 为重现距离,λ 为波长。

从数字全息重现像的横向分辨率表达式中不难看出,决定其值的因素主要有记录波长 λ、满足采样定理和频域分离条件的记录距离 Z_0、记录介质光敏面的像元数 M 和 N、像元尺寸 Δx 和 Δy,或像元数与像元尺寸的乘积,即记录介质光敏面的横向尺寸 L_x 或 L_y。

【实验步骤】

1. 光路调整

根据图 8-7-1 所示的离轴数字全息光路图,考虑各个光学器件的特点,在台面上大致设计

好光路的摆放。在设置光路时要注意以下几点。

(1)物光和参考光两束光的夹角应在允许范围内选取,最大值 $\theta_{max} \leqslant \arcsin\left(\dfrac{\lambda}{2\Delta x}\right)$, θ_{max} 为物光和参考光的最大夹角,λ 为激光波长,Δx 为数字相机的单个像素的尺寸,以便 0 级衍射像、+1 级衍射像和 −1 级衍射像容易分开。

(2)从分束镜到记录平面应使参考光和物体中心部位物光的光程相等。

2. 调节分束镜的分光比

光束比最好用光功率计测量,如果没有光功率计,可分别遮挡参考光和物光,通过白屏直接用人眼观察二者的强弱,当感觉参考光的平均光强稍强于物光的平均光强时即可。

3. 调节曝光时间

应根据所用激光器的功率、被拍摄物面的反射率状况以及所用 CCD 的灵敏度,确定适合的曝光时间,并在曝光前预先试验一次以观察设定的曝光时间是否符合预定要求。

4. 调节光路上各器件参数,采集不同参数下的数字全息图

(1)在激光波长 λ、记录距离 Z_0 和 CCD 相机一定的条件下,更换不同倍数的(4×、10×、25×)显微物镜,采集相应的数字全息图。

(2)在波长 λ、显微物镜和 CCD 相机一定的条件下,改变记录距离 $Z_0(Z_{01}, Z_{02}, Z_{03})$,采集相应的数字全息图。

(3)在波长 λ、显微物镜和记录距离 Z_0 一定的条件下,使用另一台 CCD 进行记录,以改变 CCD 相机的横向尺寸(L_{x1}, L_{x2}, L_{x3}),采集相应的数字全息图。

5. 分析分辨率的影响因素

利用计算程序重建图像,并对比分析以上各个光学参数对图像分辨率的影响。

【讨论】

(1)激光波长 λ、记录距离 Z_0、CCD 相机横向尺寸 L_x 和 L_y 对数字全息分辨率有什么样的影响?

(2)如何提升数字全息重建图像的分辨率?

(3)结合实际光路条件,影响数字全息重建图像分辨率因素之间的关系还有哪些?

(4)对比数字全息显微系统与普通显微镜,数字全息显微有哪些特点?

【实验结果】

本实验以 20 μm 的聚甲基丙烯酸甲酯(PMMA)为测量样品,使用 $\lambda = 632.8$ nm 的氦氖激光器、放大倍率为 40× 的显微物镜、横向尺寸为 2.2 μm 的 CCD 相机。拍摄和处理的结果图像如图 8-7-3(a)~图 8-7-3(d)所示,测量结果符合样品特征。

 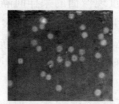 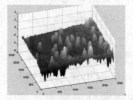 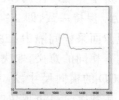

(a) PMMA 数字全息图像　(b) PMMA 二维相位图像　(c) PMMA 三维相位图像　(d) 矩形框处纵向相位变化

图 8-7-3　PMMA 离轴显微测量结果

【实验仪器】

He-Ne 激光器	1 台	全反镜	2 个
CCD 相机	1 台	分束镜	1 个

准直扩束器	2 个	显微物镜	1 个
偏振分束镜	2 个	待测样品	1 个
电子计算机(含软件)	1 套		

参 考 文 献

[8-7-1]　王仕璠,刘艺,余学才.现代光学实验教程[M].北京:北京邮电大学出版社,2004.

[8-7-2]　王华英,王大勇,谢建军.显微数字全息中物光波前重建方法研究和比较[J].光子学报,2007,36(6):1023-1027.

[8-7-3]　袁操今,钟丽云,王艳萍,等.离轴数字全息记录条件的研究[J].激光技术,2004,28(5).

实验 8-8　数字全息微小形变测量实验

数字全息计量基于全息干涉原理,具有高精确度、高灵敏度和无损检测等优点,被广泛应用于微小形变测量、航天航空、三维形貌检测、生物和医学等多个领域。本实验在前面几个实验的基础上,通过离轴数字全息对试件的微小形变进行测量,该方法能实时精确测量物体微米量级形变,并且具有可靠性好、实时性高,以及非接触的无损检测优势。

【实验目的】

(1) 理解数字全息计量技术及其在微小形变测量中的应用原理。

(2) 了解数字全息技术在测量物体三维形貌中的应用。

【实验原理】

如图 8-8-1 所示,He-Ne 激光器发出的光束经过 BE 扩束准直,入射分束镜 BS 后分为两束,一束透射直接照射测试物体后返回,另一束反射至反射镜 M 再返回,两束光分别反射后再经过分束镜照射 CCD 摄像机靶面,形成离轴数字全息光路。实验所用试件可用一表面有适当反射率的有机玻璃,其两端固定,测量时在试件上方正中沿厚度方向放置一个较小的物体,再在物体上适当加力,使试件整

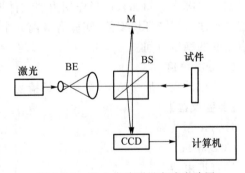

图 8-8-1　微小位移测量实验光路图

体产生适当变形,从而在表面形成一定的离面位移,此即待测量形变。

采用二次曝光法,加力前后各拍下一张数字全息图 H_1 和 H_2,利用程序分别计算 H_1 和 H_2 的相位分布 $\varphi_1(x,y)$ 和 $\varphi_2(x,y)$,得到由离面位移而产生的未去包裹的相位图,求出加力使试件表面待测物点移动前后到达观察点的两束物光的相位差 $\Delta\varphi(x,y)$。$\Delta\varphi(x,y)$ 可表示为

$$\Delta\varphi(x,y) = \varphi_2(x,y) - \varphi_1(x,y) \tag{8-8-1}$$

求得相位差 $\Delta\varphi(x,y)$ 后,可由 $\Delta\varphi(x,y)$ 与位移的关系求得位移信息:

$$\frac{2\pi}{\Delta\varphi(x,y)} = \frac{\lambda}{2L(x,y)} \tag{8-8-2}$$

式(8-8-2)中 $L(x,y)$ 为位移量,λ 为光波波长。

$$L(x,y)=\frac{\lambda}{2\pi}\frac{\Delta\varphi(x,y)}{2} \tag{8-8-3}$$

由此,即可获得整个待测试件表面各点的微小位移 $L(x,y)$,即整体的形变。

实验中,要特别注意加力适当,使得微小形变形成的相位差在 2π 内;如果明显超过 2π,则需要在算法中增加相位解包裹步骤。一般在实验中可以通过由小到大逐步增加压力的方式进行。

【实验步骤】

1. 光路调整

根据图 8-8-1 所示的微小位移测量实验光路图,考虑各个光学器件的特点,在台面上大致设计好光路的摆放,再进一步调整光路。在安放光路时要注意到以下几点。

(1)物光和参考光两束光的夹角最大值 $\theta_{\max}\leqslant\arcsin(\frac{\lambda}{2\Delta x})$。

(2)从分束镜到记录平面应使参考光和物体中心部位的物光光程相等。

2. 调节分束镜的分光比

使数字相机记录的物光与参考光干涉条纹对比度良好,参考光强稍强于物光。光束比可以用光探测器测量,如果没有光探测器,可分别遮挡参考光和物光,通过观察计算机屏幕和比较数字相机采集到的二束光的强弱,使参考光的平均光强稍强于物光的平均光强而又相差不大。

3. 调节曝光时间

根据所用激光器的功率、被拍摄物面的反射率状况以及所用数字相机的灵敏度,确定适合的曝光时间,并在正式记录前预先试验一次以观察设定的曝光时间是否使干涉条纹强度记录适当。

4. 拍摄二次曝光数字全息图

在二次曝光之间加入适当作用力使试件形变,力的大小注意在正式测量前确定。在曝光过程中须注意保持环境安静,实验者应离开全息台,使光路稳定 1 min 左右。两次曝光之间也应有足够的稳定时间。

5. 分析精度

计算试件表面形变结果,分析测量精度。

【实验仪器】

He-Ne 激光器	1 台	全反镜	1 个
CCD 相机	1 台	分束镜	1 个
准直扩束器	1 个	待测试件	1 个
电子计算机(含软件)	1 套		

参 考 文 献

[8-8-1] 王仕璠,刘艺,余学才. 现代光学实验教程[M]. 北京:北京邮电大学出版社,2004.

[8-8-2] 王仕璠,袁格,贺安之,等. 全息干涉度量学——理论与实践[M]. 北京:科学出版社,1989.

[8-8-3] 王仕璠,朱自强. 现代光学原理[M]. 成都:电子科技大学出版社,1998.

[8-8-4] 计欣华,许方宇,陈金龙,等. 数字全息计量技术及其在微小位移测量中的应用[J]. 实验力学,2004,19(004):443-447.

实验 8-9 实时数字全息系统温度场测量实验

实时数字全息是一种基于传统数字全息的方法。传统数字全息测量的样品通常是静止的,因此测量的往往只是某一时刻的样品状态;实时数字全息所测量的样品往往是动态变化的,目的是测量出样品相对于其初始时刻状态的动态变化,这可以由记录数字全息图的 CCD连续记录多帧干涉图样来实现。由于 CCD 记录的时间分辨率有限,因此样品的状态改变应小于各帧图样的记录时间间隔。通过算法处理,可计算出各帧样品特定参数信息,并分析其在相应时间段内的变化。本实验通过实时数字全息对蜡烛火焰的焰心、外焰的不同温度场进行测量。

【实验目的】

(1) 理解数字全息系统在温度场测量中的应用原理。

(2) 实现数字全息测量温度场变化系统。

【实验原理】

1. 实时数字全息原理

对于传统的数字全息,通过记录待测样品对应的物光波与参考光波之间的干涉光强,可以计算出待测样品的某些特定参数信息。而实时数字全息基于此原理,利用时间分割法,将不同时刻变化的样品所对应的干涉光强与初始样品对应的干涉光强进行叠加,从而计算出样品的特定参数相对于初始状态的变化。本实验将采用离轴全息光路来采集数字全息图像,基本光路如图 8-9-1 所示。

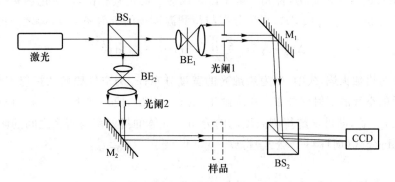

图 8-9-1 实时数字全息基本光路图

设初始状态下样品对应的物光波为

$$O_1(x,y) = A_O(x,y) \exp\left[-\mathrm{j}\varphi_O(x,y)\right] \tag{8-9-1}$$

参考光波为

$$R(x,y) = A_R(x,y) \exp\left[-\mathrm{j}\varphi_R(x,y)\right] \tag{8-9-2}$$

用 CCD 记录的初始状态数字全息图 H_1,其光强为

$$I_1(x,y) = |R(x,y) + O_1(x,y)|^2 = A_R{}^2(x,y) + A_O{}^2(x,y) +$$
$$A_R(x,y)A_O(x,y)\exp[\mathrm{j}(\varphi_O - \varphi_R)] + A_R(x,y)A_O(x,y)\exp[-\mathrm{j}(\varphi_O - \varphi_R)]$$

$$\tag{8-9-3}$$

样品发生变化后,对应的物光波为

$$O_2(x,y) = A_O(x,y)\exp\left[-\mathrm{j}\varphi_O'(x,y)\right] \tag{8-9-4}$$

参考光不变,再用 CCD 记录变化状态的数字全息图 H_2,其光强为

$$\begin{aligned}I_2(x,y) = |R(x,y)+O_2(x,y)|^2 = A_R{}^2(x,y)+A_O{}^2(x,y)+\\A_R(x,y)A_O(x,y)\exp[\mathrm{j}(\varphi_O'-\varphi_R)]+A_R(x,y)A_O(x,y)\exp[-\mathrm{j}(\varphi_O'-\varphi_R)]\end{aligned}$$

$$\tag{8-9-5}$$

用参考光 R 分别重现全息图 H_1 和 H_2,对重现光场进行傅里叶变换:

$$F_1(f_x,f_y) = \mathscr{F}\{R(A_R{}^2+A_O{}^2)+RR^*O_1+R(O_1^*R)\} \tag{8-9-6}$$

$$F_2(f_x,f_y) = \mathscr{F}\{R(A_R{}^2+A_O{}^2)+RR^*O_2+R(O_2^*R)\} \tag{8-9-7}$$

式(8-9-6)和(8-9-7)中,等号右边第二项的 R 与 R^* 的乘积是常数,因此 $+1$ 级频谱中只包含物光波 O_1 和 O_2 的频谱分布,提取 $+1$ 级频谱,并做一次傅里叶逆变换,即可求出温度变化前后对应的物光波 O_1 和 O_2。将 O_1 和 O_2 叠加,则叠加后的光强 I_{rec} 满足:

$$\begin{aligned}I_{\mathrm{rec}}(x,y) &= |O_1(x,y)+O_2(x,y)|^2\\&= 2A_O{}^2(x,y)+A_O{}^2(x,y)\{\exp[\mathrm{j}(\varphi_O-\varphi_O')]+\exp[-\mathrm{j}(\varphi_O-\varphi_O')]\}\end{aligned} \tag{8-9-8}$$

对式(8-9-8)的 I_{rec} 进行傅里叶变换,构建滤波器提取 $+1$ 级频谱 $\mathscr{F}\{A_O{}^2(x,y)\exp[\mathrm{j}(\varphi_O-\varphi_O')]\}$,然后再通过傅里叶逆变换以及相位解包裹,就能得到变化前后的相位差 $(\varphi_O-\varphi_O')$,在此基础上可进一步进行温度场分析。若能在较短的时间间隔里记录一系列实时数字全息图,就可以获取温度场的实时状态情况。

2. 根据相位分布测量温度场原理

空气的折射率受温度场的影响,当环境温度发生变化时,空气折射率分布将发生对应变化,从而引起光程分布的变化,使物、参光原有的干涉条纹分布改变。

对干涉条纹进行相位解调,首先求解干涉条纹对应的包裹相位,再对包裹相位进行相位解包裹得到绝对相位分布 $\Delta\varphi(x,y)$,相位分布与待测温度场的折射率 $n(x,y)$ 之间的关系式为

$$\Delta\varphi(x,y) = \frac{2\pi}{\lambda}\iint\limits_{D}[n(x,y)-n_0]\mathrm{d}x\mathrm{d}y \tag{8-9-9}$$

考虑测试物体为蜡烛火焰,式中:D 为蜡烛光的宽度分布;n_0 为空气原始的折射率分布;$n(x,y)$ 是温度变化后的空气的折射率分布。在求解出 $\Delta\varphi(x,y)$ 后,便可利用式(8-9-9)确定 $n(x,y)$。

确定 $n(x,y)$ 后,即可求解待测温度场的分布。气体的折射率与密度之间的函数关系可由 Gladstone-Dale 公式(简称 G-D 公式)得到

$$n-1 = K\rho \tag{8-9-10}$$

式中:ρ 为气体的密度;K 为 G-D 常数,随气体种类不同而不同。在 632.8 nm 波长的 He-Ne 激光器的照射下,空气的 G-D 常数为 2.25×10^{-4} m³/kg。

研究气体流场温度分布时,其中的压力通常被认为是常数,并且其密度和温度近似满足理想气体的状态方程

$$\rho = \frac{MP}{RT} \tag{8-9-11}$$

式中:P 为气体压强,可以通过气压计测量;T 为气体温度;M 为气体质量;R 为摩尔气体常数,取值约为 8.314 J/(mol·K)。在标准条件下(0℃,1 个标准大气压),空气密度 ρ_0 约为 1.293 kg/m³。根据这一信息,在实际实验中,空气密度 ρ 可以根据式(8-9-11)表示为

$$\rho = \frac{\rho_0 P}{P_0}\times\frac{T_0}{T} \tag{8-9-12}$$

式中：P_0 为标准状态下的大气压强，取值为 1.013×10^5 Pa；T_0 为 0℃对应的绝对温度，取值为
273.15 K。在气体流场温度分布的测试中，由实时数字全息系统记录的干涉条纹可求得气体
受扰动前后折射率的改变量 $\Delta n(x, y)$，又从式(8-9-10)～式(8-9-12)可导出气体折射率和温
度的关系：

$$n_0 + \Delta n(x, y) - 1 = K \times \frac{\rho_0 P}{P_0} \times \frac{T_0}{T} \tag{8-9-13}$$

则温度场分布 $T(x, y)$ 可以表示为

$$T(x, y) = \frac{K \rho_0 P T_0}{P_0 [n_0 - 1 + \Delta n(x, y)]} \tag{8-9-14}$$

式(8-9-14)反映了气体的折射率场分布与温度场分布之间的关系，是利用数字全息干涉术来
测量温度的理论依据。

3. 测量温度场的实验装置

本实验将利用实时全息干涉法研究蜡烛燃烧时，周围的温度场分布情况。实验光路如
图 8-9-2 所示，632.8 nm 波长的 He-Ne 激光器发出的激光束经过分束镜 BS_1 分成透射光和反
射光。透射光作为参考光，反射光作为物光，二者分别经过 BE_1 和 BE_2 扩束、准直为平行光，
两束光分别经过全反射镜 M_1 和全反射镜 M_2 反射，在反射镜前通过调节光阑 1 和光阑 2 可以
控制参考光和物光的光束直径。物光垂直穿过蜡烛火焰周围的待测温度场，经过分束镜 BS_2
透射后，由 CCD 进行探测；参考光经过分束镜 BS_2 反射后，同样由 CCD 进行探测。为了实现
离轴全息干涉，需要调节 M_1 使物光和参考光之间满足一定的夹角投射到 CCD 上，并形成全
息干涉图。

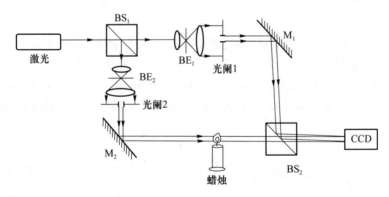

图 8-9-2　实时数字全息法测温度场的实验光路图

【实验步骤】

（1）按照图 8-9-2 所示搭建实验光路。注意，先不加入准直透镜和扩束镜，而是用细激光
束调节光路，使两细光束成一小角度会聚到 CCD 上（可以先在 CCD 的位置上放一块屏用于观
察），分束镜和反射镜尽量在中心区域通过细激光束，再加入准直透镜，最后加入扩束透镜，调
节前后位置获得平行光输出。为了滤去扩束透镜上的尘埃等所引起的衍射光，可以在扩束透
镜的焦点处安置一个针孔滤波器。注意调节光程，并调节获得适当的物、参光分光比。

（2）打开 He-Ne 激光器发射激光，首先在蜡烛未点燃之前用 CCD 记录无火焰的干涉图
样，再将蜡烛放置到光路中的指定位置，点燃蜡烛后，用 CCD 连续记录适当数量的一系列干涉
图样。这一组干涉图样可以反映蜡烛周围的温度随时间的变化情况。注意，由于测试温度场
试验中实际测量的是烛光周围的温度，而蜡烛本身也是发光物体，因此需要选取适当的位置摆

放蜡烛,减少烛光进入 CCD 引起干涉条纹对比度的降低。

(3) 按照实验原理中的阐述,根据蜡烛点燃前后记录的干涉图样,求解出空气场的相位变化情况,并根据式(8-9-9)~式(8-9-13)求解出蜡烛火焰焰心和外焰的温度场,以及温度场随时间的变化。

【讨论】

干涉条纹越密的地方,温度越高还是越低?

【实验仪器】

He-Ne 激光器(40 mW)左右	1 台	分束镜	2 个
CCD 相机	1 台	反射镜	2 个
准直透镜	2 个	扩束镜	2 个
针孔滤波器	2 个	蜡烛	若干
成像透镜	1 个	干板架	1 个
电子计算机(含软件)	1 套	米尺(公用)	1 个

参 考 文 献

[8-9-1]　李欣芫,赵梓言,付申成. 马赫-曾德干涉光路下的全息数字记录及其再现[J]. 大学物理实验,2018,1(05):20-23.

[8-9-2]　周战荣. 实时数字全息测量温度场研究[J]. 激光与红外,2011,041(008):916-919.

[8-9-3]　马慧,张永安. 实时数字全息法在温度场测量中的应用[J]. 激光杂志,2009(03):26-27.

[8-9-4]　王绿苹. 光全息和信息处理实验[M]. 重庆:重庆大学出版社,1991.

[8-9-5]　维斯特. 全息干涉度量学[M]. 北京:机械工业出版社,1984.

[8-9-6]　ZOU X Y, LI H R, LIU W, et al. Application of a new wind driving force model in soil wind erosion area of northern China[J]. Journal of Arid Land, 2020, 12: 423-435.

第9章 光电混合光信息综合处理

本章着重在典型的光信息处理光路中,引入空间光调制器(SLM)以及 COMS 或 CCD 的二维图像阵列探测器,在输入与输出两个端口达到近似实时的图像信号的提供与获取,并有效使用计算程序进行图像与数据的存储、变换与处理。这样的光电混合系统,既保留光信息处理的优势与要素,又引入光电器件对信息的实时显示与采集能力、计算机的高速运算能力、算法的灵活数据处理能力,为原有的典型光信息处理方案提供了符合需求的效能拓展。

为有效地展示光电混合系统的效能,本章以"数字联合变换相关"和"数字散斑"两个实验系列为主来进行介绍,在实验系统基本不变的情况下,详细给出了相应处理的多种算法,通过算法的改变与提升,形成不同的实验和处理方案,并局部讨论了混合系统中光电器件的数字化带来的影响。

同时,声光器件可以高速地实现光信号与声信号的转换,基于作者曾经的工作,本章最后给出了通过 AOTF(声光可调谐滤波器)实现成像光谱测量的两个实验。

本章实验给出了部分光电器件的使用优势,也讨论了器件隐含的一些使用时的注意事项。

实验 9-1 基于 SLM 的阿贝滤波实验

阿贝二次成像理论提供了一种新的频谱语言来描述信息,用改变频谱的手段来改造信息。阿贝滤波是指在光学系统频谱面上放置适当的滤波器,以改变光波的频谱结构,使成像按照人们的要求得到预期的改善,也称空间滤波。一般可采用平行光照明网格图像,将滤波器置于频谱面上,以改变物的频谱成分。

本实验使用空间光调制器产生适合滤波的光栅阵列,并在 $4f$ 系统频谱面上进行滤波操作,使用数字相机观察滤波后的成像效果,以便使学生更好地理解光学信息处理的系统与操作。

【实验目的】

(1) 掌握阿贝滤波的基本思想;掌握使用空间光调制器产生不同光栅结构的输入方法。

(2) 设置 $4f$ 系统,通过空间光调制器进行输入,在频谱面上设置滤波器。

(3) 对不同输入的滤波结果进行记录与分析。

【实验原理】

1. 阿贝二次成像原理

如图 9-1-1 所示,阿贝认为透镜的成像过程可分为两步:

(1) 物波在透镜后焦面形成频谱;

(2) 这些频谱成为新的次波源,由它们发出的次波在像平面上干涉叠加形成物的像。

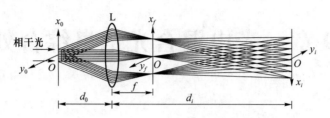

图 9-1-1　阿贝二次成像理论示意图

2. 4f 系统分析

图 9-1-2 是 4f 相干光学处理系统,设 P_1 面上的输入函数为 $g(x_1,y_1)$,其在频谱面 P_2 上的频谱函数为

$$G(f_x,f_y) = \mathscr{F}\{g(x_1,y_1)\} \tag{9-1-1}$$

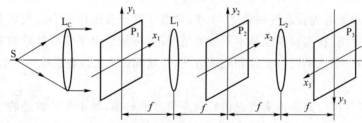

图 9-1-2　4f 相干光学处理系统

若在频谱面上插入滤波器:

$$H(f_x,f_y) = H\left(\frac{x_2}{\lambda f},\frac{y_2}{\lambda f}\right) = \mathscr{F}\{h(x_1,y_1)\} \tag{9-1-2}$$

则在输出面上产生的光场(在反射坐标下)为

$$g(x_3,y_3) = \mathscr{F}^{-1}\{G(f_x,f_y)H(f_x,f_y)\} = g(x_3,y_3) * h(x_3,y_3) \tag{9-1-3}$$

此时,4f 系统实现 g 与 h 的卷积运算,其输出光强度分布 $I(x_3,y_3) = |g(x_3,y_3) * h(x_3,y_3)|^2$。

若在频谱面插入滤波器:

$$H^*(f_x,f_y) = H^*\left(\frac{x_2}{\lambda f},\frac{y_2}{\lambda f}\right) = \mathscr{F}\{h^*(-x_1,-y_1)\} \tag{9-1-4}$$

则在输出面上得到的光场分布为

$$g(x_3,y_3) = \mathscr{F}^{-1}\{G(f_x,f_y)H^*(f_x,f_y)\} = g(x_3,y_3) \otimes h(x_3,y_3) \tag{9-1-5}$$

此时,4f 系统实现 g 与 h 的相关运算,其输出光强度分布为 $I(x_3,y_3) = |g(x_3,y_3) \otimes h(x_3,y_3)|^2$。

故改变滤波函数就能改变物图像的空间频谱结构,这就是空间滤波的含义。

3. 使用空间光调制器输出图像

实验使用电光调制透射型空间光调制器(SLM)输出图像,注意在 Windows 显示输出中设置空间光调制器为 Windows 的第二显示器,将程序的输出图像拖拽到第二块显示器处显示。

本实验使用的空间光调制器是由像素阵列构成的,平行激光照明后有多级衍射光输出;实验使用的透射型空间光调制器是液晶光阀类型,输入为竖直方向的偏振光,输出为水平方向的偏振光,输出后需使用偏振片滤除竖直方向的背景光,提高输出图像的对比度。

实验可使用如图 9-1-3 的光路,其中 P 是水平方向的偏振片,透镜 L_1 和透镜 L_2 共焦,偏振片 P 口径较小时可将其置于 L_1 后焦面附近。通过选择焦距 f_1 和 f_2 的比例,对输出图像进行适当缩放。

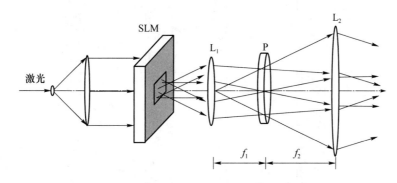

图 9-1-3　透射型空间光调制器光路示意图

光路也相当于将 SLM 处输出的图像经过透镜组 L_1 和 L_2 成像,在像面处 SLM 的输出成像清晰,实验中注意设置像面为后续傅里叶透镜的前焦面。

【实验步骤】

实验内容概要:

(1) 搭建 $4f$ 光路,使用 SLM 输入,通过 CMOS 或 CCD 二维图像阵列探测器获得输出图像;

(2) 利用程序输入,通过 SLM 获得有效的二维光栅输入图像;

(3) 在傅里叶透镜频谱面上设置典型阿贝滤波的滤波器,采集其滤波后的变换图像,其中滤波器的旋转可以通过物体的旋转加以对应;

(4) 改变输入图像,采集分析经过滤波后的变换结果;对不同光栅衍射级次滤波(仍然可以通过改变光栅构成进行对应),采集并分析经过滤波后的变换结果。

1. 布置 $4f$ 光路

布置基于 SLM 输入的 $4f$ 实验光路,如图 9-1-4 所示。图中 L_1 和 L_2 分别为扩束、准直透镜,L_3 和 L_4 构成对输入图像的缩放系统,该系统在实验中也可不设置。傅里叶透镜 FL_1 和 FL_2 构成 $4f$ 光路,FL_1 前焦面 O 是输入面,后焦面频谱面放置滤波器进行滤波操作。滤波后的二次成像由二维图像阵列探测器记录。

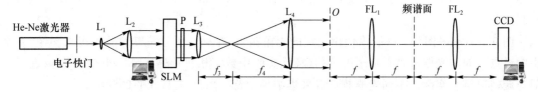

图 9-1-4　基于空间光调制器输入的 $4f$ 光路系统

2. 使用空间光调制器输出图像

仿照如图 9-1-5 所示的阿贝-波特滤波实验原理图,使用空间光调制器输入细丝网格的二维光栅图像,作为物体。由于实验中旋转滤波器并不方便,实验时可以在水平或竖直方向上设置狭缝作为滤波器,保持狭缝位置不变,直接用计算机算法在 SLM 处将输入的二维光栅图像进行适当旋转,实验效果与保持输入图像不动而旋转狭缝一致有效,狭缝与光栅图像位置选择可参考阿贝-波特实验原理(图 9-1-5)。

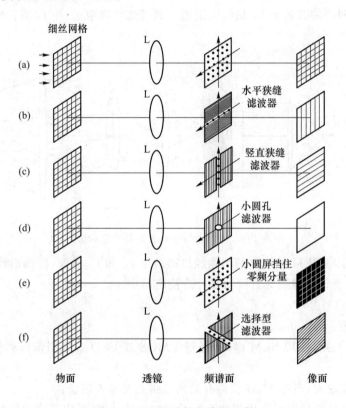

图 9-1-5　阿贝-波特实验原理图

3. 观察与拍摄

在计算机上观察数字相机采集图像,对图 9-1-5 中描述的阿贝-波特实验不同输入对应的输出图像,分别进行观察并记录(输入与输出图像)。观察时注意滤波器边缘不要与频谱点接触,避免产生衍射。

由于教学用空间光调制器性能有限,如采用像素为 25.4 μm 的空间光调制器进行输入,并使用焦距较大的傅里叶透镜(如 $f = 400$ mm),频谱面上频谱点的间隔仍然非常小(He-Ne激光照明时,间隔小于 0.1 mm)。为了使实验方便,可以构建特殊的空间频谱所对应的光栅阵列输入空间光调制器,在傅里叶透镜频谱面上直接用数字相机观察其频谱的像,以便对频谱进行观测分析。

图 9-1-6(a)~图 9-1-6(g)为使用设定的光栅输入,在频谱面上采集到的频谱点图像,光路中频谱点方向与光栅垂直。由于安装的限制,实验中数字相机旋转了 90°,此处将图像进行了对应旋转以符合实际。不同光栅频谱点采集结果均符合阿贝-波特实验的预期。

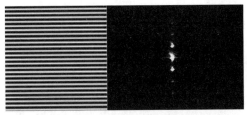
(a) 稀疏正弦光栅输入及其频谱点采集像

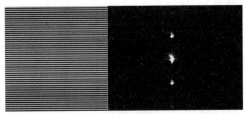
(b) 密集正弦光栅输入及其频谱点采集像

(c) 倾斜正弦光栅输入及其频谱点采集像

(d) 稀疏矩形光栅输入及其频谱点采集像

(e) 密集矩形光栅输入及其频谱点采集像

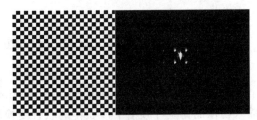
(f) 稀疏二维朗奇光栅输入及其频谱点采集像

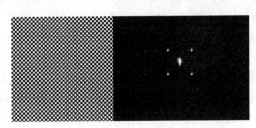
(g) 密集二维朗奇光栅输入及其频谱点采集像

图 9-1-6　输入光栅及系统采集的频谱点图像

4. 数据采集与处理

分别使用不同疏密和不同方向的二维光栅进行输入,使用狭缝、小孔、不透光窄带、矩孔等作为滤波器,记录相应的输出图像,并分析输出是否有效。

【注意事项】

(1) 含 $4f$ 光路在内的整个光路的同轴性是实验结果是否清晰的重要保证,因此光路调节必须细致。

(2) CCD 的记录参数须注意选择,使得记录图像灰度适中。

(3) USB 型 CCD 在工作时,禁止直接从端口拔除。

(4) CCD 的记录位置处一定要仔细调节,使得成像清晰。

【讨论】

考虑空间光调制器的像素大小限制,实验中不同光栅线条疏密、粗细对实验结果是否有明显影响? 如何调整系统参数,包括 SLM 输出图像,使得滤波器仅透过 ± 1 级的独立频谱点,以

185

观察输出？

    (1) 阿贝二次成像的"二次"在实验中如何对应？

    (2) 使用空间光调制器输入物像在本实验中有什么优势？

    (3) 4f 系统的同轴性如何调节？

    (4) 滤波器宽度如何考虑？

【实验仪器】

He-Ne 激光器	1 台	电子快门	1 个
CCD 相机	1 台	傅里叶透镜	2 个
透射型 SLM	1 台	光学元件	若干
电子计算机(含软件)	2 套		

参 考 文 献

[9-1-1]　王仕璠.信息光学理论与应用[M].4 版.北京:北京邮电大学出版社,2020.

实验 9-2　基于 SLM 的联合变换相关实验

    联合变换相关(Joint Transform Correlation,JTC)是模式识别的一种重要手段,它利用两个输入物像的傅里叶频谱干涉获得的联合变换功率谱,再次进行傅里叶反演,用光电器件记录得到其自相关峰与互相关峰的强度,比较获得两个输入物像的相似度。由于可利用实时光电转换器件构成实时处理系统,JTC 获得了广泛的应用。

    联合变换相关传统实验系统如实验 7-4,学生的动手操作包括制作实验图形、布置实验光路、拍摄与干板处理、重现及观察四个实验环节。此时,输入图像一般较简单,输入图像的联合变换功率谱的细节不可见,但是重现结果中易观察到自相关和互相关的弥散光场分布。

    本实验使用空间光调制器完成图像的输入,使用数字相机记录输入图像的联合变换功率谱,再使用软件对联合变换功率谱进行傅里叶反演,从计算机屏幕上观察和操作计算时获得的输入二图像的自相关与互相关,构成一个数字联合变换相关实验系统。在实验中,学生可以在计算机屏幕上明显观察到两个图像频谱干涉的条纹细节,并通过计算机程序进行实时的比较分析,从而可以对相关的多项细节进行讨论和分析。

    实验中加入了 10 项可供学生选做的项目,实际教学中可酌情选用。

【实验目的】

    (1) 掌握联合变换相关的基本原理;掌握联合变换功率谱重现的相关簇特点。

    (2) 对相同图像、相似图像、不相似图像三种情况分别拍摄并重现其联合变换功率谱,观察三种情况下的相关峰,观察用联合变换实现光学图像识别的效果。

    (3) 对影响记录系统效果的不同要素进行实验分析。

【实验原理】

    联合变换相关系统的原理已在实验 7-4 中进行说明,其采集和重现的实验光路分别使用了傅里叶透镜的 2f 变换系统,使用全息干板进行联合变换功率谱的记录。由于傅里叶透镜从标准输入面到频谱面的变换结果对应于数学中的傅里叶变换,因此,可以使用一个数字相机直接在傅里叶透镜的频谱面上记录功率谱,并通过计算机程序对功率谱进行傅里叶变换,从而获得与功率谱对应的输入图像间相应的自相关峰和互相关峰,并可进一步完成详细的相关峰对比计算。

需要特别指出的是,在 7-4 的模拟实验系统中,自相关峰与互相关峰都是弥散的,这也符合"相关"的数学定义。但是,通过数字相机采集的联合变换功率谱图像,其傅里叶变换结果中的自相关峰与互相关峰都非常尖锐。原因是经过傅里叶透镜,物像自相关峰中心的零级频谱附近光强非常强,即使数字相机的曝光时间局部可调,其零级频谱光强也均将超过数字相机记录阈值而呈现饱和。因此,实际采集的联合变换功率谱中,图像高频频谱相对低频频谱对比度更高,从而极大地压缩了相关峰的宽度。

具体细节可以使用附录 9-2-1 的仿真程序 JTC_FFT.m 来说明。使用 9-2-1(a)的待变换图像,形成 6 倍图像宽度、中心间隔为 2 倍图像宽度的输入图像,见图 9-2-1(b),其 JTC 自相关峰/互相关峰理论曲线如图 9-2-1(c)所示,符合实验 7-4 的实验结果。此时,计算的联合变换功率谱二维分布如图 9-2-1(d)所示。但由于计算机屏幕亮度阈值是 255,其强度曲线如图 9-2-1(e)所示,频谱中心光强相对于边缘要高得多,不能被有效记录。若设置接收器件的光强阈值为10 000,如图 9-2-1(f)所示,则功率谱曲线应如图 9-2-1(g)所示,自相关峰和互相关峰都非常尖锐。

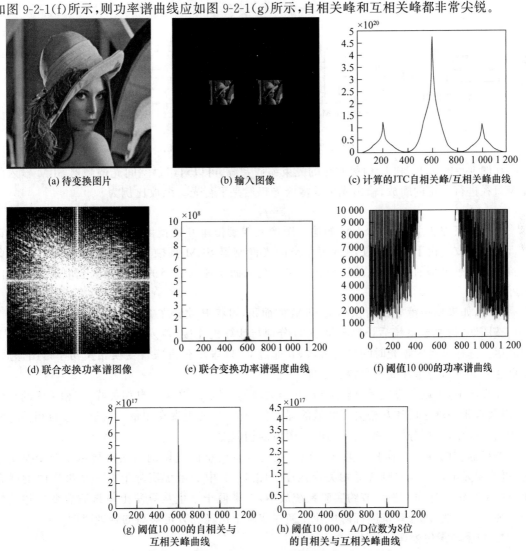

(a) 待变换图片　　　　　　　(b) 输入图像　　　　　　　(c) 计算的JTC自相关峰/互相关峰曲线

(d) 联合变换功率谱图像　　　(e) 联合变换功率谱强度曲线　　(f) 阈值10 000的功率谱曲线

(g) 阈值10 000的自相关与　　(h) 阈值10 000、A/D位数为8位
　　互相关峰曲线　　　　　　　的自相关与互相关峰曲线

图 9-2-1　JTC 数字实验系统相关峰宽度计算分析

程序中进一步考虑数字相机 A/D 转换位数为 8 位,对功率谱进行取整,此时自相关峰和互相关峰曲线如图 9-2-1(h)所示,与图 9-2-1(g)结果相似,说明数字相机 A/D 转换位数对本实验影响不大。相关峰宽度压缩主要由相机采集图像时光强的阈值所造成。

【实验步骤】

实验内容概要:

(1) 熟悉空间光调制器的操作,利用软件在计算机中调用适当物像图片输出到光路中;

(2) 设置适当的图像调整和傅里叶变换光路,使用 CCD 记录待测图像的傅里叶功率谱;

(3) 对记录的傅里叶功率谱进行数字分析,计算不同输入的互相关峰强度;

(4) 对计算结果进行分析和比对,确认结果的有效性。

1. 布置实验光路

数字联合变换相关实验的构成如图 9-2-2 所示,使用空间光调制器 SLM 以便灵活输入待处理图像,使用共焦的光束缩放系统对图像进行缩放,使用 CCD 相机记录输入图像的联合变换功率谱图像,再使用计算机程序对联合变换功率谱进行傅里叶反演,实现联合变换相关操作。

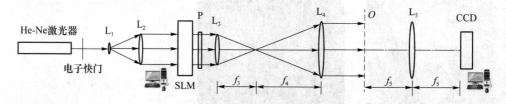

图 9-2-2　数字联合变换相关光路系统

在图 9-2-2 中,L_3 和 L_4 构成共焦的光束缩放系统,可以对经过空间光调制器 SLM 输入的光束口径进行一定的缩放,输出光束的零级光仍然是平行光。缩放比例为

$$\beta = f_4 / f_3$$

共焦光束缩放系统可将 SLM 的输入图像成像到傅里叶透镜 L_5 的输入面上,并对其频谱进行适当缩放。由于实验中使用振幅型空间光调制器 SLM 直接呈现计算机屏幕图像,因此实验图像仅是屏幕的局部,系统还可在共焦系统像面上加入适当的孔径光阑选取适当范围内的屏幕图像。

另外,如果偏振镜 P 的面积小于 SLM 的面积,可将 P 放置在 L_3 和 L_4 之间的适当位置。

按图 9-2-2 搭建系统后,SLM 和 CCD 分别与计算机连接,输入图像并采集联合变换相关功率谱。选择适当的曝光时间采集参数,并通过 CCD 采集获得联合变换相关功率谱图像后,由算法对其进行傅里叶变换和相关处理。

在程序中,可以三维展示自相关峰、互相关峰的区域;二维展示自相关峰、互相关峰的高度值,以及自相关峰区域和互相关峰区域的强度积分值,以便观察和测量。通过上述自相关峰和互相关峰的比较,可分析获得输入的两个图像的相似度。

严格的实时联合变换相关系统可以使用光寻址的空间光调制器实时显示联合变换功率谱,再使用光电探测器实时获得相关峰强度。图 9-2-2 中的系统实际上是一个准实时的联合变换相关系统。这样一来可节约实验系统成本,二来便于学生从算法上掌握联合变换相关的若干细节。当然,用计算机进行傅里叶变换在实验上已经具有足够高的处理速度。

2. 拍摄与图像处理

使用附录 9-2-2 的 LoadImage.m 程序产生期望的输入图像,经空间光调制器在 P_1 面上分别获得不同的实验图像组,分别记录多组图形的联合变换功率谱。操作计算机时注意不要触动台面及其他光学元件,图像更换后注意静止适当时间,再使用光学 CCD 进行拍摄。由于功率谱中心光强很强,在功率谱图像记录时需要注意适当调节数字相机的曝光时间,使整体联合变换功率谱图像的光强适当。

注意:随着曝光时间不同,重现的相关峰强度也不同,影响对两物像相关程度的判断。

由于输入图像中心间距为 $2a$,最后重现的互相关峰距中心自相关峰的间距为 $2a$,而输入图像有一定宽度,因此要注意使输入图像宽度适当,否则将可能导致重现的相关峰产生叠合。

3. 观察与计算

图 9-2-3(a)是待 JTC 变换的图片;图 9-2-3(b)是 SLM 的实际输入图像,由附录 9-2-2 的 LoadImage.m 程序生成;图 9-2-3(c)为数字实验系统用 CCD 相机记录的 JTC 功率谱;图 9-2-3(d)为图 9-2-3(c)联合变换功率谱经傅里叶变换获得的自相关峰与互相关峰的二维分布图;图 9-2-3(e)是消除中心自相关峰后的互相关峰三维分布图;图 9-2-3(f)为互相关峰二维曲线图。从图 9-2-3(d)、图 9-2-3(f)图中可以清晰读取到自相关峰与互相关峰的高度值,相应处理由附录 9-2-3 的 JTC.m 程序进行。

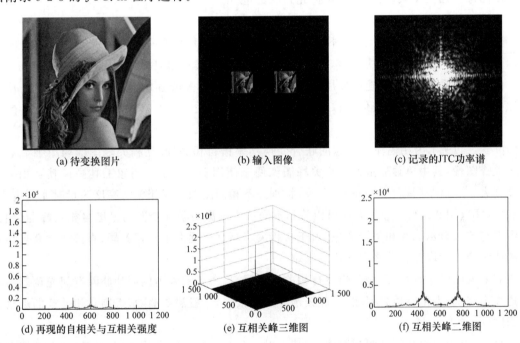

(a) 待变换图片　　　　　(b) 输入图像　　　　　(c) 记录的 JTC 功率谱

(d) 再现的自相关与互相关强度　　(e) 互相关峰三维图　　(f) 互相关峰二维图

图 9-2-3　JTC 数字实验系统实验与计算结果

4. 分组自选操作内容

为便于实验教学,此处列出了 10 项选做内容,供实际实验参考。一般 1 个组自选 2 个操作内容,不同组之间尽量选择不同内容;其中加入噪声等操作具体可见附录 9-2-2 中的图像生成程序 LoadImage.m。

(1) 使用不同强度级别的声音,如轻声说话、大声说话、大力鼓掌、轻踏地面、重踏地面、轻拍台面等,记录并分析其对相关结果的影响。本操作将逐渐影响互相关峰强度。

(2) 使用不同的图像大小和间隔,分析其对相关结果的影响。本操作将影响相关峰间距,以及自相关峰高度等。

(3) 记录无输入时的背景光,消除背景光,分析其对相关结果的影响。

(4) 记录多幅图片的相关结果,分析不同图片的相似度,并与目测相似度进行比较。

(5) 调节 CCD 的记录位置,在焦平面附近记录约 10 个有序位置,分析何处是最佳位置,建立最佳位置的判断准则,并重复应用该准则 3 次,分析该准则应用是否有效。对不同图像应用该准则,分析该准则是否普适,并分析其原因。

(6) 分析不同输入图像放大率(分辨率)不变时频谱的记录。本操作慎用,具体需要改光路来获得不同的图像放大率,实际中建议修改程序进行。

(7) 输入正多边形分布的多幅图像(如 3 幅、4 幅、5 幅),分析此时的互相关分布。建议是 3 幅或 5 幅不同相似度的图,因为 4 幅图时,水平方向和竖直方向的相关峰将会叠加,不能分析各自的相似度。

(8) 在图像中引入不同级别的噪声,分析此时的互相关情况。

(9) 在 CCD 记录时使用不同的曝光时间,分析其对互相关结果的影响。

(10) 使图像边缘少量泄漏背景光,分析背景光对互相关结果的影响。实际中建议通过调节改变图像界面大小来进行,尽量保持光路的稳定。

5. 数据采集与处理

分别使用 2 幅相同图片、2 幅不同图片、2 幅相近图片和图景一致但局部交错的 2 幅图片,使用 CCD 记录其联合变换功率谱,然后用程序计算比较其互相关峰强度/自相关峰强度。

由于实验系统的约束,建议使用 2 幅相同图像的互相关峰强度/自相关峰强度比值 R 作为比例因子,进行归一化,其他图像与待检测图像的互相关峰强度/自相关峰强度比值 R' 有

$$R_i = R'/R$$

如图 9-2-4(a)所示为相同输入图像的联合变换功率谱自相关峰/互相关峰图像与单独显示的互相关锋图像,其中单独显示的互相关峰图像便于使用 MATLAB 图像工具测量其互相关峰的高度大小。这个问题在局部相关图像,特别是不相同图像的互相关峰高度测量时尤其重要。图 9-2-4(b)、图 9-2-4(c)分别为局部相关和不同输入图像的联合变换功率谱自相关峰/互相关峰图像与单独显示的互相关锋图像,由于自相关峰高度远远大于互相关峰,直接在含有自相关峰的曲线图中读取互相关峰高度比较困难。

需要说明的是,由于互相关峰比自相关峰要弱,且由于实验用偏振片滤除空间光调制器的直透光不完全,少量直透光存在,因此频谱零级光很强,一般需要消除,否则互相关峰的观察将相当困难。

另外,由于使用空间光调制器输入,其出射光存在多级衍射光,因此在 CCD 面上可能出现多套频谱,这可能是在图 9-2-4(b)、图 9-2-4(c)中互相关峰曲线两侧出现小尖峰的原因。注意,仅记录中心附近的频谱。

理想的联合变换功率谱经过一次逆傅里叶变换后,在输出平面的 $(-2a, 0)$ 和 $(2a, 0)$ 两个位置上出现的互相关峰为点状,易于用光电探测器接收并判断相关点强度。但从实验结果可以看出,联合变换功率谱再现的相关峰不完全是一个点,仍具有一定的展宽。这是由于对输入图像进行傅里叶变换时,两个图像的各个部分之间都要进行傅里叶变换,使得联合变换功率谱在进行逆傅里叶变换时产生的相关峰有所展开,需要进一步积分获得相关峰的总强度。

以上问题可以通过图像分割或计算机处理功率谱等方法加以解决。本实验中可简单使用归一化的互相关峰强度/自相关峰强度比值进行判别。

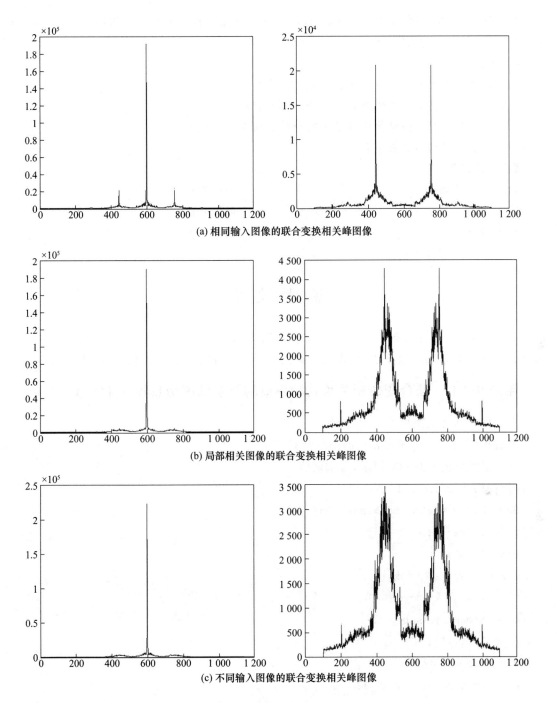

(a) 相同输入图像的联合变换相关峰图像

(b) 局部相关图像的联合变换相关峰图像

(c) 不同输入图像的联合变换相关峰图像

图 9-2-4　JTC 数字实验系统实验与计算结果

【注意事项】

（1）设置空间光调制器输出后，一定要在距清晰成像 f 的位置放置傅里叶透镜。

（2）CCD 的记录参数需要注意选择，使得记录图像强度适中。

（3）USB 型 CCD 在工作时，禁止直接从端口拔除。

（4）CCD 的记录位置处一定要前后反复仔细调节，使得图像的频谱面正确，以使输入的两个图像频谱叠合一致，此时计算输出的互相关峰值相对最大。

191

（5）注意，如果需要修改输入与输出程序，则应注意将程序另存为本组的特殊命名，以避免程序修改后影响到其他组的操作。

【讨论】

（1）联合变换相关的原理和实验要点是什么？

（2）空间光调制器输入图像时需要注意哪些要素？

（3）如何判定数字相机面正好处于傅里叶透镜的频谱面？

（4）数字相机的图像采集有什么特点？

【实验仪器】

He-Ne 激光器	1 台	电子快门	1 个
CCD 相机	1 台	傅里叶透镜	1 个
透射型 SLM	1 台	光学元件	若干
电子计算机(含软件)	2 套		

参 考 文 献

[9-2-1]　王仕璠.信息光学理论与应用[M].4 版.北京：北京邮电大学出版社，2020.

[9-2-2]　王仕璠，刘艺，余学才.现代光学实验教程[M].北京：北京邮电大学出版社，2004.

附录 9-2-1　联合变换相关及其功率谱的数字处理仿真程序 JTC_FFT. m

```
% 图像的联合变换相关
% 直接使用 FFT，未考虑相位的细节计算
% 考虑实际的光路 CCD 记录，考虑阈值
clc;clear;close all;
Sa = 1200;N = 6;NN = Sa/N;saN = Sa;
w = 0.6328e - 6;D = 0.10;f = 4 * D;
sox = D/saN;
six = f * w/(saN * sox);


o1 = imread('Miss.bmp');
o1 = o1(:,:,1);
o1 = im2double(o1);
o1 = imresize(o1,[NN NN]);


oN = zeros(Sa);
oN((Sa - NN)/2 + 1:(Sa + NN)/2,(Sa - NN)/2 + 1 - NN:(Sa - NN)/2) = o1; % oNN1; %


o1 = imread('Miss.bmp');
o1 = o1(:,:,1);
o1 = im2double(o1);
```

```
% o1 = 1 - o1;
o1 = imresize(o1,[NN NN]);

oN((Sa - NN)/2 + 1:(Sa + NN)/2,(Sa + NN)/2 + 1:(Sa + NN)/2 + NN) = o1; % oNN2; %
figure;imshow(oN);

SioN = fftshift(fft2(oN)); %
figure;imshow((SioN.*conj(SioN))*1e-2);
% nSioN = fftshift(fft2(abs(SioN)));          % 非线性变换,以获得点状输出峰
nSioN = fftshift(fft2(abs(SioN).^2));         % 实际输出

figure;imshow(abs(nSioN).^2 * 5e-20);         % 实际输出
% figure;imshow(abs(nSioN) * 3e-10);          % 非线性变换,以获得点状输出峰
% figure;plot(max(abs(nSioN).^2));

figure;plot(max(abs(nSioN)).^2);
```

% 这里最重要的问题是,如果使用 CCD 接收,则高于一定强度的结果将全部为 255,不能再得到更大的
% 这样可能对结果产生不同的影响

```
Is = SioN.*conj(SioN);
figure;plot(max(Is));
Imax = 1.0e5;
xx = find(Is>Imax);
Is(xx) = Imax;

figure;plot(max(Is));
nIs = fftshift(fft2(Is));
figure;imshow(nIs.*conj(nIs)*1e-17);
figure;plot(max(nIs.*conj(nIs)));
Iccd = 255; % 255 4095  65535             %8Bit,12Bit, 16Bit
Is = Iccd.*Is./Imax;
Is = fix(Is);
nIs = fftshift(fft2(Is));
% figure;imshow(nIs.*conj(nIs)*1e-18);
figure;plot(max(nIs.*conj(nIs)));
```

附录 9-2-2　在空间光调制器加载图像程序 LoadImage.m

```
% Get a good picture for JTC
clc;clear;close all;
```

```
Sa = 900;N = 4;NN = Sa/N;
o1 = imread('Miss.bmp');
o1 = o1(:,:,1);
o1 = im2double(o1);
o1 = imresize(o1,[NN NN]);
 % o1 = imnoise(o1,'gaussian',0.1);     % 给图像增加噪声,以便进行相关性比较
oN = zeros(Sa);
oN((Sa - NN)/2 + 1:(Sa + NN)/2,NN/N + 1:NN/N + NN) = o1;
 % figure;imshow(oN);

o1 = imread('Miss.bmp');
o1 = o1(:,:,1);
o1 = im2double(o1);
 % o1 = 1 - o1;        % 获得强度反转图像,与原图像结构一致而强度不同,图像相似
o1 = imresize(o1,[NN NN]);

oN((Sa - NN)/2 + 1:(Sa + NN)/2,Sa - NN * 1/N - NN + 1:Sa - NN * 1/N) = o1;
 % o1 = 0;        % 图像全黑,以分析背景光等对系统的影响
figure;imshow(oN);
```

附录 9-2-3　联合变换相关功率谱处理程序 JTC. m

```
% 处理联合变换相关图样
clear;clc;close all;
Sam = 1600;San = 1200;Sa = 130;Sak = 150;

o1 = imread('001.jpg');
o1 = o1(:,:,1);
o1 = im2double(o1);
o1 = imresize(o1,[San San]);

figure;imshow(o1);
fo = fftshift(fft2(o1));

figure;imshow(abs(fo) * 1e - 3);
figure;mesh(abs(fo));
figure;plot(max(abs(fo)));

fok = fo;
fok((San/2 + 1 - Sa/2):(San/2 + 1 + Sa/2),(San/2 + 1 - Sa/2):(San/2 + 1 + Sa/2)) = 0;
 % figure;imshow(abs(fok) * 1e - 3);
```

```
% figure;mesh(abs(fok));

foN = fok;
foN(1:100,:) = 0;
foN(1100:1200,:) = 0;
foN(:,1:100) = 0;
foN(:,1100:1200) = 0;
figure;imshow(abs(foN) * 1e - 3);
figure;mesh(abs(foN));
figure;plot(max(abs(foN)));
```

实验 9-3　基于 SLM 的联合变换相关拓展实验

在分析输入图像的相关性时,经常可见输入图像间存在一定的大小缩放和角度旋转,此时,联合变换相关的效果较差,一般图像缩放超过 10％或旋转超过 5°,就可能使图像与原图相关性较差。本实验通过梅林变换和圆谐变换,实现对图像的尺度缩放和不同旋转情况的联合变换相关。

【实验目的】

(1) 掌握梅林变换和圆谐变换的基本原理,利用算法实现在不同参数条件下对输入图像的生成。

(2) 在掌握联合变换相关基本原理的基础上,对图像的缩放和旋转造成的影响进行实验研究。

(3) 对影响记录系统效果的不同要素进行实验分析。

【实验原理】

1. 梅林变换

梅林变换实际是构建一个线性空间变系统,该系统对任何比例变化的图像的空间频谱尺寸都是一样的。函数 $f(\zeta,\eta)$ 沿虚轴的二维梅林变换定义为

$$M(ip,iq) = M\{f(\xi,\eta)\} = \int\int_0^\infty f(\xi,\eta)\xi^{-(ip+1)}\eta^{-(iq+1)}\,\mathrm{d}\xi\mathrm{d}\eta \tag{9-3-1}$$

令 $\zeta=\mathrm{e}^x,\eta=\mathrm{e}^y$,则对函数 $f(\zeta,\eta)$ 的梅林变换即为对函数 $f(\mathrm{e}^x,\mathrm{e}^y)$ 的傅里叶变换:

$$M(ip,iq) = M\{f(\xi,\eta)\} = \int\int_{-\infty}^\infty f(\mathrm{e}^x,\mathrm{e}^y)\mathrm{e}^{-i(px+qy)}\,\mathrm{d}x\mathrm{d}y \tag{9-3-2}$$

故可用傅里叶变换光学系统实现梅林变换,办法是先对输入图像函数进行对数变换,再将经过对数变换后的图像在 $4f$ 系统中进行匹配滤波变换。

应用梅林变换的主要优点是其尺度不变特性,即

$$|M\{f(\xi,\eta)\}| = |M\{f(a\xi,a\eta)\}| \tag{9-3-3}$$

实施梅林变换要求对输入物函数做非线性坐标变换,本实验使用程序算法实现物函数的相应变换,再通过 SLM 显示输出。梅林变换函数具体可见附录 9-3-1 的 Mellin_Transform. m 程序,其中的对数变换使用了 log2 函数,也可以根据需求使用 log 或其他基底的对数函数。

　　需要说明的是,数学中梅林变换可以完全无损图像信息量,但实验中受 SLM 像素的限制,图像缩小后物像像素减少,如图 9-3-1(a)、图 9-3-1(c)所示,因此其梅林变换后的信息量会对应减少,如图 9-3-1(b)、图 9-3-1(d)所示。实验需要缩放前后输入图像像素数不变,具体参见附录 9-3-1 的 ImageRisize.m 程序。

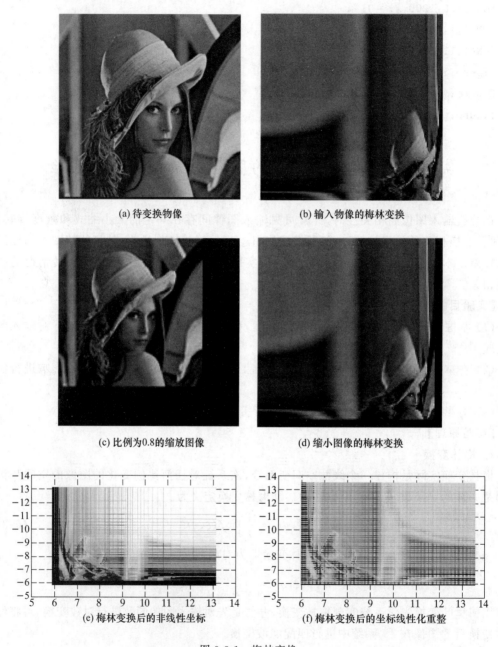

(a) 待变换物像　　　　　　　　　　　(b) 输入物像的梅林变换

(c) 比例为0.8的缩放图像　　　　　　　(d) 缩小图像的梅林变换

(e) 梅林变换后的非线性坐标　　　　　(f) 梅林变换后的坐标线性化重整

图 9-3-1　梅林变换

　　需要特别指出的是,原物函数图像像素的空间坐标经过梅林变换后已转为非线性坐标;而空间光调制器的像素单元坐标是线性的,如图 9-3-1(e)所示,故 Mellin_Transform.m 程序中使用了 MATLAB 的 griddata 函数(算法参数选择 linear)进行了坐标对数变换后的重整,以获得线性坐标输出,如图 9-3-1(f)所示。

函数中隐藏了图像输出语句,实验预习的时候可以开启相应语句具体看一下梅林变换前后的图像。注意程序修改后,正式运行前要恢复。

2. 圆谐变换

已知二维函数 $f(r,\theta)$ 在 $(0,2\pi)$ 区域连续并可积,则可将其展成傅里叶级数:

$$f(r,\theta) = \sum_{m=-\infty}^{\infty} F_m(r)e^{im\theta} \tag{9-3-4}$$

式中

$$F_m(r) = \frac{1}{2\pi}\int_0^{2\pi} f(r,\theta)e^{-im\theta}d\theta \,(傅里叶系数) \tag{9-3-5}$$

$F_m(r,\theta) = F_m(r)e^{im\theta}$ 为 m 阶圆谐函数。

若物体旋转一角度 α,则其目标函数可写为

$$f(r,\theta+\alpha) = \sum_{m=-\infty}^{\infty} F_m(r)e^{im(\alpha+\theta)} \tag{9-3-6}$$

m 阶圆谐函数将发生一个 $m\alpha$ 弧度的位相变化。

设用 $f(x,y)$ 和 $f_\alpha(x,y)$ 各代表物函数 $f(r,\theta)$ 和 $f(r,\theta+\alpha)$,将物函数 $f(r,\theta+\alpha)$ 置于 $4f$ 系统的输入端,则输出面光场分布中的相关项为

$$g_\alpha(x,y) = \int_{-\infty}^{\infty}\int_{-\infty}^{\infty} f_\alpha(\xi,\eta)f^*(\xi-x,\eta-y)d\xi d\eta \tag{9-3-7}$$

若 $\alpha=0$,则自相关峰出现在坐标原点。

将上述积分变换成极坐标系,则有

$$C(\alpha) = \int_0^{\infty} r dr\int_0^{2\pi} f(r,\theta+\alpha)f^*(r,\theta)d\theta \tag{9-3-8}$$

代入式(9-3-6)后有

$$C(\alpha) = \sum_{m=-\infty}^{\infty}\sum_{m'=-\infty}^{\infty}\left[e^{im\alpha}\int_0^{\infty} F_m(r)F_{m'}(r)r dr\int_0^{2\pi} e^{i(m-m')\theta}d\theta\right]$$

$$= 2\pi\sum_{m=-\infty}^{\infty} e^{im\alpha}\int_0^{\infty} |F_m(r)|^2 r dr \tag{9-3-9}$$

式(9-3-9)可表达如

$$C(\alpha) = \sum_{m=-\alpha}^{\alpha} A_m e^{im\alpha}$$

$$A_m = 2\pi\int_0^{\infty} |F_m(r)|^2 r dr \tag{9-3-10}$$

当仅利用某一级圆谐函数分量作为参考函数时,就可实现旋转不变。例如,设

$$f_{ref}(r,\theta) = F_m(r)e^{im\theta} \tag{9-3-11}$$

则目标函数 $f(r,\theta+\alpha)$ 与参考函数 $f_{ref}(r,\theta)$ 在原点 $(0,0)$ 的相关值可写为

$$C_m(\alpha) = 2\pi \cdot e^{im\alpha}\int_0^{\infty} r|F_m(r)|^2 dr \tag{9-3-12}$$

相关函数的强度是

$$|C_m(\alpha)|^2 = |2\pi\int_0^{\infty} r|F_m(r)|^2 dr|^2 \tag{9-3-13}$$

它与目标图形的旋转角 α 无关,因而是旋转不变的。

圆谐变换的函数,可参见附录 9-3-3 的 Circular_Harmonic.m,其中参数 h 是阶数 m。

由于不同输入图像在不同 m 阶具有不同的强度,实验中需要对具体输入图像进行观察分析,以获得有代表性的 m 阶的选取。

图 9-3-2(a)、图 9-3-2(c)是输入图像及其经 30°旋转的结果,图 9-3-2(b)、图 9-3-2(d)是二者对应的零级圆谐变换图。由于涉及图像旋转,输入图像的像素数和旋转图像的像素数大小需要设置一致,因此输入图像边缘需注意预置适当的 0 像素,具体可见附录 9-3-4 的 JTC_CH_L.m 程序。

同时,由于圆谐变换输出图像强度起伏不大,实验中可以使用适当的算法调整相应图像强度。

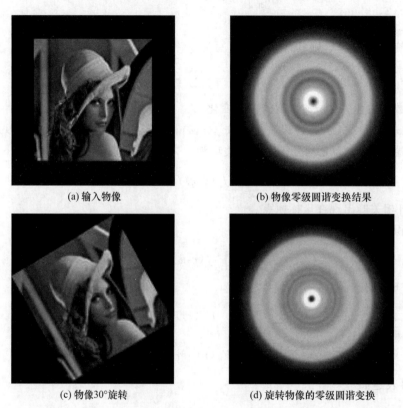

(a) 输入物像   (b) 物像零级圆谐变换结果

(c) 物像30°旋转   (d) 旋转物像的零级圆谐变换

图 9-3-2   圆谐变换

【实验步骤】

实验内容概要:

(1)熟悉梅林变换程序和圆谐变换程序的设置,调节程序参数获得有效图片输出;

(2)设置适当的联合变换相关光路,使用 CCD 记录图像的傅里叶功率谱;

(3)对记录的傅里叶功率谱进行数字分析,计算不同输入的互相关峰强度;

(4)通过算法设置不同缩放,使用/不使用梅林变换,分析比对 JTC 结果;通过算法设置不同旋转角度,使用/不使用圆谐变换,分析比对 JTC 结果;注意确认结果的有效性。

1. 布置和验证实验光路

继续使用或者重新布设如图 9-2-2 所示的数字联合变换相关光路系统;开启输入的空间光调制器及其控制计算机,开启数字相机及其控制计算机;使用类似于图 9-2-3(b)的标准图像输入,使用数字相机拍摄其联合变换功率谱,计算其自相关峰/互相关峰曲线,将数字相机记录位置调整到频谱面,确定光路系统有效。

2. 梅林变换实验

选择标准图像,调节算法参数和语句,使用/不使用梅林变换函数,输出不同缩放比例的图像到空间光调制器上,准备进行联合变换相关,如图 9-3-3(a)、图 9-3-3(b)所示。

(a) 使用梅林变换,缩放因子为0.8　　(b) 不使用梅林变换,缩放因子为0.8

图 9-3-3　使用/不使用梅林变换函数的待联合变换相关输入

缩放比例,建议从 0.50~0.95 之间进行选择,根据实验课时,选择适当数量的缩放比例,一般建议 3~5 个,以便进行有序的分析,缩放间隔建议大于或等于 0.05。

注意:不使用梅林变换函数时可以在程序中将对应语句注释掉即可,不建议删除。这样恢复使用时仅需解除相应语句的注释。

3. 圆谐变换实验

选择标准图像,调节算法参数和语句,使用/不使用圆谐变换函数,输出不同转角的图像到空间光调制器上,准备进行联合变换相关,如图 9-3-4(a)和图 9-3-4(b)所示。

(a) 使用圆谐变换,旋转30°　　　　(b) 不使用圆谐变换,旋转30°

图 9-3-4　使用/不使用圆谐变换函数的待联合变换相关输入($m=0$)

旋转角度,建议从 5°~180°之间进行选择,根据实验课时,选择适当数量的旋转角度,一般建议 5~10 个,以便进行有序的分析,角度间隔建议大于或等于 2°。

注意:附录 9-3-4 的 JTC_CH_L.m 程序同时给出了使用/不使用圆谐变换函数时的图像,其中注意对阶数 m 的选择,以及对输出图像的重整。

4. 数据采集与处理

针对不同缩放比例,以及使用/不使用梅林变换的输入,使用数字相机记录其联合变换功率谱并保存。由于采集图像较多,但联合变换功率谱图像相似度高,因此建议保存图像时使图像名称含有对应参数,例如,可用"image_R90M.bmp"表明图像缩放了 0.9 倍并使用了梅林变换,"image_C10m0.bmp"则表明是旋转 10°且 $m=0$ 的圆谐变换。规则可由教师指定,或者实验时由学生自行约定,也可使用文本文件或笔记本专门记录各图像对应的输入说明。

输入图像也需要对应保存,以便在实验报告中给出相应场景。

联合变换功率谱的相关分析仍然可以使用实验 9-2 中的 JTC.m 程序进行。如果希望对系列功率谱图像进行系列的连续分析,可以自行修改程序来完成。

【注意事项】

(1) 使用数字联合变换光路前,注意验证光路系统的有效性。

(2) 梅林变换输入时注意使用细节丰富的图像,以获得更好的频谱分布。

(3) 圆谐变换输入时,注意对 m 阶次的选择,以及对图像对比度的处理。

(4) USB 型 CCD 在工作时,禁止直接从端口拔除。

【讨论】

一般文献说明,图像旋转超过 5°,或者缩放超过 0.9 倍,相关性就很弱。使用本数字实验系统后,是否如此? 另外,可否有其他方案来解决图像缩放与旋转的相关分析?

(1) 如何使用联合变换相关系统进行图像缩放和旋转的相关研究?

(2) 梅林变换和圆谐变换的原理是什么?

(3) 梅林变换和圆谐变换的图像如何适配空间光调制器输入?

(4) 是否可以使用其他算法方案进行图像缩放和旋转?

【实验仪器】

He-Ne 激光器	1 台	电子快门	1 个
CCD 相机	1 台	傅里叶透镜	1 个
透射型 SLM	1 台	光学元件	若干
电子计算机(含软件)	2 套		

参 考 文 献

[9-3-1] 王仕璠.信息光学理论与应用[M].4 版.北京:北京邮电大学出版社,2020.

[9-3-2] 王仕璠,刘艺,余学才.现代光学实验教程[M].北京:北京邮电大学出版社,2004.

附录 9-3-1 梅林变换函数 Mellin_Transform. m 和图像缩放函数 ImageRisize. m

```
%==========================
% 梅林变换函数 Mellin_Transform;
% 将输入的 Uo 图像变换为 Uc 图像;sox 和 soy 为输入图像的像素大小;scx 和 scy 为输
出图像的像素大小
%delt_D:输出图像像素大小
%变换原则: 1.变换前后图像的像素数量相同,便于使用 SLM 输入
%          2.变换前后图像的像素大小相同,便于将两图像同时输入
%==========================
function [Uc,xc,yc] = Mellin_Transform(Uo,sox,soy)   % ,delt_Dx,delt_Dy
    [sam san] = size(Uo);
    xx = sox:sox:sam * sox;
    yy = soy:soy:san * soy;
    %变换前坐标网格
```

```
[x,y] = meshgrid(xx,yy);
% 变换后坐标网格
xM = log2(x);
yM = log2(y);
% 变换后的高度值不变
U1 = Uo;
% figure;mesh(xM,yM,U1);        % 单独运行时,可用于观察变换结果
% 变换要输出的坐标网格
delt_Dx = (max(max(xM)) − min(min(xM)))/sam;
delt_Dy = (max(max(yM)) − min(min(yM)))/san;
scx = delt_Dx;scy = delt_Dy;
xc = min(min(xM)):scx:(min(min(xM)) + (sam − 1) * scx);
yc = min(min(yM)):scy:(min(min(yM)) + (san − 1) * scy);
% 变换前坐标网格
[x_Output,y_Output] = meshgrid(xc,yc);
Uc = griddata(xM,yM,U1,x_Output,y_Output,'linear');
% figure;mesh(x_Output,y_Output,Uc);        % 单独运行时,用于观察变换结果
end
% 图像缩放函数,要求缩小后的图像像素数与缩小前一致
function[U_Resize] = ImageRisize(Uo,Ratio)
[sam san] = size(Uo);
Nx = fix(sam * Ratio);
Ny = fix(san * Ratio);
Ur = imresize(Uo,[Nx Ny]);

U_Resize = zeros(sam,san);
% U_Resize((sam − Nx)/2 + 1:(sam + Nx)/2,(san − Ny)/2 + 1:(san + Ny)/2) = Ur;
% 梅林变换,要求从坐标(1,1)点开始缩放,因此不能将图像置于正中
U_Resize(1:Nx,1:Ny) = Ur;
end
```

附录 9-3-2　使用梅林变换的联合变换相关程序 JTC_FFT_Mellin.m

```
% 图像的联合变换相关,考虑梅林变换,完成图像缩放
% 直接使用 FFT,未考虑相位的细节计算
clc;clear;close all;
Sa = 900;N = 6;NN = Sa/N;saN = Sa;
w = 0.6328e − 6;D = 0.10;f = 4 * D;
sox = D/saN;soy = sox;
six = f * w/(saN * sox);siy = six;
```

```
o1 = imread('Miss.bmp');
o1 = o1(:,:,1);
o1 = im2double(o1);
o1 = imresize(o1,[NN NN]);
figure;imshow(o1);
title('Image1');

[o_M1 xc yc] = Mellin_Transform(o1,sox,soy);
figure;imshow(o_M1);
title('Mellin Transformed image1');
o1 = o_M1;

oN = zeros(Sa);
oN((Sa - NN)/2 + 1:(Sa + NN)/2,(Sa - NN)/2 + 1 - NN:(Sa - NN)/2) = o1; % oNN1; %

o2 = imread('Miss.bmp');   % face.bmp
o2 = o2(:,:,1);
o2 = im2double(o2);
o2 = imresize(o2,[NN NN]);

Ratio = 0.8;
[o_R] = ImageRisize(o2,Ratio);
figure;imshow(o_R);
title('Zoom in');
o2 = o_R;

%  dx = log2(sox);dy = log2(soy);

[o_M2 xc yc] = Mellin_Transform(o2,sox,soy);
figure;imshow(o_M2);
title('Mellin transformed image2');
o2 = o_M2;

oN((Sa - NN)/2 + 1:(Sa + NN)/2,(Sa + NN)/2 + 1:(Sa + NN)/2 + NN) = o2; % oNN2; %
figure;imshow(oN);

SioN = fftshift(fft2(oN)); %
% figure;imshow(abs(SioN) * 1e - 2);
figure;imshow((SioN. * conj(SioN)) * 1e - 2);
% nSioN = fftshift(fft2(abs(SioN)));
```

```
% nSioN = fftshift(fft2(abs(SioN).^2));
nSioN = fftshift(fft2(SioN. * conj(SioN)));
figure;imshow(abs(nSioN).^2 * 3e - 19);
figure;plot(max(abs(nSioN).^2));
figure;mesh(abs(nSioN));


%计算显示互相关峰积分/自相关峰积分
I_P = nSioN. * conj(nSioN);
I_J = I_P((Sa - NN)/2 + 1:(Sa + NN)/2,(Sa - NN * N)/2 + 1:(Sa - NN * (N - 2))/2);
I_S = I_P((Sa - NN)/2 + 1:(Sa + NN)/2,(Sa - NN)/2 + 1:(Sa + NN)/2);
R = mean2(I_J)/mean2(I_S)
```

附录 9-3-3 圆谐变换函数 Circular_Harmonic. m

```
function ou = Circular_Harmonic(oi,h)
[n,m] = size(oi);
[X,Y] = meshgrid( - n:n, - m:m);


Z = zeros(2 * n + 1);
Z(n - floor(n/2):2 * n - floor(n/2) - 1,m - floor(m/2):2 * m - floor(m/2) - 1) = oi;


theta = [0:0.01:1] * 2 * pi;
R = 0:0.5:fix(sqrt(2) * n);
R = R';
Fr = zeros(1,length(R));


x1 = R * cos(theta);
y1 = R * sin(theta);
z1 = griddata(X,Y,Z,x1,y1,'linear');
e_theta = repmat(exp( - h * theta),[length(R),1]);
z1 = z1. * e_theta;
Fr = trapz(theta,z1')/2/pi;


Fr(isnan(Fr)) = 0;


ou = zeros(n,m);
x = - floor(n/2):n - floor(n/2) - 1;
y = - floor(m/2):m - floor(m/2) - 1;
[X1,Y1] = meshgrid(x,y);


r = sqrt(X1.^2 + Y1.^2);
```

```
ou = interp1(R,Fr,r,'linear');
```

附录9-3-4　使用圆谐变换的联合变换相关程序 JTC_CH_L. m

```
clc;clear;close all;
Sa = 800;N = 8;NN = Sa/N;saN = Sa;
w = 0.6328e - 6;D = 0.10;f = 4 * D;                  %设置参数,如之前程序说明
sox = D/saN;soy = sox;
six = f * w/(saN * sox);siy = six;
Sita = 30;                    % 图像旋转角度

o = imread('Miss.bmp');
o = o(:,:,1);
o = im2double(o);
o = imresize(o,[NN NN]);

o1 = imread('Miss.bmp');
o1 = o1(:,:,1);
o1 = im2double(o1);
o1 = imresize(o1,[NN NN]);

o3 = imrotate(o1,Sita,'bilinear');
N_Rota = max(size(o3));

if (fix(N_Rota/2) == N_Rota/2)
else
N_Rota = N_Rota + 1;
end
oN = zeros(N_Rota);
oN((N_Rota - NN)/2 + 1:(N_Rota + NN)/2,(N_Rota - NN)/2 + 1:(N_Rota + NN)/2) = o;      % o
o1 = oN;
NN = N_Rota;
figure;imshow(o1);
title(' Image1 ');

o2 = Circular_HarmonicC2(o1,0);
figure;imshow(abs(o2) * 5);
title(' Image1 Circular Harmonic ');
```

```
figure;imshow(o3);
title('Image2');
o3_Old = o3;
o3 = Circular_HarmonicC2(o3,0);
figure;imshow(abs(o3) * 5);
title('Image2 Circular Harmonic');


% o3 = o2;    % 比较旋转后图像的圆谐变换与旋转前的 JTC 差异
oN = zeros(Sa);
oN((Sa - NN)/2 + 1:(Sa + NN)/2,(Sa - NN)/2 + 1 - NN:(Sa - NN)/2) = o2;
oN((Sa - length(o3))/2 + 1:(Sa + length(o3))/2,Sa/2 + NN - length(o3')/2 + ...
1:Sa/2 + NN + length(o3')/2) = o3;
figure;imshow(oN);


SioN = fftshift(fft2(oN)); %


figure;imshow((SioN. * conj(SioN)) * 1e - 2);


nSioN = fftshift(fft2(SioN. * conj(SioN)));
figure;imshow(abs(nSioN).^2 * 3e - 15);
figure;plot(max(abs(nSioN).^2));
figure;mesh(abs(nSioN));


oN_Old = zeros(Sa);
oN_Old((Sa - NN)/2 + 1:(Sa + NN)/2,(Sa - NN)/2 + 1 - NN:(Sa - NN)/2) = o1;
oN_Old((Sa - length(o3_Old))/2 + 1:(Sa + length(o3_Old))/2,Sa/2 + NN - length(o3_
Old)/2 + ...
    1:Sa/2 + NN + length(o3_Old)/2) = o3_Old;
figure;imshow(oN_Old);


SioN1 = fftshift(fft2(oN_Old));


figure;imshow((SioN1. * conj(SioN1)) * 1e - 2);


nSioN1 = fftshift(fft2(SioN1. * conj(SioN1)));
figure;imshow(abs(nSioN1).^2 * 3e - 19);
figure;plot(max(abs(nSioN1).^2));


I_P = nSioN. * conj(nSioN);
I_J = I_P((Sa - NN)/2 + 1:(Sa + NN)/2,(Sa + 3 * NN)/2 + 1:(Sa + 5 * NN)/2);
```

$I\_S = I\_P((Sa - NN)/2 + 1:(Sa + NN)/2,(Sa - NN)/2 + 1:(Sa + NN)/2);$

$R = mean2(I\_J)/mean2(I\_S)$

实验 9-4 基于数字散斑的精密位移测量实验

散斑干涉计量技术可利用二次曝光技术来测量物体表面的面内位移,并可引申出空间位移场、应变场的测试,距离及速度的测量,振动分析以及进行位相物体研究等。这种方法的优点是几何光路简单,降低了对机械稳定性的要求,易于测试面内位移,且测试灵敏度可在一定范围内调节。

传统的散斑干涉计量使用全息干板完成拍摄。随着面阵光电接收器件 CCD 的发展,CCD 像素已经小到微米级,且像素数超过 100 万,从而可以部分替代全息干板完成图像的采集,逐渐发展成为可实时处理的数字散斑照相技术。本实验即采用数字散斑照相方式,对微米级/亚微米级的二维位移进行测试。

【实验目的】

(1) 了解激光散斑干涉测量的特点和常见测量方法。

(2) 了解散斑成像光路的成像和调试特点。

(3) 设置激光散斑成像光路,使用 CCD 记录,并完成数据处理。

【实验原理】

1. 对 CCD 记录的成像散斑图进行数字分析

使用光学系统可对二次曝光的成像散斑图进行逐点分析以便获得各点处对应的位移方向和大小。但是对其干板处理和逐点分析的过程较为冗长,不利于进行实时测量。若在系统中利用 CCD 对成像散斑图进行记录,然后利用数字方式对记录获得的图像进行分析,则可以大大节省处理时间,提高处理效率。

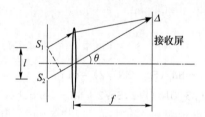

图 9-4-1 采用傅里叶变换方式的杨氏双孔光路示意图

采用傅里叶变换方式的杨氏双孔光路,如图 9-4-1 所示,接收屏到双孔距离为傅里叶透镜的焦距 f,即

$$l = f\lambda/\Delta \tag{9-4-1}$$

式中:Δ 为杨氏条纹间距;l 为双孔间距。如果将散斑用成像放大率为 M 的透镜记录,则双孔间隔为

$$L = l/M = f\lambda/M\Delta \tag{9-4-2}$$

使用数字化的方式对物像图样进行处理。以一片银杏叶为例,在一维竖直方向进行位移测试,位移前后使用 CCD 采集图像并叠合,如图 9-4-2(a)所示;再进行傅里叶变换,其显示的杨氏条纹如图 9-4-2(b)所示,正中的亮斑是衍射零级频谱点;为了定量获得其杨氏条纹图样间距,可将图样视为等距的光栅,再次进行一次傅里叶变换,从而获得条纹的衍射亮斑,如图 9-4-2(c)所示;对其进一步分析可以获得衍射亮斑的精确位置,如图 9-4-2(d)所示一维曲线中明显的零级和正负一级衍射峰曲线。

如果在两次傅里叶变换过程中使用相同的参数,那么,图 9-4-2(d)中两个正负一级衍射峰到零级衍射峰的像素数量乘以像素大小,即可得到于物像的位移;物像位移除以成像显微镜筒的放大倍率,即可获得物体的实际位移。

(a) 位移前后物体叠合像

(b) 傅里叶变换后的杨氏条纹图样

(c) 对杨氏条纹图样再次进行傅里叶变换结果

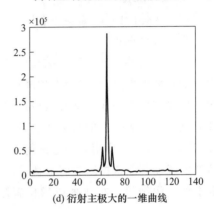

(d) 衍射主极大的一维曲线

图 9-4-2　数字化散斑处理微米级位移

2. 亚像素算法处理方案

上述数字化散斑处理中位移的处理精度为 1 个像素的大小,即微米级精度;如果需要提高处理精度,可以使用亚像素算法处理方案。

将局部散斑图像放大 M_P 倍,则其傅里叶变换的条纹间距将缩短 M_P 倍,仍然将条纹强度再进行一次傅里叶变换,则其正负一级衍射峰之间的像素间隔将增大 M_P 倍,从而测试精度将提高到 $1/M_P$ 个像素。如果图像放大 10 倍,那么处理精度就是 0.1 像素大小。这就是亚像素算法处理方案的原理。

由于从散斑图像中提取位移需要充分的散斑数量,因此在实际操作中各部分的像素阵列大小建议不小于 50×50;同时,由于不同配置的计算机内存大小和运算速率的不同,M_P 值不能过大,否则可能造成内存不足或运算失效,因此,一般建议待放大图像的像素取 $64 \times 64 \sim 256 \times 256$,放大倍率取 10~50 倍。具体可根据算法结果的信噪比选取。如果噪声较小,那么可以适当增加图像放大倍率;如果噪声较大,那么建议适当减小图像的放大倍率。

需要说明的是,由于图像亮度是 0~255,而数字图像处理中的傅里叶变换,其值的大小仅具有相对意义,因此算法处理中需要选择适当系数使得图像显示具有适宜的亮度。

【实验步骤】

实验内容概要:

(1) 熟悉光学器件调节,完成散斑成像光路的清晰成像调节;

(2) 设置适当的散斑成像光路,使用 CCD 记录物体位移前后的散斑像;

(3) 对记录的散斑进行数字分析,计算物体各处的位移;

(4) 对计算结果进行分析和比对,确认结果的有效性。

1. 设置散斑成像光路系统

使用 He-Ne 激光,将其扩束至近平行光后照明物体,如图 6-1-1 所示搭建透射式散斑成像光路,也可以在教师的指导下搭建反射式散斑成像光路。注意调节成像镜筒的放大率与 CCD 的位置,使得待拍摄物体成像在 CCD 面上之后,能在计算机屏幕上清晰地观察到它。

为便于定量施加微小位移,建议将物体放置在燕尾式平移台上。物体与其中一个微小位移调节方向平行,另外一个微小位移方向在显微镜筒方向,便于物体的前后移动并进行精确的成像调节。

2. 记录前操作准备

为有效记录物体的图像,需要注意以下的操作准备。

(1) 精确成像的调节

数字散斑测试仍然是基于激光散斑成像而进行的,如果不能精确对物体成像,使一个散斑点成像为一个弥散的像,那么将极大地降低后续处理的信噪比。反之,如果能够精确成像,那么很小的一块局部散斑图像也能够获得足够的信噪比,可以有效测试该位置对应的微小位移。

旋转显微镜筒设置适当的放大率后,使用标准板或有明显边缘的透射物体(分辨率板、打印的胶片,甚至可以直接使用有一定透射率的有清晰小字迹的书页,将打印的字迹边缘作为成像是否清晰的辅助判断依据),先将显微镜筒靠近待成像的区域,再逐渐后退,并注意观察成像软件屏幕上的成像结果。在清晰成像位置附近可以适当前后移动,进一步确定成像的有效位置。

注意:如果使用的二维图像阵列探测器是 COMS 型的,由于其成像时间较长,后退并观察时,要注意退一下停顿一下,留出足够的成像时间,待稳定成像后再观察是否继续后退。

移动过程中需要注意使显微镜筒平行正对于物面上的待成像区域,从而使该区域各处均在成像面上成像良好。

(2) 成像放大率的测试

显微镜筒的成像放大率一般已进行标定,但在使用中可能定位失效;同时,为使学生对显微镜筒成像放大率有进一步的认识,建议在正式实验测试时也进行成像放大率的测试。

成像放大率可以使用标准板进行精密测试。普通实验时也可以将一般的尺子置于精确成像位置处,拍摄尺子图像,并使用工具软件打开图像,读取图像中最大刻度线间距对应的像素数量 N_P。已知二维阵列图像探测器像素大小为 L_P,刻度间距为 L_C,则放大率 M 为

$$M = N_P L_P / L_C$$

测量获得的成像放大率可以与显微镜筒的设定放大率比较。

注意:显微镜筒在放大率较大时,对成像位置相当敏感。使用标准板或尺子成像时,需要注意使其清晰刻度位置面正好处于预设的成像位置面上。

(3) 螺旋测微计旋钮的精确旋转训练

实验中需要精确旋转燕尾式平移台螺旋测微计旋钮的格数,为防止回程差,旋转只能单向进行,不能后退倒转。为此,需要适当进行旋转训练。

训练的要点有 3 个:一是手指捏住旋钮时要适当用力,以便获得一定的反馈;二是旋转时手指需要以旋钮为轴进行,不能上下左右摇动旋钮,这点非常重要;三是旋转速度不能过快,在将要到达预设的旋转格数时,旋转速度要适当放慢。

（4）每次位移格数的估算

由于采用傅里叶变换的图像处理,其零级峰和正负一级衍射峰间隔至少 1 个像素,考虑零级峰一般较宽,实际建议间隔至少 3～5 个像素。

位移时,一般取位移的整数格数,以避免对 0.1 的不同判读。为减小实验方案的测试和读数误差,记录每个成像放大率时,可以使用均匀位移间隔,单向移动多次,比较最初位置和各移动位置的图像,读数误差即可累计降低。

每个放大率建议移动 5～10 个间隔,此时需要预估每次位移的格数。例如,数字相机像素大小 $L_P=3.2\ \mu m$ 时,预计位移 $N_P=5$ 个像素,成像放大率 $M=0.5$,螺旋测微计每格旋钮标称位移量为 $\Delta g=10\ \mu m$,则每次位移格数约应为

$$Ng=N_P L_P/(M\Delta g)=3.2$$

即一次需移动 3 格左右;若成像放大率 $M=1.5$,则每次只需移动 1～2 格。

实际实验中,可以适当增大移动格数,从而减小读数误差。

（5）图像采集软件的操作与调节

使用数字相机的采集软件,确定采集图像的格式,调节曝光时间以获得适当的图像亮度,图像过亮或过暗均会造成后续处理中信噪比的降低。

另外,需要注意软件是否会对图像自动编号。为便于对所记录图像的识别,建议使用"日期/组别＋放大率＋螺旋测微计旋钮读数"的方式对图像进行命名,如 A 组使用 1.0 放大率记录的第 5 格图像,可考虑命名如"A1005.bmp"。这样在实验后进行数据处理时对应图像比较清晰。

3. 位移前后的记录

选择适当的待测物体,夹紧后放置在精密位移台上;调节图像采集软件的曝光时间,先记录一幅物体亮度适当的散斑像,然后旋转螺旋测微计旋钮,在物体水平方向上做适当的平动,再使用图像采集软件记录一幅物体的成像散斑像;将两幅图像存储后待处理。

对胶片型物体,可在纵向局部轻微施力,使用记录物体形变前后的散斑像,处理后可进一步进行物体的二维位移分析,具体见实验 9-5。

位移和形变的大小需要注意精确控制,不能过大,一次位移量建议不超过 50 个像素。

4. 数据采集与处理

将数字相机采集的物体位移前后的散斑像在程序中叠合,然后避开图像边缘,选取适当的位置,取适当大小的图像局部区域（需要在实验报告中给出取值理由）进行傅里叶变换,对比分析各处的条纹间距和方向。若物体是刚性的,且是做平移,则物体各处的条纹间距和方向应该相同或近似。

数据采集时应注意根据使用的数字相机像素大小与显微镜筒的成像放大率,设置适当的位移。若使用数字相机像素大小为 4.65 μm,系统成像放大率为 $M=1.25$,为使如图 9-4-2 所示的零级峰与一级峰间隔 5 个像素,则平移时的位移大小应为 $4.65\times5/1.25\cong18.6\ \mu m$,近 2 格的位移;若系统成像放大率 $M=0.35$,则平移时的大小应为 $4.65\times5/0.35\cong66.4\ \mu m$,近 7 格的位移。

对物体进行不同的位移,并分别将千分表等距旋转 N 格、$2N$ 格、$3N$ 格、$4N$ 格、$5N$ 格……,将初始散斑物像和各位移后的散斑物像两两叠合,分析其位移测试结果是否呈现线性。对每一个成像放大率至少测试 5 次以上的位移,建议每次位移大致相等。

数据处理使用 MATLAB 处理程序,见附录 9-4;为促进学生对数据处理流程和相关概念

的掌握,本实验程序的衍射峰位置经手动操作鼠标在图 9-4-2(d)等图中读取。

【注意事项】

(1) 设置成像系统时,应注意成像范围、放大率与位移大小的关系。范围越大,位移就越大;反之,亦然。

(2) 数字相机的记录参数需要注意选择,使得记录图像亮度适中。

(3) USB 型数字相机在工作时,禁止直接从端口直接拔除。

(4) 为准确读取衍射峰位置,可以使用工具栏中的放大按钮,将衍射峰曲线在待测一级峰附近适当放大,再用鼠标选取一级峰最高处进行像素位置的读取。

【讨论】

(1) 在成像系统中使用相干光照明和非相干光照明有何差别?

(2) 如何确定一个适当的图片采样大小,以对比逐点分析的情况?

(3) 系统的测试精度主要由哪些因素决定?

【实验仪器】

He-Ne 激光器	1台	电子快门	1个
CCD 相机	1台	显微成像镜筒	1个
燕尾式平移台	1套	待测样品	1个
电子计算机(含软件)	1套	光学元件	若干

参 考 文 献

[9-4-1]　王仕璠.信息光学理论与应用[M].4 版.北京:北京邮电大学出版社,2020.

[9-4-2]　王仕璠,刘艺,余学才.现代光学实验教程[M].北京:北京邮电大学出版社,2004.

[9-4-3]　袁丹,刘艺,胡宇明.基于快速傅里叶变换的二维位移测量的改进[J].物理实验,2013(4):37-40.

附录 9-4　数字散斑一维位移处理程序

```
% 数字散斑干涉计量实验处理程序
clear;clc;close all;
% 输入图片的像素大小
sox = 6.45e - 6;soy = sox;
% He - Ne 激光波长
w = 6.328e - 7;
sa = 1024;san = 128;
sD = 10;
o = imread('i6.bmp');
o = o(:,:,1);
o = im2double(o);

o1 = imread('i8.bmp');
o1 = o1(:,:,1);
```

```matlab
o1 = im2double(o1);


o2 = o + o1;
% o = imresize(o,[sa sa]);
% 有效取样像素数
d = 0.40;
six = d * w/(san * sox);

figure,imshow(o * 1e0);
figure,imshow(o1 * 1e0);
figure,imshow(o2 * 1e0);


I1 = fftshift(fft2(o2));%
figure;imshow(abs(I1 * 1e - 3));


% 截取一个待处理小图片
o3 = o2((sa/2 - san/2):(sa/2 + san/2),(sa/2 - san/2):(sa/2 + san/2));


% 此处增加亚像素处理的情况;
% 放大局部图像至 sD 倍;
san = san * sD;
o3 = imresize(o3,[san san]);

figure;imshow(o3 * 5e - 1);
title('合并后的图像')


I2 = fftshift(fft2(o3 * 5e - 1));
figure;imshow(abs(I2 * 3e - 2));
I3 = abs(I2);
I4 = abs(fftshift(fft2(I3)));
figure;imshow(I4 * 1e - 6);
title('频谱变换结果');
figure;plot(max(I4));
figure;mesh(I4);
I5 = I4;
Sign = 1;mm = san/2 + 1;kk = 0;
I4(san/2 + 1,san/2 + 1) = 0;


while Sign == 1
z = max(max(I4));
```

211

```
z = find(I4 == z);
x = zeros(2,2);
sanN = max(size(I4));
x(1,1) = fix(z(1)/sanN);
x(2,1) = fix(z(2)/sanN);
x(1,2) = (z(1)/sanN - fix(z(1)/sanN)) * sanN;
x(2,2) = (z(2)/sanN - fix(z(2)/sanN)) * sanN;
if (abs(x(1,2) - mm) < = 1.1) || (abs(x(2,2) - mm) < = 1.1)
kk = kk + 1;
mm = san/2 + 1 - kk;
I4((san/2 + 1 - kk):(san/2 + 1 + kk),(san/2 + 1 - kk):(san/2 + 1 + kk)) = 0;
else
Sign = 0;
end
end
figure;plot(I4(:,san/2 + 1));
x = x./sD;
x,kk
```

实验9-5 基于数字散斑的二维位移测量实验

实验9-4进行了一维位移的数字散斑测量,采用的实验方案可以精确到亚像素的位移测量精度。本实验在此基础上进行二维位移测量的实验与研究。后续可以在本实验基础上,参照实验6-2,进一步完成三维位移测量。

【实验目的】

(1) 进一步了解数字散斑的算法处理。

(2) 确定二维位移时傅里叶频谱点的对应位移计算。

(3) 设置激光散斑成像光路,使用数字散斑方式进行记录与数据处理。

【实验原理】

1. 二维数字散斑处理

仍然以一片银杏叶为例,进行位移测试,使用燕尾式平移台让银杏叶在水平面内适当位移,并稍微改变高度,形成水平/竖直面内的二维位移。位移前后使用数字相机采集图像,如图9-5-1(a)、图9-5-1(b)所示,再进行傅里叶变换,其显示的傅里叶频谱条纹如图9-5-1(c)所示,正中的亮斑是衍射零级点,图中条纹已经倾斜,显示确实出现二维位移。

继续视条纹图样为等距的光栅,再次进行傅里叶变换,从而获得条纹的傅里叶频谱点亮斑图,图9-5-1(d)是将傅里叶频谱图适当放大后的结果,以便能更清晰地观察,对其进一步分析可以获得条纹间距和方向。

如果物体各个局部有不同的二维位移,那么需要对各个局部位移前后进行数字散斑的分析。图9-5-1(e)是物体中心附近的局部正方形截图,为获得更好的亚像素位移分析,进行了适当的放大;图 9-5-1(f)是其傅里叶频谱图的适当放大结果。

对物体各个局部进行二维位移分析和处理,可进一步获得物体位移前后形变的数字化处理,这个问题本实验暂不展开,可以参考实验 5-4 自行编程进行研究。

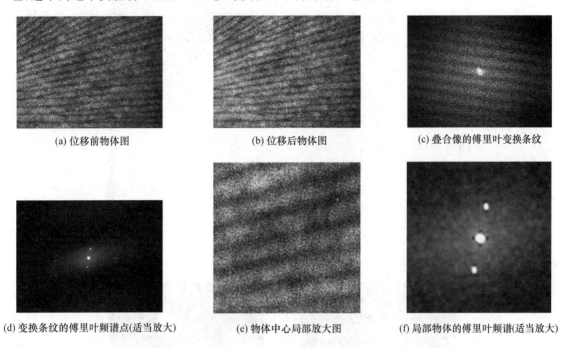

(a) 位移前物体图　　　　　　　(b) 位移后物体图　　　　　　　(c) 叠合像的傅里叶变换条纹

(d) 变换条纹的傅里叶频谱点(适当放大)　　(e) 物体中心局部放大图　　(f) 局部物体的傅里叶频谱(适当放大)

图 9-5-1　用数字散斑处理二维位移

2. 二维频谱点的数字化提取

由图 9-5-1(d)和图 9-5-1(f)可见,由于成像和噪声的影响,二维频谱点可能弥散为一个光斑。实验中可以手动确定频谱点的坐标,进而手动进行位移大小和方向的计算。

由于零级峰的高度远远大于一级峰的高度,下面说明实验附录程序如何进行正负一级峰中心位置的判断,以便简明计算。算法的核心是有效消除零级频谱,避免其对正负一级衍射峰的干扰。

图 9-5-2(a)是傅里叶频谱中心线上的强度曲线,正负一级峰都已经不在线上。即使是中心零级附近置零,其边缘的高度也可能比正负一级峰更高。因此,必须有效地找到中心零级峰的边界。

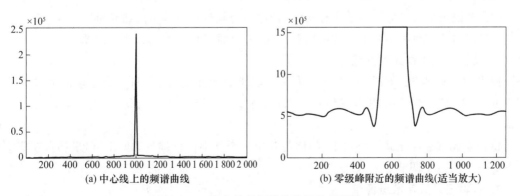

(a) 中心线上的频谱曲线　　　　　　　(b) 零级峰附近的频谱曲线(适当放大)

图 9-5-2　数字散斑频谱的零级处理说明

如图 9-5-1(f)可见零级峰附近存在暗斑,具体地看,图 9-5-2(b)是零级峰附近根部曲线的放大结果,即使存在底部的噪声,零级谱曲线旁仍然存在最低值。算法以此进行零级峰的消除,此后一级衍射峰最高,从而进行一级衍射峰中心位置的判读。

图 9-5-3 是图 9-5-1(f)的图片在放大 5 倍的情况下的处理结果(放大倍率越大,底部噪声越大),其大小为 400×400 像素,图中零级峰亮斑已经被完全置零,为便于观察,正负一级峰中心也置零。程序见附录 9-5,结果显示如下:

x_D =

        991   1011

y_D =

        1055   947

L =   5.1074e − 05

Lx =   9.3000e − 06

Ly =   5.0220e − 05

即正负一级峰频谱点在$(991,1\,055)$和$(1\,011,947)$像素点的位置确实如图 9-5-3 所示。结合参数可进一步计算获得二维的位移大小 L,以及 x 方向的位移 Lx 和 y 方向的位移 Ly。

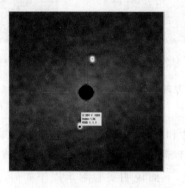

图 9-5-3　正负一级峰频谱点的判定与验证

【实验步骤】

实验内容概要:

(1) 使用 He-Ne 激光照明,进行散斑成像光路的清晰成像调节;

(2) 设置适当的二维位移,使用 CCD 记录物体位移前后的散斑像;

(3) 对记录的散斑像进行数字分析,选择适当位置计算物体的二维位移;

(4) 在图像上使用不同大小的区域和放大率,计算二维位移的大小并分析。

1. 设置散斑成像光路系统

使用 He-Ne 激光,如图 6-1-1 搭建透射式散斑成像光路,注意调节成像镜筒的放大率与 CCD 的位置,使得待拍摄物体成像在 CCD 面上之后,能在计算机屏幕上观察到稳定清晰的像。

将物体放置在燕尾式平移台上,物体与其中一个微小位移调节方向平行,平移台在竖直位置可做一定的微小调节。

2. 精确记录数字散斑像

(1) 精确成像的调节。

（2）成像放大率的测试。

（3）螺旋测微计旋钮的精确旋转与每次位移格数的估算。

（4）位移前后数字散斑图像的有效采集。

上述操作具体可参考实验 9-4 的实验操作要点。

3．数据采集与处理

使用附录 9-4 的程序进行处理，局部图像被放大后，在进行傅里叶变换时，整体的噪声会相对增加，放大率越大，噪声越大。如果噪声导致其他衍射峰大于正负一级峰，那么程序不能继续使用，只能人工判读。

图 9-5-4(a)、图 9-5-4(c)显示的是中心图像附近 200×200 像素、10 放大倍率和 100×100 像素、20 倍放大率的结果，最终的计算结果如图 9-5-4(b)、图 9-5-4(d)所示，具体位移值如下：

Lx1 = 9.3000e − 06　　　Lx2 = 9.0675e − 06

Ly1 = 4.8825e − 05　　　Ly2 = 4.8825e − 05

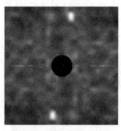

(a) 中心附近200×200、10倍放大　(b) 零级峰及正负一级峰　(c) 中心附近100×100、20倍放大　(d) 零级峰及正负一级峰

图 9-5-4　不同放大倍率的数字散斑频谱的零级处理比较

由实验结果可见，附录 9-5 程序计算有效。

【注意事项】

（1）设置成像系统时，应注意成像范围、放大率与位移大小的关系。

（2）数字相机的记录参数需要注意选择，使得记录图像亮度适中。

（3）USB 型数字相机在工作时，禁止直接从端口直接拔除。

（4）位移前后的图像采集后，注意代入程序进行运行，要能够有效观察到二维位移导致的傅里叶频谱条纹。若没有明显条纹，则应注意调节使成像清晰，重新采集图像。

【讨论】

（1）在成像系统中使用 He-Ne 激光照明和半导体激光照明有何差别？

（2）如果位移前后图像代入程序后未有效观察到条纹，那么重新拍摄时应注意哪些情况？

（3）如果局部图像有条纹，局部图像没有，那么算法应如何改进？

（4）测量二维位移后，进一步可以进行哪些物理量测量和分析？

【实验仪器】

He-Ne 激光器	1 台	电子快门	1 个
CCD 相机	1 台	显微成像镜筒	1 个
燕尾式平移台	1 套	待测样品	1 个
电子计算机（含软件）	1 套	光学元件	若干

参 考 文 献

[9-5-1] 王仕璠.信息光学理论与应用[M].4 版.北京:北京邮电大学出版社,2020.

[9-5-2] 王仕璠,刘艺,余学才.现代光学实验教程[M].北京:北京邮电大学出版社,2004.

[9-5-3] 袁丹,刘艺,胡宇明.基于快速傅里叶变换的二维位移测量的改进[J].物理实验,2013(4):37-40.

附录 9-5 数字散斑二维位移处理程序

```
%二维位移的数字散斑干涉计量实验处理程序
%已经消除图像放大的矩形框衍射中心处的影响
  clear;clc;close all;
  %输入图片的像素大小
  sox = 4.65e - 6;soy = sox;      % sox = 6.45e - 6
  %He - Ne 激光波长
  w = 6.328e - 7;
  sa = 1024;san = 400;say = 1392;sax = 1040;
  sD = 5;R_C = sD;    % fix(san * sD/100)
  M = 1.0;      % 系统成像放大率
  sak = san * sD;


o = imread('10 - 02.bmp'); % i6.bmp  20 - 45.bmp
  o = o(:,:,1);
  o = im2double(o);


  o1 = imread('10 - 04.bmp');   % i8.bmp  20 - 25.bmp
  o1 = o1(:,:,1);
  o1 = im2double(o1);


  o2 = o + o1;
  %o = imresize(o,[sa sa]);
  %有效取样像素数
  d = 0.40;
  six = d * w/(san * sox);
  %d = san * sox * six/w;      % 傅里叶透镜焦距


  figure,imshow(o * 1e0);
  figure,imshow(o1 * 1e0);
  figure,imshow(o2 * 1e0);
```

```matlab
% I1 = fftshift(fft(o2));
I1 = fftshift(fft2(o2));
figure;imshow(abs(I1 * 1e - 3));


% 截取一个待处理小图片
o3 = o2((sa/2 - san/2):(sa/2 + san/2),(sa/2 - san/2):(sa/2 + san/2));


% 此处增加亚像素处理的情况;
% 放大局部图像至 sD 倍;
san = san * sD;
o3 = imresize(o3,[san san]);


figure;imshow(o3 * 5e - 1);
title('局部放大的图像')


I2 = fftshift(fft2(o3 * 5e - 1));
%       figure;imshow(abs(I2 * 3e - 2));
I3 = abs(I2);
I4 = abs(fftshift(fft2(I3)));
figure;imshow(I4 * 1e - 7);
title('频谱变换结果');


% 此处增加处理,以解决一级衍射峰不在 x 方向或 y 方向上的问题。
% Ir = fix(I4);        % 保留原有处理,避免小数位的影响;
% 一般说来最高值在中心,这里给出一个计算,以解决最高峰不在中心的情况
Ir = I4;
Imax = max(max(Ir));
L_Imax = find(Ir == Imax);      % 一维值
AN = size(Ir);
x_Imax = fix(L_Imax/AN(1));
y_Imax = L_Imax - x_Imax * AN(1);      % 中心坐标
x_Imax = x_Imax + 1;


xk = 1:1:sak;      % 一维的 x 坐标
yk = 1:1:sak;      % 一维的 y 坐标
% 二维网格与函数初值
[x2,y2] = meshgrid(xk,yk);
I_R0 = sqrt((x2 - x_Imax).^2 + (y2 - y_Imax).^2);      % 计算所有坐标点对应的半径
% 以中心坐标为圆心,取圆,圆内数据置零;避免取矩阵对角线上的数据产生误判;
R_x = AN(1) - x_Imax;
```

```
if (R_x<x_Imax)
R_x = x_Imax;
end
R_y = AN(2) - y_Imax;
if (R_y<y_Imax)
R_y = y_Imax;
end
if (R_x>R_y)
I_R = R_y;
else
I_R = R_x;
end


% 寻找一级衍射暗纹位置,认为相邻至少 2 个像素都满足比它强的条件
Ix0 = I4(y_Imax,:);
figure;plot(Ix0);
Nkk = fix(max(size(Ix0))/2);
for ik = x_Imax - 2: -1:3
if Ix0(ik)<Ix0(ik + 1) && Ix0(ik)<Ix0(ik + 2) && Ix0(ik)<Ix0(ik - 1)  && Ix0
(ik)<Ix0(ik - 2)
break;
end
end
sD0 = x_Imax - ik;
% 放大后,一个像素形成矩孔,衍射出现中心亮斑,大小为 sD×2;置零
% Ir(x_Imax - sD0:x_Imax + sD0,y_Imax - sD0:y_Imax + sD0) = 0;
List = find(I_R0< = sD0);  % 判断半径在 r0 范围内的坐标序号序列
Ir(List) = 0;  % 置该坐标序列对应的矩阵值为 1
% 进一步确认正负一级峰位置;
% 采用光学的物理判据,即衍射峰有且只有两个;因此判断极值,从中心开始逐渐置零,判
断极值的个数是否为 2 个,是则退出循环并获取
Numb_D = 1;    % 避免中心附近出现最大值,要求隔开 3 个像素;如果像素数不够,增大放
大率 sD 来解决
Ir(find(Ir = = max(max(Ir)))) = 0;
while max(Numb_D)~ = 2 && R_C< = I_R
for i = (x_Imax - R_C):1:(x_Imax + R_C)
for j = (y_Imax - R_C):1:(y_Imax + R_C)
if (Ir(i,j)~ = 0)    % 节约一些判断的计算量
if ((i - x_Imax)^2 + (j - y_Imax)^2)< = R_C^2
Ir(i,j) = 0;
```

```
end
end
end
end
R_C = R_C + 1
find(Ir == max(max(Ir)))
Numb_D = max(size(find(Ir == max(max(Ir)))));
end
if Numb_D == 2
x_D = 1:1:2; y_D = 1:1:2;
Numb_D = find(Ir == max(max(Ir)));
for i = 1:2
x_D(i) = fix(Numb_D(i)/AN(1));
y_D(i) = Numb_D(i) - x_D(i) * AN(1);      % 中心坐标
x_D(i) = x_D(i) + 1;
end
x_D, y_D
else
break;
end
figure; imshow(Ir * 1e - 7);
% 物点位移大小等信息
Numb_Pixel = sqrt((x_D(1) - x_D(2))^2 + (y_D(1) - y_D(2))^2)/sD
L = Numb_Pixel * sox/M/2
Lx = abs(x_D(1) - x_D(2)) * sox/sD/M/2
Ly = abs(y_D(1) - y_D(2)) * sox/sD/M/2
```

实验 9-6　AOTF 透射成像光谱实验

　　传统的成像光谱仪大多采用棱镜、光栅、干涉仪滤光,进行推扫式光谱扫描成像。这种方式往往需要目标和成像系统做相对移动,对载体运动的平稳性要求比较高,整个系统的构造十分复杂,需要经过相当复杂的校正处理才能得到最后的图像,因此成像速度慢,且仪器体积大而笨重,移动困难。

　　声光可调谐滤光器(Acousto Optic Tunable Filter,简称 AOTF)是一种声光调制器件。其工作原理主要是利用了声波在各向异性介质中传播时对入射到传播介质中的光的布拉格衍射作用。声光可调谐滤光器由单轴双折射晶体、黏合在单轴晶体一侧的压电换能器,以及作用于压电换能器的高频信号组成。当输入一定频率的射频信号时,AOTF 会对入射的复色光进行衍射,从中选出波长为λ的单色光。单色光的波长λ与射频频率 f 有一一对应的关系,只要通过电信号的调谐即可快速、随机改变输出光的波长。

采用 AOTF 进行电调谐滤光,可以实现凝视式面光谱成像。与推扫式光谱扫描成像相比,它不需要探测系统和目标之间做相对运动,而且能够获得很高的图像分辨率,一般不需要进行几何校正就可以得到高质量的图像。成像光谱系统既可构成便携式成像光谱仪,用于近距离目标探测,又可构成显微成像光谱仪。

本实验着重于透射成像光路的设置与透射成像光谱的采集。实验 9-7 将针对反射成像光路的设置与反射成像光谱的采集展开讨论。

【实验目的】

(1) 了解基于 AOTF 的成像光谱测试系统光路和设备构成。

(2) 掌握成像光谱系统的软件操作。

(3) 设置透射成像系统,利用系统测量不同样品的吸收光谱。

【实验原理】

1. 成像光谱测量的原理与特点

成像光谱是对待测样品使用某谱段的光进行成像记录,从而可分别研究样品面上不同区域的光谱。而一般的光谱测试仪器,实际上测量的是样品在测试区域的平均光谱。因此,成像光谱具有空间分辨率高、可同时测量较大面积样品上不同位置处光谱等特点。如图 9-6-1(a)~图 9-6-1(c)分别是某溶液中粒子样品在 1 250 nm、1 350 nm 和 1 450 nm 波长处的成像,图中的色彩表示不同的强度。

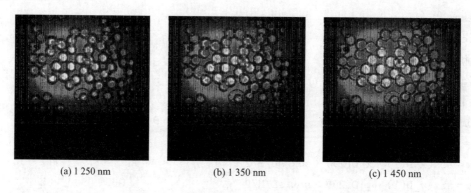

(a) 1 250 nm   (b) 1 350 nm   (c) 1 450 nm

图 9-6-1　某溶液中粒子样品在不同波长的成像

在实际的测试过程中,在测试光谱范围为 $\lambda_1 \sim \lambda_2$,每隔 $\Delta\lambda$(设为波长系列 λ_i)记录一幅样品图像 I_{1i},并以同等条件记录参照物的系列光谱图像 I_{0i},然后选定需要分析的样品位置,分别读取样品和参照物的所有 λ_i 图像的光强 I_{1i} 和 I_{0i},则该位置处样品光谱曲线的第 i 点强度为

$$A_i = \log(I_{0i}/I_{1i}) = \log I_{0i} - \log I_{1i} \tag{9-6-1}$$

由此即可获得整个光谱范围内的吸收光谱曲线。图 9-6-2 即为图 9-6-1 中粒子样品在 1 450 nm~1 650 nm 区间的吸收光谱曲线,样品在 1 560 nm 附近有一个较强的吸收峰。

光谱也可采用光强百分比方式,即透射光谱为

$$T_i = 100 I_{1i}/I_{0i} \tag{9-6-2}$$

样品的透射光谱曲线凹凸正好与吸收光谱曲线相反。

上述图像记录时,需要先测量系统的环境光强,并在后续的记录中加以消除,以保证测试光强的准确性。例如,可关闭照明光源,或测量将起始波长处的光强计为系统的环境光强,此时样品的光强透过率很低,近似为无照明光时的环境光强。

　　在本实验中,采用的是中国电子科技集团第 26 研究所生产的可见光/近红外的 AOTF,它由两个 AOTF 合并而成,分别针对 400~695 nm、695~1 000 nm 两个波段。

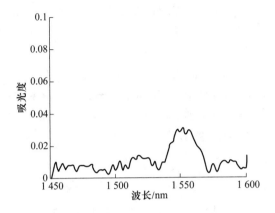

图 9-6-2　图 9-6-1 中粒子样品的吸收光谱曲线

2. 成像光谱测试系统的基本构成与分析

　　成像光谱系统主要由照明光源部分、图像采集部分、照明与成像光路部分以及系统控制与数据分析软件四部分构成,基本结构如图 9-6-3 所示。

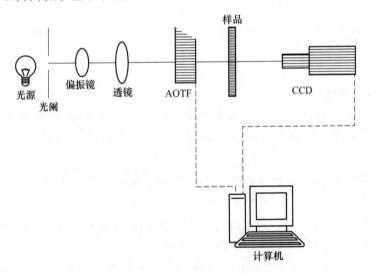

图 9-6-3　系统的基本构成示意图

（1）照明光源系统

　　照明光源系统一般由大功率的点状白炽灯和分光系统组成,最终获得一个可见光到红外光谱段的可变波长的照明光束。点状白炽灯一般使用大功率的卤素灯,如功率为 250 W、灯丝面积为 7.0×12.0 mm^2 的卤素灯,在准直后获得足够光强的近平行照明光。

　　分光系统的核心是可将入射白光分解为准单色光的分光器件,本实验系统使用的是中国电子科技集团第 26 研究所提供的 AOTF。其驱动器由微波信号源和功率放大器组成。系统所用功率放大器输出最大约 3.5 W,微波信号源可通过串口接收计算机控制信号,改变输出微波的频率。计算机可通过控制系数的改变调节和设定某波长对应的微波频率,输出信号频率由频率计进行标定。图 9-6-4 为系统使用的 AOTF 的驱动频率与输出波长的曲线图,图中星号"＊"为器件出厂的实测标准值,按照实测标准值使用多项式拟合获得其驱动频率——输出波长公式(5阶),如式(9-6-3)所示。

$$\lambda = 1\,000 \times (-4.725 \times 10^{-11} \times f^5 + 3.217\,688 \times 10^{-8} \times f^4 - 8.920\,754\,36 \times 10^{-6} \times f^3 +$$
$$1.283\,286\,392\,85 \times 10^{-3} \times f^2 - 0.100\,231\,479\,119\,49 \times f + 4.093\,703\,980\,149\,96)$$

$$(9-6-3)$$

同理,按照实测标准值拟合获得输出波长——驱动频率公式,拟合阶次到4阶,如式(9-6-4)所示,其曲线如图9-6-5所示,根据器件情况,实用中可将其测试范围扩展至474 nm～1 040 nm。

$$f = 100 \times (9.16 \times 10^{-12} \times \lambda^4 - 3.274\,479 \times 10^{-8} \times \lambda^3 + 4.520\,320\,757 \times 10^{-5} \times \lambda^2 -$$
$$0.029\,490\,633\,724\,31 \times \lambda + 8.574\,360\,478\,717\,03)$$

$$(9-6-4)$$

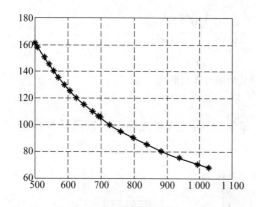

图9-6-4　AOTF的驱动频率——输出波长曲线　　　图9-6-5　AOTF的输出波长-驱动频率曲线

(2) 图像采集系统

图像采集系统一般由快速的图像采集卡和可见光/红外光CCD相机构成,要求图像采集卡能够改变和控制曝光的起始时间以及曝光时间。本系统使用的是带USB接口的CCD相机。

CCD相机有两个指标:一个是光强的灵敏度,或者说动态范围,即CCD的位数,科研一般选择12 bit至16 bit,8 bit的CCD容易饱和,对动态范围较大的样品不易测试;另一个是CCD的像素数,一般应选择512×512以上,以获得较好的图像分辨率。本系统使用的CCD动态范围为8 bit/16 bit可选,最大分辨率为1 394×1 040。

由于图像采集卡速率和CCD积分时间的限制,图像的采集速率与图像的分辨率一般是有矛盾的,图像分辨率越高,其采集速率越低。故需根据系统需求选择一个合适的图像采集速率或CCD积分时间。

(3) 照明与成像光路系统

照明与成像光路系统的性能是样品被照明后获得良好成像的关键。由于是实验室内的近距离成像,因此一般需使用复合透镜组的成像镜头,以获得小像差的成像结果。

从照明的角度,成像光路系统可以分为透射式成像光路和反射式成像光路两种类型,其光路示意如图9-6-6(a)、图9-6-6(b)所示。对于透明样品应用的是透射式成像系统,反射式成像系统针对不透明样品。

从成像放大率的角度,成像光路系统可以分为一般成像光路和显微成像光路两种类型。在显微成像中,根据显微镜放大倍数的不同,可以直接使用显微镜系统或双卡赛格伦望远镜构成显微成像等。

　　另外,如果使用光电探测器,而不是 CCD 作为光强采集器件,那么系统将直接过渡为常见的光谱仪方式,获得的是照明区域样品的平均光谱。

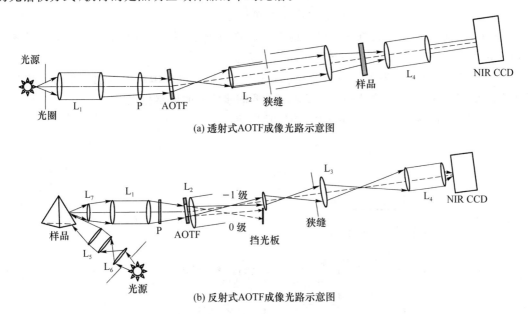

(a) 透射式AOTF成像光路示意图

(b) 反射式AOTF成像光路示意图

图 9-6-6　两种照明方式的成像光路系统示意

　　(4) 系统控制和数据分析软件

　　在设置好测量参数,如每幅图的曝光时间、测试光谱段、最小间隔波长等后,整个测试过程将由控制系统依序改变 RF 频率并曝光完成,这就是系统控制软件的编程框架。测量的图片数据信息可每幅单独存放,也可写入一个共同的图像文件,并可灵活地调用,对选定像素点位置的光强按序号进行读取,获得对应波长的系列光强,并对最后结果进行输出。

　　软件的核心是系统控制部分,要求采样迅速无误,且需要针对系统选定的 CCD 和 RF 信号源进行单独编程。按照前面测试原理的说明,控制软件还需要预先提示测量环境光强,并在后续的图像光强采集时自动将环境光强消除。考虑到 CCD 具有一定的噪声,在采集环境光强时需要采集多幅图像并平均。

　　由于 CCD 的位数一般高于 8 bit,因此软件要能够在高于 8 bit 的光强值时对光强进行彩色显示,以便于人眼观察成像图景,并选择感兴趣的测试目标进行测量。

　　本实验使用 VC 6.0 的自编软件控制系统,也可直接使用 AOTF 的驱动软件,并在不同波长输出时,使用数字相机采集软件手动拍摄后处理。

　　【实验步骤】

实验内容概要:

(1) 熟悉光学器件调节,设置适当光路,使高亮度白光光束近乎平行输出;

(2) 熟悉 AOTF 的操作,在可见光波段观察不同频率 RF 输出时 AOTF 衍射光的颜色;

(3) 调节样品和 CCD 位置,获得适当成像放大率的精确成像;

(4) 根据流程对样品进行测试,获得样品的吸收光谱。

　　1. 系统控制说明

本系统硬件由 AOTF、射频驱动部分、同步信号解析转发器、CCD 相机和 PC 控制端五个主要部分构成。图 9-6-7 展示了各部分间的通信接口。

（1）射频驱动部分通过 RF 通道和 AOTF 通信，控制 AOTF 调制输出不同波长的光。本系统的 AOTF 实际使用了两块声光晶体构成 500 nm～1 000 nm 的测试区域，其中 RF 通道 1 对应于高频部分（可见光），RF 通道 2 对应于低频部分（近红外光）。

（2）PC 控制端通过计算机的串口与射频驱动部分通信，发出修改 AOTF 输出射频频率与强度的命令，并接收射频驱动部分发来的确认信号。

（3）同步信号解析转发器是一个单片机系统，它负责转发和解析射频驱动部分发出的高低电平同步信号到 PC 控制端的串口，以适配需要同步信号的数字相机。

（4）CCD 相机通过 USB 端口与 PC 控制端通信。

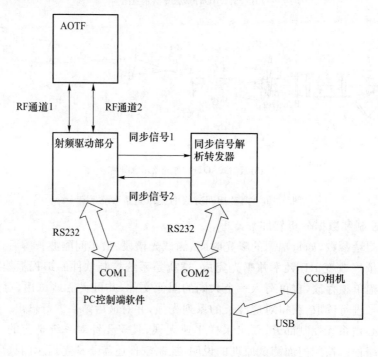

图 9-6-7　软件与各硬件之间的通信接口

图 9-6-8 为系统的通信流程，共使用了两个 COM 串口，分下面几个步骤。

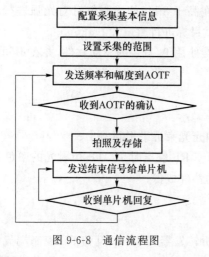

图 9-6-8　通信流程图

（1）PC 控制端通过 COM1 发送"更新射频信号命令"给射频驱动部分；当射频驱动部分更新了射频信号后，"同步信号 1"输出高电平，"同步信号 2"为低电平，表示更新了参数，同时等待同步信号解析转发器发送"同步信号 2"。

（2）同步信号解析器收到同步信号 1 后，发送"参数已更新"命令到控制端 COM2，同时等待 CCD 相机工作完毕的命令。

（3）控制端 COM2 收到"参数已更新"命令后，启动 CCD 相机工作，CCD 相机工作完毕后，发送"CCD 相机工作完毕"命令给同步信号解析器。

（4）同步信号解析器收到"CCD 相机工作完毕"

命令后,置"同步信号 2"为高电平。

（5）"射频驱动部分"监测"同步信号 2"的上升沿,如没有上升沿则继续等待;有了上升沿,置"同步信号 1"和"同步信号 2"为低电平,等待下一次参数更新。

2. 系统光路说明

系统光路按照透射式成像光谱测试要求搭建,其原理如图 9-6-6(a)所示,实际光路如图 9-6-9 所示。由于 AOTF 通光面积仅为 1 cm×1 cm,因此入射光束需要有所会聚,以提高系统的光能利用率。AOTF 衍射后的准单色光束再经过透镜获得近平行光,照明待测样品。

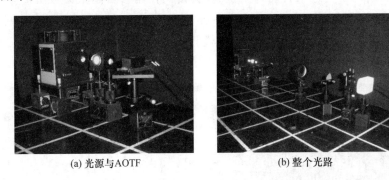

(a) 光源与AOTF　　　　　　　　　(b) 整个光路

图 9-6-9 　系统光路

待测样品照明后,经适当距离处的成像透镜镜头以适当的成像放大率成像到 CCD 上。图 9-6-10 为胶片样品在不同波长光照明后采集到的图像(已假彩色化)。需要注意,由于成像透镜的折射率随波长的不同而变化,因而样品最终的成像清晰度会随波长的改变而有所不同。

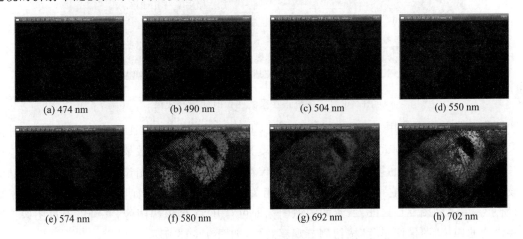

(a) 474 nm　　　　(b) 490 nm　　　　(c) 504 nm　　　　(d) 550 nm

(e) 574 nm　　　　(f) 580 nm　　　　(g) 692 nm　　　　(h) 702 nm

图 9-6-10 　不同波长下采集的胶片样品图像

3. 成像系统调节说明

成像系统调节使用挡光屏遮挡 AOTF 的零级光,并让 AOTF 的一级衍射光通过;在适当距离后正对一级衍射光中心放置成像透镜,再在成像透镜后适当位置正对透镜中心放置CCD。衍射的准单色光在 CCD 面上应呈现近似中心对称的光斑。

在透镜前适当位置放置样品,可首先使用标准板作为样品进行成像调节,注意成像放大率要适当,并使成像清晰。

如果衍射的准单色光较强,可以选择适当大的成像放大率;反之,建议选择稍小一些的成像放大率,使物像具有足够的亮度。

4. 系统操作说明

设置完毕光路后,运行软件系统。软件系统运行后正在采集图像的效果如图 9-6-11 所示,系统运行前,会检测 CCD、AOTF 控制器和同步信号解析转发器的工作状态是否正常。如果正常,那么 CCD 预览界面、CCD 参数调节面板和控制参数配置面板就可以进入等待图像采集的工作状态,如图 9-6-11 中的各个部分;如果不正常,那么会提示硬件故障,系统启动后不会显示 CCD 预览界面、CCD 参数调节面板和控制参数配置面板。设置好采集范围之后,发出开始指令,系统进入自动采集状态,会按照控制参数配置面板所配置的频率和幅度发送给 AOTF 控制器,改变照射到被测样本上的光波波长,并进行逐帧图像采集。图 9-6-12 为系统的驱动频率-输出波长设置模板,在模板中可以设置开始波长与测试总帧数等。

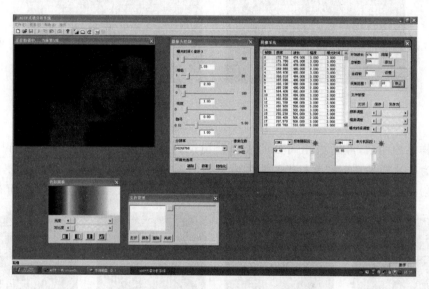

图 9-6-11　系统正在采集图像时的运行效果

图像采集前需要使用图 9-6-11 左上方的 CCD 参数设置模块,设置 CCD 的曝光时间,并需要采集环境光,从而在测试时消除环境光。环境光采集图样和消除效果如图 9-6-13 所示。

图像采集结束后,通过文件管理面板可以保存和打开已采集的图像系列,图像系列存储为自设的 DFF 文件格式,它可以记录该文件的相关参数和所有图片,如图 9-6-14(a)、图 9-6-14 (b)所示。单击如图 9-6-14(b)所示的图像图标即可打开/关闭该幅图像,并可以通过图像色彩模块设置的四个"图像假彩色"按钮调节观察效果,如图 9-6-15 所示。

5. 数据采集与处理

1) 系统的数据采集功能简介

为了能够对采集到的图像数据进行分析,软件系统设计了初步的对图像数据进行采集和分析的功能,主要有以下部分。

(1) 鼠标在图片窗口移动时,窗口的标题栏会显示当前的坐标位置,并给出坐标在图上对应的光强。

(2) 双击图片上某点时,可选择绘制出该点 x 方向和 y 方向的光强曲线,以便于观察图像的光强分布。例如,图 9-6-16(a)是点(51,369)在 x 方向上所有像素的光强曲线,图 9-6-16(b)是点(51,369)在 y 方向上所有像素的光强曲线。

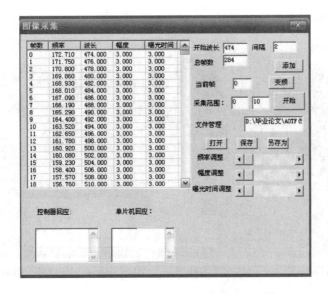

图 9-6-12　驱动频率-输出波长设置模块

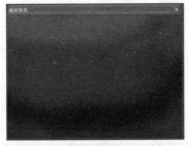

(a) 环境光采集图样

(b) 消除环境光后的采集图样

图 9-6-13　环境光采集图样和消除效果

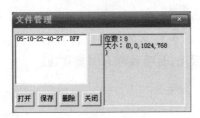

(a) DFF文件记录的相关参数

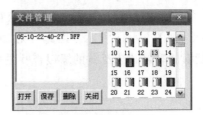

(b) DFF文件记录的相关图像系列

图 9-6-14　图像文件

（3）右键双击图片上某点,即可把整个 DFF 文件中所有帧图像在该点的光强依序输出到一个 TXT 文件中,并自动打开该文件,之后可以复制文件中的光强数据到相关软件中进行后续的处理,以便于根据不同的分析需要对数据进行多种类型的分析和提取。例如,在 Excel 软件中,按照式(9-6-1)计算相应值,再使用 Excel 的绘图功能获得曲线。

为便于计算样品的光谱,需要对样品和参考样品在同一位置处提取测试光强的计数值。软件系统提供设置像素 x、y 坐标的功能,操作时需要注意提取相同位置的光强计数值。图 9-6-17是电子科技大学秋天已泛黄银杏叶、未泛黄的绿银杏叶、普通绿叶透光光强和照明直

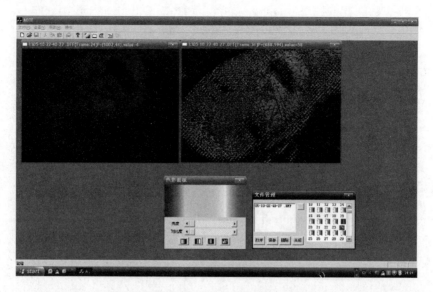

图 9-6-15　打开的图像与假彩色效果示意

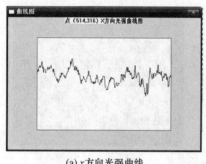

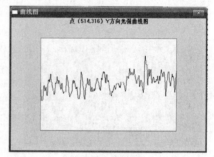

(a) x 方向光强曲线　　　　　　　　　(b) y 方向光强曲线

图 9-6-16　x 方向和 y 方向光强曲线

透的参考光光强计数数据,在 Excel 中绘制获得的曲线。按照式(9-6-1)计算获得三个样品的吸收光谱曲线,如图 9-6-18 所示。由此可见,两个绿色样品的吸收率有所不同,但吸收峰位置相近,而已泛黄银杏叶比未泛黄的绿银杏叶更加吸光,且吸收峰有明显移动。

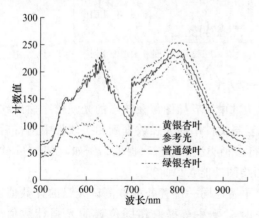
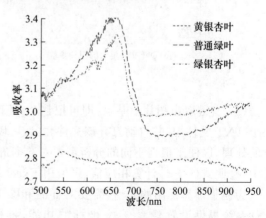

图 9-6-17　实验测试的光强计数曲线　　　　　图 9-6-18　三个样品的吸收光谱曲线

为消除噪声,软件系统在读出光强时,可以设置读出像素的大小,如 1×1、3×3、5×5 等,读出的数据是以设置像素为中心的相应大小区域的平均光强。

2) 数据采集与处理

(1) 拍摄样品光谱图样序列,选择样品成像区域中心附近的某像素位置,采集其光强数据。

(2) 拍摄无样品时的参考光图样序列,选择一致的像素位置,采集其光强数据。

(3) 将二者光强数据和波长数据输入 Excel,输出光强曲线和样品吸收光谱曲线。

(4) 对不同坐标像素处的光强进行提取,并计算样品的吸收光谱,比较对样品不同坐标处提取光谱是否会造成结果的较大变化。

(5) 使用不同的像素大小,重新提取样品光和参考光图样的光强数据,计算吸收光谱,比较不同像素大小对吸收光谱造成的影响。

【注意事项】

(1) 光源关闭时,需要灯泡冷却,风扇自然关停后才能关闭房间电闸。

(2) AOTF 驱动器打开前,需要注意输出 RF 端口是否已经连接到 AOTF 上,不能空置,否则可能引起驱动器中的放大器烧毁。

(3) USB 型 CCD 在工作时,禁止直接从端口拔除。

(4) 准单色光光强很弱,注意对照明光束口径大小的设置,以及实验样品的选择。

【讨论】

(1) 设置吸收光谱测试光路时,如何考虑布局,从而可快速将其更改为反射光谱测试光路?

(2) 当样品光相对较弱时,有哪些方案可以较好地完成光谱的测试?

(3) 不同成像放大率对样品光谱的测试结果可能有哪些影响?

【实验仪器】

高亮度光源(含光源、电源)	1 套	稳压电源	1 台
CCD 相机	1 台	成像透镜	1 个
AOTF 系统(含 AOTF、驱动器)	1 套	待测样品	若干
电子计算机(含软件)	1 套	光学元件	若干

参 考 文 献

[9-6-1] 刘伟,何晓亮,王智林,等.中红外声光可调滤光器[J].压电与声光,2011(4),178-181.

[9-6-2] 廖婷,陈永峰,杨行,等.AOTF-NIR 光谱仪在液态奶快速检测中的研究[J].压电与声光,2014.12,999-1001.

实验 9-7　AOTF 反射成像光谱实验

本实验在实验 9-6 的基础上,着重使用反射成像方式进行成像光谱采集,以针对不透明样品的表面进行成像光谱分析。

【实验目的】

(1) 了解基于 AOTF 的成像光谱测试系统光路和设备构成。

(2) 掌握成像光谱系统的软件操作。

(3) 设置反射成像系统,利用系统测量不同样品的吸收光谱。

【实验原理】

1. 反射成像光谱测量原理

实际测量中,除了透射型样品,还有大量不透明的反射型样品,使用准单色光照明时,仍然可以记录样品的反射成像光谱。一般反射光强相对于透射光强更弱。

在测试光谱范围 $\lambda_1 \sim \lambda_2$ 中,每隔 $\Delta\lambda$(设为波长系列 λ_i)记录一幅样品反射光成像的图像 I_{1i},并以同等条件记录反射参照物的系列光谱图像 I_{0i},然后选定需要分析的样品位置,分别读取样品和参照物的所有 λ_i 图像的光强 I_{1i} 和 I_{0i}。采用光强百分比方式计算反射光谱系数,样品反射光谱曲线的第 i 点强度为

$$T_i = 100 I_{1i}/I_{0i} \tag{9-7-1}$$

2. 照明与成像光路系统

实验 9-6 中的图 9-6-6(a)是一个比较成熟的透射样品成像光谱记录光路,如果按照图 9-6-6(b)进行反射样品的成像光谱记录光路搭建,成像光路部分改变较少,但照明光路改变较大。

同时,不同照明光路对样品的测量也有明显影响,主要是由于照明的卤钨灯功率很大,不同照明方式可能造成样品表面温度的改变,因而会对测试结果产生不同的影响。如图 9-6-6(a)所示,入射光先经过 AOTF 后输出准单色光,其光强大大削减,样品仅受到准单色光照明,样品表面温度基本不变;入射光是近平行光,受到 AOTF 调制后单色性较好,样品可以获得较大面积的照明。而如图 9-6-6(b)所示,入射光先照明样品,再经过 AOTF 分光,将使得样品表面温度明显升高,甚至造成一定的热损伤。此时 AOTF 的入射光是经样品散射的漫射光,样品照明面积较小,方向相对杂散,其分光后的准单色性将下降。但是由于被测结果为红外光谱,温度升高使其红外光谱强度更大,效果明显,易于观测。

考虑实验样品可能是生物样品,为避免照明光对样品的热损伤,实验采用的反射成像光谱的记录光路如图 9-7-1 所示,照明光路与图 9-6-6(a)相比一致,差别主要是样品和成像系统部分旋转了一定角度。图 9-7-1 所示的照明光束平行度较高,AOTF 的分光效率也相对较好。

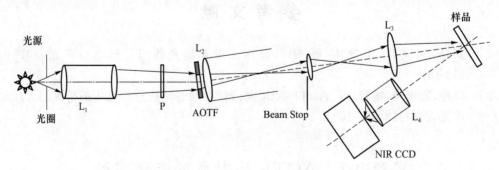

图 9-7-1 与透射式成像照明光路一致的反射式成像光路

如果测量耐热样品的反射成像光谱,本实验可以搭建成如图 9-6-6(b)所示的光路进行,但一般样品建议采用如图 9-7-1 所示的光路进行反射光谱成像测试。

3. 系统控制和数据分析软件

系统控制软件操作与实验 9-6 一致,只是在数据分析时,需要使用式(9-7-1)进行。

【实验步骤】

实验内容概要:

(1) 熟悉光学器件调节,设置适当的反射成像光路,使高亮度白光光束近乎平行输出;

(2) 熟悉 AOTF 的操作,在可见光波段观察不同频率 RF 输出时 AOTF 衍射光的颜色;

(3) 调节样品和 CCD 的位置,获得适当成像放大率的精确成像;

(4) 根据流程对样品进行测试,采集并计算样品的成像光谱。

1. 光路搭建

系统光路按照反射式成像光谱测试要求搭建,原理如图 9-7-1 所示。由于 AOTF 通光面积仅为 1 cm×1 cm,因此入射光束需要有所会聚,以提高系统的光能利用率。AOTF 衍射后的准单色光束再经过透镜获得近平行光,照明待测样品。

待测样品照明后,经适当距离处的成像透镜以适当的成像放大率成像到 CCD 上。

2. 系统操作

设置完毕光路后,运行软件系统。通过红光和绿光两个波段,观察确定系统正常。设置好采集范围之后,发出开始指令,系统进入自动采集状态。注意测试时消除环境光。

图像采集结束后,通过文件管理面板可以保存和打开已采集的图像系列,并通过图像色彩模块设置的四个"图像假彩色"按钮调节观察效果。

3. 数据采集与处理

实验的数据采集与处理参见实验 9-6,但此时需要一个在测试波长范围内反射率良好的参照物。严格的测试实验可以使用硫酸钡粉末压制为饼状,并适当平整表面后,形成参照物;一般性的实验,也可以取较厚的白纸作为测试参照物。

【注意事项】

(1) 光源关闭时,需要灯泡冷却,风扇自然关停后才能关闭房间电闸。

(2) AOTF 驱动器打开前,需要注意输出 RF 端口是否已经连接到 AOTF 上,不能空置,否则可能引起驱动器中的放大器烧毁。

(3) USB 型 CCD 在工作时,禁止直接从端口拔除。

(4) 为减少成像像差,注意按图 9-7-1 搭建成像光路时,样品要适当倾斜,成像透镜平行正对样品。

(5) 反射成像光强一般弱于透射成像光强,注意对实验样品、曝光时间等的选择。

【讨论】

(1) 反射光谱测试系统调节与透射光谱测试对照明光成像效果有什么不同?

(2) 当样品光相对较弱时,有哪些方案可以较好地完成光谱的测试?

(3) 不同成像放大率对样品光谱的测试结果可能有哪些影响?

【实验仪器】

高亮度光源(含光源、电源)	1 套	稳压电源	1 台
CCD 相机	1 台	成像透镜	1 个
AOTF 系统(含 AOTF、驱动器)	1 套	待测样品	若干
电子计算机(含软件)	1 套	光学元件	若干

参 考 文 献

[9-7-1] 刘伟,何晓亮,王智林,等.中红外声光可调滤光器[J].压电与声光,2011.4,178-181.

[9-7-2] 廖婷,陈永峰,杨行,等.AOTF-NIR 光谱仪在液态奶快速检测中的研究[J].压电与声光,2014(12):999-1001.

第 10 章　光电子技术

光电子技术是光学和电子学相结合的产物,是近年来迅速发展的一门新兴学科。它以光波作为信息载体,在这个波段进行调制、发射和检测,已经成功地应用于激光通信、激光测距等诸多重要领域。

毫无疑问,激光器是光电子技术发展的基础。各种新型的激光光源、光调制器以及光探测器的研制成功,大大推动了光电子技术的发展。限于篇幅,本章仅介绍光电子技术的几个基础实验。

实验 10-1　YAG 调 Q 激光的参数测量

【实验目的】

(1) 了解 YAG 调 Q 激光器的工作原理和器件的结构。

(2) 测量脉冲 Nd:YAG 激光器的输出特性曲线,测出光泵能量阈值,计算激光器的总体效率和斜率效率等参数。

(3) 测量调 Q 脉冲的峰值功率 P、脉冲能量 E、脉宽 Δt。

【实验原理】

1. Nd:YAG 激光器的工作原理和结构

Nd:YAG 激光器的工作物质是一种人工晶体,它的基质是钇(Y)铝(Al)石榴石(G),其分子式为 $Y_3Al_5O_{12}$。在晶体生长的过程中,按一定的比例掺入钕(Nd)元素,钕就以 3 价正离子的形式存在于 YAG 的晶格中,激光的工作物质是钕玻璃,它的激活离子就是掺在玻璃中的 Nd^{3+} 离子。

采用具有连续光谱的氙灯或氪灯照射 Nd:YAG 晶体,Nd^{3+} 离子就从基态 E_1 跃迁至激发态 E_4 的一系列能级,激发态 E_4 中最低的两个能级为 $^4F_{5/2}$ 和 $^4F_{7/2}$,相应于中心波长为 $0.81\ \mu m$ 和 $0.75\ \mu m$ 的两个光谱吸收带。由于 E_4 的寿命仅约 1 ns,所以受激的 Nd^{3+} 离子绝大部分都经过无辐射跃迁转移到了 E_3 态。E_3 是一个亚稳态,寿命长达 $250\sim500\ \mu s$,很容易获得离子数积累。E_2 态的寿命为 50 ns,即使有离子处在 E_2,也会很快地弛豫到 E_1。因此,相对于 E_3 而言,E_2 态上几乎没有粒子。这样,在光泵激励下,就在 E_2 和 E_3 之间造成粒子数反转。正是 $E_3 \rightarrow E_2$ 的受激辐射在激光谐振腔中得到增益而形成了激光,其波长为 $1.064\ \mu m$。只要泵浦光存在,Nd^{3+} 离子的能态就总是处在 $E_1 \rightarrow E_4 \rightarrow E_3 \rightarrow$ $E_2 \rightarrow E_1$ 的循环之中。这是一个典型的 4 能级系统,如图 10-1-1 所示。

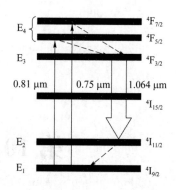

图 10-1-1   Nd:YAG 中 Nd^{3+} 的有关能级

图 10-1-2 为典型的 Nd:YAG 激光器结构示意图。通常 Nd:YAG 晶体被加工成直径为 6 mm、长 80 mm 左右的棒状,两端磨成光学平面,平面的法线与棒轴有一个小夹角,面上镀有增透膜。棒的侧面全部"打毛",以防止寄生振荡。激发泵浦用的氪灯或氙灯做成和 YAG 棒长度相近的直管型,以便与棒达到最佳的配合。为了有效地利用氪灯的光能,把棒和灯放在一个内壁镀金的空心椭圆柱面反光镜中,它们各占据椭圆柱的一根焦线。图 10-1-3 表示了这一结构的横截面。不难想象氪灯发出的光通过椭圆柱面镜的反射,原则上百分之百地到达 YAG 棒上。

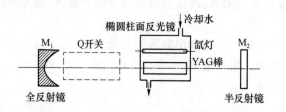

图 10-1-2   Nd:YAG 激光器结构示意图

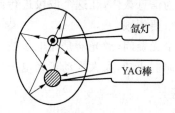

图 10-1-3   椭圆柱面反光镜截面图

在此类激光器中,加到氪灯上的电能只有 1‰ 左右转变成激光能量,其余都变成了热能,所以灯和棒都需要散热和冷却。为此,把反光镜内部的空间加以密封,送入流动的水,以带走多余的热能。水中还要溶入适量的重铬酸钾,以吸收氪灯光谱中的紫外成分,或在 YAG 棒的周围套上滤紫外玻璃管,防止 YAG 棒因紫外光的照射而逐渐退化。

为了形成激光振荡,把 YAG 棒置于一定的谐振腔构型之中。一般采用平凹稳定腔。由于 Nd:YAG 的单程激光增益很高,作为激光输出口的前腔镜 M_2 可设计成具有百分之几十的透过率的镜片,甚至可以是一块"白片",而后腔镜 M_1 则是全反射镜。

如果泵浦光源是连续工作的(在这种情况下,一般采用连续工作的氪灯),那么它可以不间断地对 Nd^{3+} 离子的 E_3 和 E_2 能级提供粒子数反转,从而得到连续的激光输出;如果采用脉冲工作的泵浦光源(一般采用脉冲氪灯),就可以得到脉冲激光输出。由于在阈值以上的泵浦时间内都有激光产生,因而激光脉冲的持续期长而峰值功率低,不适合大多数的实际应用。为了得到脉宽很窄、峰值功率很高的激光脉冲,就必须采用"调 Q"的方法。

调 Q 方法的基本原理是把上述宽脉冲的能量压缩在极短的时间内,从而提高其峰值功率,即按一定的方式改变激光谐振腔的品质因素(Q 值)。通常,在谐振腔内置入一个光开关,从氪灯引燃到其瞬时光强达到极大值期间这个光开关是关闭的。因此对光的传播而言,腔内有很大的损耗(低 Q 值),此时的谐振腔不能产生激光振荡,或激光振荡的阈值非常高。与此同时,YAG 棒中的能级粒子数反转却不断增大,当氪灯的光强达到极大值时,粒子数反转也达到了极大。如果这时打开光开关,使腔处于低损耗(高 Q 值)状态,腔的振荡阈值迅速下降,激发态上的 Nd^{3+} 离子便会以极快的速度在很短的时间内跃迁回基态,同时发射出相应频率的光子。光学谐振腔保证了光场的相干增强,最终形成一个持续期极短、峰值功率极高的激光脉冲。作为对比,用不调 Q 的脉冲激光器产生的激光脉冲,其脉宽约为 $100\,\mu s$ 量级,而调 Q 激光器产生的激光脉冲,脉宽仅为 $10\,ns$ 左右。如果脉冲的总能量为 $1\,J$,那么调 Q 脉冲的峰值功率便可达到 $100\,MW$。

调 Q 的方法有多种,常用的是声光调 Q 和电光调 Q。本实验讨论电光调 Q。

2. 电光调 Q 原理

如果在图 10-1-2 中,虚线框所示的开关是一个电光调 Q 开关,那么它的详细结构可以表示为如图 10-1-4 所示的结构。图中的 P 为起偏器,它使腔内的激光振荡具有起偏器所允许通过的偏振方向,一般选为垂直方向。K 为电光晶体,它的种类很多,但用得最多的是 KD_2PO_4(磷酸二氘钾)人造单晶。在这类晶体中存在 3 个结构上的对称轴:一个是 4 重对称轴,把它称为晶体的光轴;另外两个都是 2 重对称轴,它们都与光轴垂直。在实际应用中,令光轴沿着谐振腔的通光方向 z,而另两个轴则沿着 x(水平)和 y(垂直)方向。当电光晶体两端加有一定数值的直流电压 V 时,在晶体中沿 z 方向就会形成一个电场 E_z,则 $V=E_zL$(L 为晶体在 z 方向上的长度)。同时,在晶体中会生成一个新的坐标系 x'、y' 和 z',z' 轴仍与原来的轴一致,因而 x' 和 y' 仍在 xOy 平面内,但 x' 和 y' 分别与 x、y 成 $45°$ 角,如图 10-1-4 所示。对于晶体的折射率而言,这一新的坐标系具有特殊的意义。沿 3 个新轴的晶体折射率分别为

$$n_x'=n_0-\frac{n_0^3}{2}\gamma_{63}E_z \tag{10-1-1}$$

$$n_y'=n_0+\frac{n_0^3}{2}\gamma_{63}E_z \tag{10-1-2}$$

$$n_z'=n_z=n_e \tag{10-1-3}$$

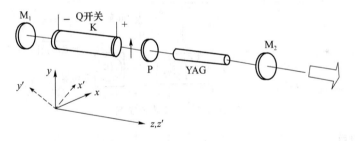

图 10-1-4　电光 Q 开关

其中:n_0 和 n_e 分别为未加电压时晶体对寻常光和非常光的折射率;γ_{63} 是晶体的电光系数。由上述公式可见,当电光晶体两端加上纵向电场后,其折射率发生了变化,形成新的感应双折射,此即电光效应,而且 n_x' 和 n_y' 都是 E_z(纵向电场)的线性函数,所以称这一规律为线性电光效应或普克尔效应。实际上这是外加电压导致晶体折射率椭球发生畸变的结果。由于电光效应的存在,晶体对于垂直偏振光在 x' 和 y' 轴上的两个投影分量的折射率不一样($n_x'\neq n_y'$),因而这两个分量沿轴行进时的相速度也不相同,在它们穿过晶体之后相互之间的相位差不再为零,而是

$$\phi=\frac{2\pi}{\lambda}n_0^3\gamma_{63}V \tag{10-1-4}$$

如果

$$V=\frac{\lambda}{4n_0^3\gamma_{63}} \tag{10-1-5}$$

则 $\phi=\dfrac{\pi}{2}$,这相当于光波行进 $\lambda/4$ 距离后应有的相位变化。式(10-1-5)所决定的电压称为 $\lambda/4$ 电压,对于电光调 Q 而言这是一个重要的参数。KD_2PO_4 电光晶体在入射波长 $\lambda=1.064\ \mu m$ 时,$n_0=1.49,\gamma_{63}=23.6\times10^{-12}$ m/V,由式(10-1-5)可以计算出 $V_{\lambda/4}=3.4$ kV。

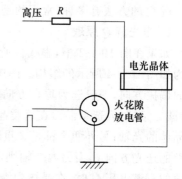

设想在电光晶体上已加有 $\lambda/4$ 电压,而 M_1 是一个全反射镜,则经 M_1 反射后再次从左向右地穿过晶体的两个分量将积累有 $2\varphi=\pi$ 的相位差。这时,晶体的作用如同一个其光轴与偏振方向成 45°夹角的半波片,它使出射光的偏振面旋转 90°,因此合成之后成为一个水平线偏振光,因而不能通过起偏器 P(P 在这时起着一个检偏器的作用)。这相当于 Q 开关被关断,谐振腔处于低 Q 值状态。如果突然(在 1 ns 以内)将 $\lambda/4$ 电压撤去,则 $n_{x'}=n_{y'}=n_0$,光束来回穿过电光晶体都不会附加有任何偏振方向的改变,也即 Q 开关处于通行状态,而谐振腔则处于

图 10-1-5　火花隙放电装置

高 Q 值状态。通常是利用带有辅助电极的火花隙放电装置,瞬时将加在电光晶体的电压对地短路来实现谐振腔的 Q 值变化,其装置简图如图 10-1-5 所示。

【实验装置】

电光调 Q 动态实验装置如图 10-1-6 所示。整个装置是一台教学用的调 Q Nd:YAG 脉冲激光器系统,它除了激光器本身而外,还包括电源控制台和冷却水循环装置。

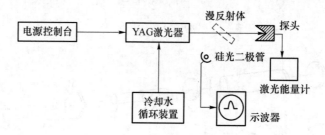

图 10-1-6　实验装置简图

1. 电源控制台

电源控制台中包含以下几个部分。

(1) 大功率高压直流电源。它的作用是点燃氚灯。电源的电压在 $0\sim1.1$ kV 的范围内可以连续变化,功率容量在 kW 的量级。利用市电整流所获得的直流电能对一个储能电容器充电,然后通过短暂而重复地导通可控硅元件或闸流管,使电容器对氚灯放电,从而得到强烈的闪光来泵浦 YAG 棒。在本实验系统中,储能电容器的容量为 50 μF,氚灯的重复频率为 1 Hz、5 Hz、10 Hz、20 Hz、40 Hz。

(2) Q 开关高压电源。它为电光晶体提供 $\lambda/4$ 电压。这个电源的功率容量不需要很大,所以它是利用高频(数十 kHz)振荡的方式把低压直流电流变为高频高压直流电流,再经整流形成直流高压供电光晶体使用。它的电压也可以在一定的范围内调节,以便适应不同材料的电光晶体和不同的激光波长。

(3) 触发脉冲发生器。它用于产生触发氚灯点燃和 Q 开关导通所需的两组电脉冲。这两组电脉冲出自同一个脉冲发生器,因而是严格同步的,但是它们之间的相对延时可以调节,以

便恰好在氙灯点燃一段时间(10^2 μs 量级)之后,YAG 棒的粒子数反转达到极大时打开 Q 开关,从而得到脉宽最窄、峰值功率最大的调 Q 激光脉冲。最佳的延时量随着氙灯放电能量的不同而有所变化。

2. 冷却水循环装置

冷却水循环装置包括下列两个部分。

(1) 内循环水路。用离心水泵使掺有重铬酸钾的蒸馏水或去离子水在水箱和 YAG 的椭圆反光镜密封水套之间不断循环,将氙灯和 YAG 棒产生的热量带到水箱中,而水箱的储热则由下面将要叙述的自来水冷却水路带到周围环境中。水泵的开关和电源控制台的总开关有联动的关系。仅在水泵正常运行的条件下,电源控制台才能被接通,这样就保证了氙灯和 YAG 棒的安全工作。

(2) 自来水冷却水路。令自来水以适当的流量流过置于上述去离子水水箱中的蛇形铜管——热交换器,使水箱降温。自来水入口处设有水压继电器,如果自来水的压力不够,不能保证热交换器有足够的冷却效率,那么整个激光器的供电系统不能被启动。同时,在激光器的运行过程中,如果发生断水或水压下降,水压继电器也会自动将电源切断并发出报警信号。

【实验步骤】

1. 仪器的使用

在老师的指导下,了解激光器的主要控制开关和旋钮的位置及操作方法;学会开机和关机;学会使用激光能量计、硅光二极管探测器和示波器;检查整个系统各电缆线和水管的连接情况并保证正确无误。

2. 在不调 Q 情况下测量激光器的阈值电压、激光脉冲能量和激光转换效率

Q 开关不加电压,激光器的重复频率选取 1 Hz,把激光能量计的探头粗略地定位在激光器的输出方向上。把氙灯电压加到 850 V,这时应有激光输出,利用感光纸接收激光脉冲,按照纸上的激光烧斑位置移动能量计探头,使激光脉冲没有阻拦地进入探头。

把氙灯电压退到 0 V,然后缓缓地重新增加电压,同时观察能量计的示数直到开始有读数。此时的氙灯电压即为激光器的阈值电压。

从阈值电压开始,以 50 V 的电压增量测出 6 个电压值相应的激光输出能量 $E_{出}$。测量的方法是:手持挡板隔开激光束与能量计探头,然后快速移开挡板又迅速复位,保证每次操作只放一个激光脉冲进入探头。每个测量点重复测量 5 次并计算出 $E_{出}$ 的算术平均值。每个测量点的氙灯注入能量为

$$\varepsilon = \frac{1}{2}CV^2 \tag{10-1-6}$$

其中:$C(C = 5 \times 10^{-5} \text{F})$ 为储能电容器的电容量,单位为 F;V 为氙灯电压,单位用 V;计算得到的能量 ε 单位用 J。

列出 $E_{出}$ 和 ε 的数据表并做出 $E_{出}$ 与 ε 的关系曲线。根据曲线求出各测量点的绝对效率:

$$\eta_1 = \frac{E_{出}}{\varepsilon}$$

和相邻两测量点之间的斜率效率:

$$\eta_2 = \frac{\Delta E_{出}}{\Delta \varepsilon}$$

3. 在不调 Q 情况下观察激光脉冲的波形

把激光打在一块用聚四氟乙烯做成的漫反射体上(注意不可直视漫反射面),用硅光二极管探测器接收小部分漫射激光。硅光二极管必须具有 1 ns 或更短的响应时间,它的负载电阻应为 50 Ω。示波器在内触发方式下工作,输入阻抗应置于50 Ω的低阻挡上。仔细调节示波器上的相应旋钮,使屏幕上出现激光脉冲波形并注意勿使硅光二极管饱和。在 3 个不同的氙灯电压下观察激光脉冲波形,示波器的扫描速度可选取 50 μs/cm 和 5 μs/cm 两挡分别观察,此时的激光脉冲应是一连串不规则的尖峰。把屏幕上的波形临摹下来,记下峰的高度、单峰的时间宽度和相邻两峰之间的时间间隔以及整个尖峰串的持续时间。思考尖峰串结构的形成原因和变化规律。图 10-1-7 是典型的不调 QNd³⁺:YAG 激光脉冲波形。

4. 调 Q 激光器的实验研究

(1) 选定一个氙灯电压值,在 Q 开关上加 $\lambda/4$ 电压,但不加退高压触发信号,观察激光输出波形相对于 Q 不高时有无变化?将 Q 开关上的电压降到远小于 $\lambda/4$ 电压,又可观察到什么情况,为什么?

(2) 加上退高压触发信号,仔细地在 $\lambda/4$ 电压附近调节 Q 开关高压,直到示波器屏幕上出现单峰的调 Q 激光脉冲。注意此时亦应辅之以退高压触发信号延时的调节,才能获得满意的波形。找到调 Q 激光脉冲波形之后把示波器的扫描速度逐挡地加快,一直到扫描速度为 10 ns/cm。此时示波器屏幕上的波形踪迹已经很淡,必要时应采用遮光筒或关闭室内照明灯来观察波形。描绘激光脉冲的形状并测量它的半极大值全脉宽 Δt_{FWHM}。图 10-1-8 是一个典型的调 Q 激光脉冲波形。

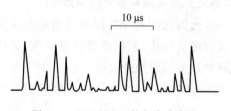

图 10-1-7　不调 Q 激光脉冲波形

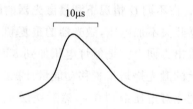

图 10-1-8　调 Q 激光脉冲波形

(3) 选定一个氙灯电压值,改变 Q 开关延时(即退高压触发信号相对于氙灯点燃的延时)并测量调 Q 激光脉冲的能量,求出得到最大调 Q 激光脉冲能量时的延时——最佳延时。在实验中,这一延时是以延时调节旋钮上的某一个刻度值间接表示的,并非绝对的延时。一般,从氙灯点燃到其光强达到极大值需要 100 μs 左右,Q 开关延时也应是这个数值。当 Q 开关延时量大于或小于最佳值时,调 Q 激光脉冲的能量都比最佳延时相应的能量小,这是什么原因造成的?

5. 数据处理和要求

(1) 列出每项实验测量到的原始数据和根据原始数据做出的曲线以及求得的参数。

(2) 描述所观察到的实验现象,描绘示波器屏幕上的各个典型激光脉冲波形。

(3) 回答各项实验中提出的思考题。

(4) 写出个人在实验中收获的经验和体会。

【注意事项】

(1) 本实验中产生的激光脉冲可灼伤皮肤,甚至使人眼永久致盲,故决不可使皮肤接触激光束,更不可用肉眼直视激光束(即迎着激光束射来的方向看)! 实验者必须在实验开始之前仔细阅读本实验设置的安全须知牌。

(2) 实验者未经授课教师明确表示同意之前不得进行实验。

(3) 实验完毕应将硅光二极管的负载电阻取下,以免电池耗电。

【实验仪器】

(1) 脉冲 Nd:YAG 激光器(电光调 Q 倍频实验系统),包括开关型脉冲激光电源、固体脉冲调 Q 倍频激光器。

(2) 连续 Nd:YAG 激光器(声光调 Q 倍频实验系统),包括激光连续开关电源、99 型声光调 Q 开关电源、倍频激光器、内循环冷却系统。

(3) 能量计、示波器。

参 考 文 献

[10-1-1]　YARIV A. Quantum Electronics. [M]. 2nd ed. New York:John Wiley & Sons, Inc.,1975.

[10-1-2]　邹英华,孙亨. 激光物理学[M]. 北京:北京大学出版社,1991.

[10-1-3]　王仕璠,朱自强. 现代光学原理[M]. 成都:电子科技大学出版社,1998.

附录 10-1　仪器面板说明

1. 电光调 Q 总电源面板、功能及使用说明

电光调 Q 总电源板示意图见附图 10-1-1。

(1) 启动总电源开关①,主继电器吸合,水泵工作,电源指示灯亮,表示电源可以工作。

(2) 启动 He-Ne 开关②,指示灯亮,表示激光器有指引光(红色)输出。

(3) 紧急停止开关③,当此设备发生意外情况时,马上按下该开关③,切断外电源,起保护设备的作用。顺时针旋转该开关③,可恢复开关的接通状态。

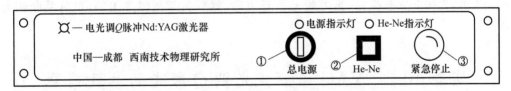

附图 10-1-1　电光调 Q 总电源面板示意图

2. 脉冲电源面板、功能及使用

脉冲电源面板示意图见附图 10-1-2。

(1) 面板

① 电源钥匙开关。

② 状态指示:预燃(SIMMER)、时统(PREQ)、外时统(EXT)、调 Q 状态(Q-SW)、故障(FAIL)。

③ 预燃开关。

④ 工作开关。

⑤ 充电电压表。

⑥ 充电调节电位器。

⑦ 调 Q 状态选择：静态(OFF)、关门(HV)、动态(ON)。

⑧ 晶体高压调节电位器。

⑨ 退高压延时调节电位器。

⑩ 晶体高压数字表头。

⑪ 时统选择开关(分档)。

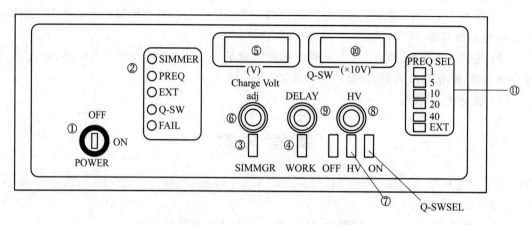

附图 10-1-2　脉冲电源面板示意图

(2) 脉冲电源的使用

a. 使用前调 Q 状态选择⑦，应置于静态，充电调节电位器⑥和晶体高压调节电位器⑧置于零位，确认预燃开关③和工作开关④置于 OFF 状态。

b. 开启钥匙开关①，继电器吸合，表头⑤⑩显示"000"。

c. 按下预燃开关③，预燃成功，状态指示②的时统指示灯按所选择的频率闪动。

d. 按下工作开关④，调节充电调节电位器⑥增加输出电压至所需值。

e. 选择⑦的关门工作状态(HV 按键)，调节晶体高压调节电位器⑧，使激光输出为零，然后按下动态 ON 按键，调节退高压延时调节电位器⑨，使激光输出最大(延时预调 180 μs)。

f. 关机，先按下静态按钮，再关断工作开关④，然后关断预燃开关③，最后关断钥匙开关①。

实验 10-2　YAG 倍频声光调 Q 激光的参数测量

【实验目的】

(1) 掌握声光调 Q 的工作原理。

(2) 了解声光调 Q 与电光调 Q 激光的区别。

(3) 掌握激光脉冲的宽度和泵浦功率的关系。

(4) 掌握声光调 Q 激光器的调整方法。

【实验原理】

如图 10-2-1 所示，声光调 Q 的原理是利用介质中的超声波对激光束的衍射形成的损耗调制激光器的 Q 值。把声光调制器插入激光谐振腔中，当一定功率的射频源加在声光换能器上时，超声波在介质中传播，介质密度发生空间周期性变化，使其折射率产生相应的变化，形成

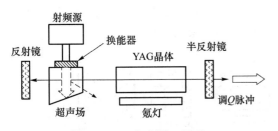

图 10-2-1　声光调 Q 原理

等效的衍射光栅。当激光束通过超声波形成的衍射光栅时,部分光束被衍射到谐振腔外,形成损耗,此时谐振腔处于低 Q 状态,激光振荡被抑制;当超声场突然消逝时,声光器件内部的衍射也突然消失,使谐振腔处于高 Q 状态,激光器迅速形成振荡,输出一个强峰值功率脉冲。

当反转粒子数被消耗以致减少到激光振荡的阈值粒子数以下时,振荡停止,紧接着高频等幅振荡再次形成,进入下一个循环。与电光调 Q 不同的是,声光 Q 开关控制关断激光振荡的时间主要由超声波通过激光束的渡越时间决定。超声波的传播速度较慢,通过激光束的渡越时间较长。因此,声光 Q 开关的开启和关断时间比电光 Q 开关长得多,使调 Q 激光脉冲的脉冲宽度较长、峰值功率较低。但是,声光 Q 开关的驱动电压比电光 Q 开关低得多,因此声光 Q 开关的重复频率比电光 Q 开关高得多(可达几百 kHz),故声光调 Q 主要产生高重复频率、低峰值功率的激光脉冲,而电光调 Q 则产生低重复频率、高峰值功率的激光脉冲。这两种调 Q 激光分别有不同的应用领域。

声光 Q 开关用于连续激光器时,需要用脉冲调制器产生频率为 f 的矩形脉冲来调制高频振荡器的信号,因此声光介质中超声场出现的频率为脉冲调制信号的频率,于是激光器输出重复率为 f 的调 Q 脉冲序列。为了能使激光工作物质的上能级积累足够多的粒子,并且避免过多的自发辐射损耗,以便激光器在保证一定峰值功率的情况下得到最大的反转粒子数利用率,相邻两个脉冲的时间间隔 $1/f$ 大致要与激光工作物质的上能级寿命相等。例如 Nd：YAG 激光器,其上能级寿命约为 230 ns,因此,选取调 Q 重复率在 20～30 kHz 的调 Q 脉冲序列。重复率过高或过低都会影响调 Q 效果。声光调 Q 的开关时间一般小于脉冲建立时间,故属于快开关类型。

连续激光器采用声光调 Q 运转方式,如图 10-2-2 所示。在这种情况下,泵浦速率 V_p 保持不变〔图 10-2-2(a)〕,但谐振腔的 Q 值做周期性的变化〔图 10-2-2(b)〕,它的变化周期由脉冲调制信号频率 f 决定,输出一系列高重复率的调 Q 脉冲〔图 10-2-2(c)〕,由于泵浦是连续的,谐

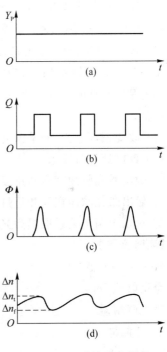

图 10-2-2　连续激光器高重复率调 Q 过程

振腔的 Q 值(或腔的损耗)以频率 f 由高 Q 态到低 Q 态做周期变化,故激光工作物质的反转粒子数也做相应的变化〔图 10-2-2(d)〕。

【实验装置】

实验装置如图 10-2-3 所示。波长为 1.06 μm 的声光调 Q 激光脉冲,经 KTP 晶体倍频后输出波长为 0.53 μm 的脉冲。其中镜片 M_2(1.06R/0.53T)表示对 1.06 μm 波长高反射(接近于 100%),对 0.53 μm 波长为高透射(接近于 100%)。因此全反射镜 M_1 和镜片 M_2 构成波长为 1.06 μm 的谐振腔,反射镜 M_1 和最后一个镜片 M_3 构成波长为 0.53 μm 的谐振腔。输出

的 0.53 μm 激光脉冲经分束片 BS 分束,其中一束通过测量透射光束的激光功率以测量激光平均功率,另一束用于测量弱反射光束的散射光,以测量激光的脉冲宽度。

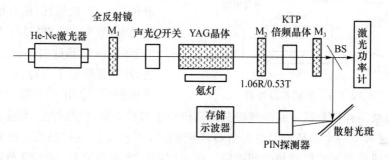

图 10-2-3　声光调 Q 实验装置图

【实验步骤】

(1) 反复调整使红色 He-Ne 激光通过 YAG 晶体棒的中心。这时可以用半透明的白纸贴于 YAG 晶体棒导管两端进行观察。

(2) 调节全反射镜 M_1、1.06R/0.53T 镜片 M_2、KTP 晶体、0.53 半反射镜 M_3 和声光 Q 开关,使反射的红色光斑和入射光重合。

(3) 按本实验指导书末附录说明的操作规程启动激光电源,用白纸在激光输出端观察,反复调整 1.06R/0.53T 镜片 M_2、KTP 晶体、0.53 半反射镜 M_3,使绿色激光光斑最圆,颜色最深。

(4) 保持氪灯电流在一个适中的值,改变声光开关的重复频率,测量激光输出功率和脉冲宽度的值。

(5) 改变氪灯电流,测量激光脉冲的宽度。

(6) 数据处理与要求。

① 做出激光脉冲宽度和重复频率的关系曲线。

② 做出激光脉冲宽度和氪灯电流的关系曲线。

③ 对以上两个关系根据激光原理和光电子技术课程内容做出解释。

【实验仪器】

He-Ne 激光器(40 mW)	1 台	KTP 倍频晶体	1 个
全反射镜 M_1	1 个	部分反射镜 M_3	1 个
声光调制器	1 台	PIN 探测器	1 台
YAG 晶体	1 个	激光功率计	1 台
选通镜 M_2	1 个	存储示波器	1 台

【注意事项】

(1) 启动激光电源前,必须开启冷却水源。

(2) 启动电源开关,电流数显表值为 6 A 左右,表示电源工作正常。

(3) 启动工作按钮"OUT",再启动按钮"HIV",激光器进入预工作状态。

(4) 调节电流旋钮使电流增加。

(5) 当启动工作按钮 SLEEP 时,激光器电源处于睡眠状态,激光器处于预工作状态(此时氪灯电流约为 4 A 左右)。

(6) 激光器停止使用时,先将工作电流调到最小,关断"OUT"按钮,再关断电源总开关。

参 考 文 献

[10-2-1]　高以智.激光实验选编[M].北京:电子工业出版社,1988.

附录 10-2　激光电源使用说明

激光电源面板见附图 10-2-1。

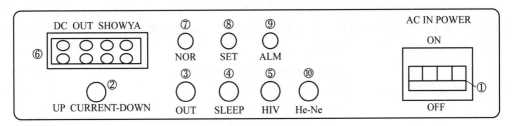

附图 10-2-1　激光电源面板

使用说明如下。

a. 激光电源使用前,必须开启冷却水源。

b. 启动电源开关①,电流数显表⑥亮,当显示数值为 6 A 左右时,表示电源可以工作。

c. 启动工作按钮"OUT"③,再起动按钮"HIV"⑤,激光器进入预工作状态(电流数显表显示为 6 A,为氪灯的维持电流)。

d. 工作电流通过旋钮②来调节。当要增大电流时,逆时针调节旋钮;当要减少电流时,顺时针调节旋钮。

e. 启动工作按钮"SLEEP"④,激光电源处于睡眠状态,激光器进入预工作状态(电流数显表显示的 4 A 左右电流为氪灯维持电流)。

f. 激光电源停止使用时,先将工作电流调到最小,关断按钮"OUT"③,再关断电源开关①。

g. 打开 He-Ne 启动开关⑩,向激光器提供指引光(红色)。

实验 10-3　拉曼-奈斯声光衍射观测实验

【实验目的】

(1) 掌握声光调制的原理。

(2) 了解布拉格衍射和拉曼-奈斯声光衍射的区别。

(3) 观察拉曼-奈斯声光衍射。

【实验原理】

声波是一种弹性波(纵向应力波),当其在介质中传播时,将使介质产生相应的弹性形变,从而激起介质中各质点沿声波的传播方向发生振动,引起介质的密度呈疏密相间的交替变化,因此,介质的折射率也随之发生相应的周期性变化。超声场作用的这部分如同一个光学的"位相光栅",该光栅间距(光栅常数)等于声波波长 λ_s。当光波通过此介质时,就会产生光的衍射,其衍射光的强度、频率、方向等都随着超声场的变化而变化。

声波在介质中传播有行波和驻波两种形式。图 10-3-1 所示为某一瞬间超声行波的情况，其中深色部分表示介质受到压缩，密度增大，相应的折射率也增大，而白色部分表示介质密度减少，对应的折射率也减少。在行波声场作用下，介质折射率的增大或减小交替变化，并以声速 v_s 向前推进。由于声速仅为光速的数十万分之一，所以对光波来说，运动的"声光栅"可以看作是静止的。设声波的角频率为 ω_s，波矢为 $\boldsymbol{k}_s\left(|\boldsymbol{k}_s|=\dfrac{2\pi}{\lambda_s}\right)$，则声波的方程为

$$a(x,t)=A\sin(\omega_s t-\boldsymbol{k}_s x) \tag{10-3-1}$$

其中：a 为介质质点的瞬时位移；A 为质点位移的幅度。可近似地认为，介质折射率的变化正比于介质质点沿 x 方向位移的变化率，即

$$\Delta n(x,t)=\Delta n\cos(\omega_s t-\boldsymbol{k}_s x) \tag{10-3-2}$$

其中：Δn 是由弹性波引起的折射率 n 的变化，可表示为

$$\Delta n=-\frac{1}{2}n^3 PS \tag{10-3-3}$$

其中：S 为超声波引起介质产生的应变；P 为材料的弹光系数。故行波时的介质折射率为

$$\begin{aligned} n(x,t)&=n_0+\Delta n\cos(\omega_s t-\boldsymbol{k}_s x) \\ &=n_0-\frac{1}{2}n_0^3 PS\cos(\omega_s t-\boldsymbol{k}_s x) \end{aligned} \tag{10-3-4}$$

由波长、振幅和位相相同，传播方向相反的两束声波叠加而成的声驻波，如图 10-3-2 所示。其声驻波方程为

$$a(x,t)=2A\cos\left(2\pi\frac{x}{\lambda_s}\right)\sin\left(2\pi\frac{t}{T_s}\right) \tag{10-3-5}$$

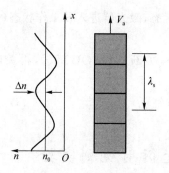

图 10-3-1　超声行波在介质中的传播

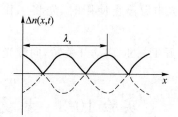

图 10-3-2　超声驻波

式(10-3-5)说明声驻波的振幅为 $2A\cos(2\pi x/\lambda_s)$，它在 x 方向上各点不同，但位相 $2\pi/T_s$ 在各点均相同。同时，由式(10-3-5)还可看出，在 $x=\dfrac{n\lambda_s}{2}(n=0,1,2\cdots)$ 各点上，驻波的振幅为极大(等于 $2A$)，这些点称为波腹，相邻波腹间的距离为 $\dfrac{\lambda_s}{2}$；在 $x=(2n+1)\dfrac{\lambda_s}{4}(n=0,1,2\cdots)$ 各点上，驻波的振幅为零，这些点称为波节，相邻波节各点之间的距离也是 $\dfrac{\lambda_s}{2}$。由于声驻波的波腹和波节在介质中的位置是固定的，因此它形成的光栅在空间上也是固定的。声驻波形成的折射率变化为

$$\Delta n(x,t) = 2\Delta n \sin \omega_s t \sin \boldsymbol{k}_s x \tag{10-3-6}$$

声驻波在一个周期内介质两次出现疏密层,且在波节处密度保持不变,因而折射率每隔半个周期($T_s/2$)就在波腹处变化一次,由极大(或极小)变为极小(或极大)。在两次变化的某一瞬间,介质各部分的折射率相同,相当于一个没有声场作用的均匀介质。若超声频率为 f_s,那么光栅出现和消失的次数则为 $2f_s$,因而光波通过该介质后所得到的调制光的调制频率将为声频率的两倍。

1. 拉曼-奈斯衍射

在超声波频率较低的情况下,当光波平行于声波面入射(即垂直于声场传播方向),且声光互作用长度(晶体长度)L 较短时,由于声速比光速小得多,故声光介质可视为一个静止的平面位相光栅,且声波长 λ_s 比光波长 λ 大得多,当光波平行于声波面通过介质时,只受到位相调制,即通过光学稠密(折射率大)部分的光波波阵面将被推迟;通过光学疏松(折射率小)部分的光波波阵面将被超前,于是通过声光介质的平面波波阵面出现凸凹现象,变成一个折皱曲面,如图 10-3-3 所示。由出射波阵面上各子波源发出的次波将发生相干作用,形成与入射方向对称分布的多级衍射光,这种衍射称为拉曼-奈斯衍射。

下面对光波的衍射方向及光强的分布进行简要分析。

设声光介质中的声波是一个宽度为 L 沿着 x 方向传播的平面纵波(声柱),其波长为 λ_s(角频率 ω_s),波矢量 $\boldsymbol{k}_s$ 指向 x 轴,入射光波矢量 $\boldsymbol{k}_i$ 指向 y 轴方向,如图 10-3-4 所示。声波在介质内引起的弹性应变场可表示为

$$S_1 = S_0 \sin(\omega_s t - \boldsymbol{k}_s x)$$

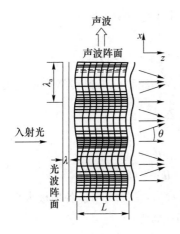

图 10-3-3　拉曼-奈斯衍射(衍射声场)

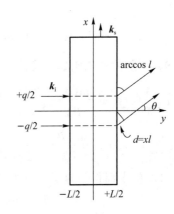

图 10-3-4　垂直入射情况

根据式(10-3-3)和(10-3-4),当把声行波近似视为不随时间变化的超声场时,可略去对时间的依赖关系,这样沿 x 方向的折射率分布可简化为

$$n(x) = n_0 + \Delta n \sin(\boldsymbol{k}_s x) \tag{10-3-7}$$

其中:n_0 为平均折射率;Δn 为声致折射率变化。由于介质折射率发生了周期性的变化,所以会对入射光波的位相进行调制。如果考察的是一平面光波垂直入射的情况,它在声光介质的前表面 $y = -L/2$ 处入射,那么入射光波为

$$E_{in} = A\exp(i\omega_c t) \tag{10-3-8}$$

在 $y = L/2$ 处出射的光波便不再是单色平面波,而是一个被调制了的光波,其等相面是由函数

$n(x)$决定的折皱曲面,出射光波为

$$E_{out} = A \exp \left\{ i \left[\omega_c \left(t - n(x) \frac{L}{c} \right) \right] \right\} \qquad (10\text{-}3\text{-}9)$$

其中:c 为光速。经过介质之后,光波的位相延迟为

$$\phi = kn(x,t)L = kn_0 L + kL\Delta n \sin(\boldsymbol{k}_s x) \qquad (10\text{-}3\text{-}10)$$

式中第一项为不存在超声场时光通过介质后的位相延迟,第二项为由于超声场的存在而引起的附加位相延迟,可见出射光波已不是平面波。利用衍射积分法可求出在很远的屏上某点 P(方向角为 θ)的光场振幅,由式(10-3-11)的积分决定,即

$$E_p = \int_{-q/2}^{q/2} \exp\left\{ i\boldsymbol{k}_i [lx + L\Delta n \sin(\boldsymbol{k}_x x)] \right\} dx \qquad (10\text{-}3\text{-}11)$$

其中:$l = \sin\theta$ 表示衍射方向的正弦;q 为入射光束宽度。将 $\phi_0 = 2\pi(\Delta n)\dfrac{L}{\lambda} = (\Delta n)\boldsymbol{k}_i L$ 代入式(10-3-11),并利用欧拉公式展开,得

$$
\begin{aligned}
E_p &= \int_{-q/2}^{q/2} \left\{ \cos\left[\boldsymbol{k}_i lx + \phi_0 \sin(\boldsymbol{k}_x x)\right] + i\sin\left[\boldsymbol{k}_i lx + \phi_0 \sin(\boldsymbol{k}_s x)\right] \right\} dx \\
&= \int_{-q/2}^{q/2} \left\{ \cos(\boldsymbol{k}_i lx)\cos\left[\phi_0 \sin(\boldsymbol{k}_x x)\right] - \sin(\boldsymbol{k}_i lx)\sin\left[\phi_0 \sin(\boldsymbol{k}_s x)\right] \right\} dx + \\
&\quad i\int_{-i\frac{q}{2}}^{\frac{q}{2}} \left\{ \sin(\boldsymbol{k}_i lx)\cos\left[\phi_0 \sin(\boldsymbol{k}_s x)\right] + \cos(\boldsymbol{k}_i lx)\sin\left[\phi_0 \sin(\boldsymbol{k}_s x)\right] \right\} dx
\end{aligned}
\qquad (10\text{-}3\text{-}12)
$$

再利用贝塞尔函数关系式:

$$\cos\left[\phi_0 \sin(\boldsymbol{k}_s x)\right] = J_0(\phi_0) + 2\sum_{r=1}^{\infty} J_{2r}(\phi_0)\cos(2r\boldsymbol{k}_s x)$$

$$\sin\left[\phi_0 \sin(\boldsymbol{k}_s x)\right] = 2\sum_{r=1}^{\infty} J_{2r+1}(\phi_0)\sin\left[(2r+1)\boldsymbol{k}_s x\right]$$

其中:$J_r(\phi_0)$ 是 r 阶贝塞尔函数。将此式代入式(10-3-12),经积分得到实部的表达式为

$$
\begin{aligned}
E_p &= q\sum_{r=0}^{\infty} J_{2r}(\phi_0) \left\{ \frac{\sin(l\boldsymbol{k}_i + 2r\boldsymbol{k}_s)\frac{q}{2}}{(l\boldsymbol{k}_i + 2r\boldsymbol{k}_s)\frac{q}{2}} - \frac{\sin(l\boldsymbol{k}_i - 2r\boldsymbol{k}_s)\frac{q}{2}}{(l\boldsymbol{k}_i - 2r\boldsymbol{k}_s)\frac{q}{2}} \right\} + \\
&\quad q\sum_{r=0}^{\infty} J_{2r+1}(\phi_0) \left\{ \frac{\sin\left[l\boldsymbol{k}_i + (2r+1)\boldsymbol{k}_s\right]\frac{q}{2}}{\left[l\boldsymbol{k}_i + (2r+1)\boldsymbol{k}_s\right]\frac{q}{2}} - \frac{\sin\left[l\boldsymbol{k}_i - (2r+1)\boldsymbol{k}_s\right]\frac{q}{2}}{\left[l\boldsymbol{k}_i - (2r+1)\boldsymbol{k}_s\right]\frac{q}{2}} \right\}
\end{aligned}
\qquad (10\text{-}3\text{-}13)
$$

而式(10-3-12)的虚部积分为零。由式(10-3-13)可以看出,衍射光场强各项极大值的条件为

$$l\boldsymbol{k}_i \pm m\boldsymbol{k}_s = 0 \qquad (m \geqslant 0, \text{整数}) \qquad (10\text{-}3\text{-}14)$$

当 θ 角和声波波矢 $\boldsymbol{k}_s$ 确定后,其中某一项为极大时,其他项的贡献几乎等于零,因而当 m 取不同值时,不同 θ 角方向的衍射光取极大值。式(10-3-12)则确定了各级衍射的方位角:

$$\sin\theta = m\frac{\boldsymbol{k}_s}{\boldsymbol{k}_i} = m\frac{\lambda}{\lambda_s} \qquad (m = 0, \pm 1, \pm 2 \cdots) \qquad (10\text{-}3\text{-}15)$$

其中:m 表示衍射光的级次。各级衍射光的强度为

$$I_m \propto J_m^2(\phi_0), \quad \phi_0 = \Delta n \boldsymbol{k}_i L = \frac{2\pi}{\lambda}\Delta n L \qquad (10\text{-}3\text{-}16)$$

综上分析,拉曼-奈斯声光衍射的结果使光波在远场分成一组衍射光,它们分别对应于确定的衍射角 θ_m(即传播方向)和衍射强度。其中,衍射角由式(10-3-15)决定,衍射光强由式(10-3-16)

决定。因此,这一组衍射光是离散型的。由于 $J_m^2(\nu)=J_{-m}^2(\nu)$,故各级衍射光对称地分布在零级衍射光两侧,且同级次衍射光的强度相等。这是拉曼-奈斯衍射的主要特征之一。另外,由于

$$J_0^2(\nu)+2\sum_1^\infty J_m^2(\nu)=1$$

表明无吸收时衍射光各级极值光强之和应等于入射光强,即光功率是守恒的。

以上分析略去了时间因素,采用比较简单的处理方法得到拉曼-奈斯声光作用的物理图像。但是,由于光波与声波场的作用,各级衍射光波将产生多普勒频移,根据能量守恒原理,应有

$$\omega=\omega_i\pm m\omega_s \tag{10-3-17}$$

而且各级衍射光强将受到角频率为 $2\omega_s$ 的调制。但由于超声波频率为 10^9 Hz 量级,而光波频率高达 10^{14} Hz 量级,故该频移的影响可忽略不计。

2. 布拉格衍射

从理论上说,拉曼-奈斯衍射和布拉格衍射是在改变声光衍射参数时出现的两种极端情况。引起两种衍射情况的主要参数是声波波长 λ_s、光束入射角 θ_i 及声光作用距离 L。为了给出区分这两种衍射的定量标准,特引入参数 G:

$$G=\frac{k_s^2 L}{k_i\cos\theta_i}=\frac{2\pi\lambda L}{\lambda_s^2\cos\theta_i} \tag{10-3-18}$$

当 L 小且 λ_s 大($G\ll1$)时,为拉曼-奈斯衍射;而当 L 大且 λ_s 小(从而 $G\gg1$)时,为布拉格衍射。

为了寻求一个适用的标准,即当 G 参数大到一定值后,除 0 级和 1 级外,其他各级衍射光的强度都很小可以忽略不计,达到这种情况时即可认为已进入布拉格衍射区。经过多年的实践,现已普遍采用以下定量标准:

$$\begin{cases} G\geqslant4\pi,\text{为布拉格衍射区} \\ G<4\pi,\text{为拉曼-奈斯衍射区} \end{cases} \tag{10-3-19}$$

为了便于应用,又引入参量 L_0:

$$L_0=\frac{\lambda_s^2\cos\theta_i}{\lambda}\approx\frac{\lambda_s^2}{\lambda}$$

则

$$G=\frac{2\pi L}{L_0} \tag{10-3-20}$$

因此,上面的定量标准可以写为

$$\begin{cases} L\geqslant2L_0,\text{为布拉格衍射区} \\ L<2L_0,\text{为拉曼-奈斯衍射区} \end{cases} \tag{10-3-21}$$

其中,L_0 称为声光器件的特征长度。引入参数 L_0 后,可使器件的设计工作十分简便。由于 $\lambda_s=v_s/f_s$ 和 $\lambda=\lambda_0/n$,故 L_0 不仅与介质的性质(v_s 和 n)有关,还与工作条件(f_s 和 λ_0)有关。事实上,L_0 反映了声光互作用的主要特征。

布拉格衍射不仅可以从光波的相干叠加来说明其声光互作用原理,还可以从光和声的量子特性得出声光布拉格衍射条件。光束可以看成是能量为 $\hbar\omega_i$、动量为 $\hbar k_i$ 的光子(粒子)流,其中 ω_i 和 k_i 为光波的角频率和波矢。同样,声波也可以看成是能量为 $\hbar\omega_s$、动量为 $\hbar k_s$ 的声子流,声光互作用可以看成光子和声子的一系列碰撞,每一次碰撞都导致一个入射光子 ω_i 和

一个声子 ω_s 的湮没,同时产生一个频率为 $\omega_d = \omega_i + \omega_s$ 的新(衍射)光子,这些新的衍射光子流沿着衍射方向传播。根据碰撞前后动量守恒原理,应有

$$\hbar \boldsymbol{k}_i \pm \hbar \boldsymbol{k}_s = \hbar \boldsymbol{k}_d$$

即

$$\boldsymbol{k}_i \pm \boldsymbol{k}_s = \boldsymbol{k}_d \tag{10-3-22}$$

同样,根据能量守恒,应有

$$\hbar \omega_i \pm \hbar \omega_s = \hbar \omega_d$$

即

$$\omega_i \pm \omega_s = \omega_d \tag{10-3-23}$$

其中:"+"表示吸收声子;"−"表示放出声子。它取决于光子和声子碰撞时 $\boldsymbol{k}_i$ 和 $\boldsymbol{k}_s$ 的相对方向。若衍射光子由碰撞中消失的光子和吸收的声子所产生,则公式中取"+"号,其频率为 $\omega_d = \omega_i + \omega_s$。若碰撞中由一个入射光子的消失同时产生一个声子和衍射光子,则公式中取"−"号,其频率为 $\omega_d = \omega_i - \omega_s$。

由于光波频率 ω_i 远远高于声波频率 ω_s,故由式(10-3-23)可近似地认为

$$\omega_d = \omega_i \pm \omega_s \approx \omega_i \tag{10-3-24}$$

并且

$$|\boldsymbol{k}_i| = |\boldsymbol{k}_d| \tag{10-3-25}$$

故布拉格衍射的波矢图为一等腰三角形,如图 10-3-5 所示。由图可直接导出 $\theta_i = \theta_d = \theta_B$,$\boldsymbol{k}_i \sin \theta_i + \boldsymbol{k}_d \sin \theta_d = 2\boldsymbol{k}_i \sin \theta_B = k$,于是有

$$\sin \theta_B = \frac{k_B}{2k_i} = \frac{\lambda}{2n\lambda_s} \tag{10-3-26}$$

式(10-3-26)称为布拉格条件,也就是前面所得到的布拉格方程。

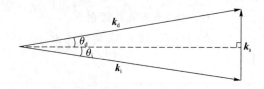

图 10-3-5   正常布拉格衍射波矢图

【实验步骤】

实验装置如图 10-3-6 所示,其结构与实验 10-2 中的图 10-2-3 主要部分类似。He-Ne 激光或倍频 YAG 激光通过声光调制器引起声光衍射产生各级衍射光,通过白屏观察衍射光斑。其实验步骤如下(参见附录 10-2 激光电源使用说明)。

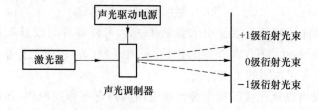

图 10-3-6   拉曼-奈斯声光衍射观测

(1)启动激光电源前,必须开启冷却水源。

（2）启动电源开关，电流数显表值为 6 A 左右，表示电源工作正常。

（3）启动工作按钮"OUT"，再启动按钮"HIV"，激光器进入预工作状态。

（4）启动 He-Ne 激光开关，向激光器提供指引光（红色）。

（5）反复调整使红色 He-Ne 激光通过 YAG 晶体棒的中心，可以用半透明的白纸贴于 YAG 晶体棒导管两端进行观察。

（6）调节全反射镜、1.06R/0.53T 镜片、KTP 晶体、0.53 半反射镜和声光 Q 开关，使反射红色光斑和入射光重合。

（7）调节电流旋钮使电流增加，使有绿光输出。

（8）用白纸在激光输出端观察，反复调整 1.06R/0.53T 镜片、KTP 晶体、0.53 半反射镜，使绿色激光光斑最圆，颜色最深。

（9）启动声光驱动器电源，观察 0.53 μm 波长激光 0 级、+1 级、−1 级衍射光斑。

（10）用 He-Ne 激光观察 0 级、+1 级、−1 级衍射光斑（注意两者的区别，实验报告中给出合理的解释）。

（11）测出一级衍射光的衍射角。

【实验仪器】

He-Ne 激光器	1 台	倍频晶体	1 个
全反射镜	1 个	部分反射镜	1 个
声光调制器	1 台	刻度尺	1 个
YAG 晶体	1 个	白屏	1 个
选通镜	1 个		

【注意事项】

（1）声光器件与声光电源输出端用配套的 50 Ω 同轴电缆线接上（不能随意改变电缆的长度，否则可能会产生高频不匹配，损坏器件或电源）。

（2）声光器件接通冷却水，必须保证在通电前和使用过程中水循环畅通，否则声光器件会发热损坏。

（3）调试时，"调制"开关拨到"内"位置，即声光调制器的高频驱动电源上的开关拨到内调制位置。调整声光器件的水平、高低和方位角，使激光衍射达到最大。

（4）关机前，先关断声光电源，最后关循环水。

（5）声光器件的通光面必须保持清洁：当通光面不清洁时，先用洗耳球吹，或用高级长绒脱脂棉蘸酒精和乙醚清洗（不能损伤表面）。

（6）严禁打开声光器件外壳。

参 考 文 献

［10-3-1］　蓝信钜.激光技术［M］.北京:科学出版社,2000.

实验 10-4　光子计数实验

弱光检测具有重要的实用意义，但当光强微弱到一定程度时，由于探测器本身的背景噪声（热噪声、散粒噪声等）给测量工作带来很大困难。此时光的量子特征开始变得突出起来，例如当光功率为10^{-17} W 时,光子通量约为 100 个光子/秒,这比光电倍增管本身的热噪声水平(10^{-14} W)要低得多。

单光子计数是目前测量弱光最灵敏的方法,单光子计数技术有望使量子极限信号达到最佳信噪比。本实验简要介绍其工作原理和测试方法。

【实验目的】

(1) 了解单光子计数系统的工作原理。

(2) 用光子计数器测量光量子起伏。

(3) 学习和运用该系统的计算机控制软件。

【实验原理】

量子光学原理表明,如果光子不是处于光子数态,光子数是随机变化的,例如,热光源的光子数分布为超泊松分布,相干态的光子数分布为泊松分布,那么在微弱光场情况下,可以明显观察到光子数的随机起伏。本实验用光子计数器测量发光二极管光源的光量子起伏。

光子计数器是利用弱光下光电倍增管输出电流信号自然离散的特征,采用脉冲高度甄别器和光子计数将淹没在背景噪声中的弱光信号提取出来。当弱光照射到光阴极时,每个入射光子以一定的概率(量子效率)使光阴极发射一个电子。这个光电子经倍增系统的倍增最后在阳极回路形成一个电流脉冲,通过负载电阻形成一个电压脉冲,这个脉冲称为单光子脉冲。除光电子脉冲外,还有各倍增极的热反射电子在阳极回路中形成的热反射噪声脉冲。由于热电子受倍增的次数比光电子少,因而它在阳极上形成的脉冲幅度较低。此外还有光阴极的热反射形成的脉冲。噪声脉冲和光电子脉冲的幅度分布如图 10-4-1 所示。脉冲幅度较小的主要是热反射噪声信号,而光阴极反射的电子(包括光电子和热反射电子)形成的脉冲幅度较大,出现"单光电子峰"。用脉冲幅度甄别器把幅度低于 V_h 的脉冲抑制掉,只让幅度高于 V_h 的脉冲通过就能实现单光子计数。

单光子计数器中使用的光电倍增管,其性能的好坏直接关系到光子计数器能否正常工作,故要求其光谱响应适合所用的工作波段,暗电流要小(它决定管子的探测灵敏度),响应速度及光阴极要稳定。

放大器的功能是把光电子脉冲和噪声脉冲线性放大,应有一定的增益,上升时间≤3 ns,放大器的通频带宽达 100 MHz,噪声小且有较宽的线性动态范围,经放大后的脉冲信号被送至脉冲幅度甄别器。单光子计数器的框图见图 10-4-2。

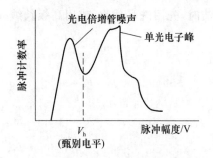

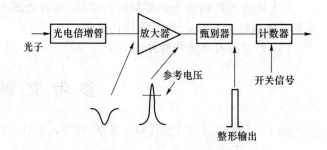

图 10-4-1　光电倍增管输出脉冲分布　　　　图 10-4-2　单光子计数器的框图

在脉冲幅度甄别器里设有一个连续可调的参考电压 V_h。如图 10-4-3 所示,当输入脉冲高度低于 V_h 时,甄别器无输出,只有高于 V_h 的脉冲,甄别器才能够输出一个标准脉冲。如果把甄别电平选在图 10-4-3 中的谷点所对应的脉冲高度上,就能去掉大部分噪声脉冲而只有光电子脉冲通过,从而提高信噪比。脉冲幅度甄别器应甄别电平稳定、灵敏度高、死时间小、建立时间短,并且脉冲对分辨率小于 10 ns,以保证不漏计。最终,甄别器输出经过整形的脉冲。

计数器的作用是在规定的测量时间间隔内将甄别器的输出脉冲累加计数。

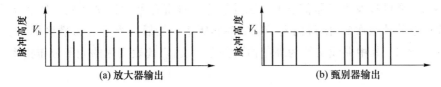

(a) 放大器输出　　　　　(b) 甄别器输出

图 10-4-3　甄别器工作示意图

【实验装置】

实验系统由单光子计数器、制冷系统、外光路、计算机控制软件等组成,主要分为光源、接收器、光路三大部分。

1. 光源

用高亮度发光二极管作光源,中心波长为 500 nm,半宽度为 30 nm。为提高入射光的单色性,仪器备有窄带滤光片,其半宽度为 18 nm。

2. 接收器

接收器采用 CR125 光电倍增管。实验时用半导体制冷器降低光电倍增管的工作温度,最低温度可达−20℃。

3. 光路

光路图如图 10-4-4 所示。为了减小杂散光的影响和降低背景计数,在光电倍增管前设置了一个光阑筒。

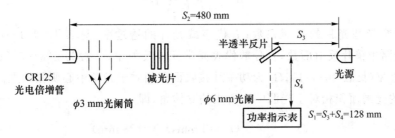

图 10-4-4　实验光路图

【实验步骤】

1. 仪器的准备与启动

(1) 接通电源后,检查接线是否正确,并按顺序依次打开仪器主机、制冷系统。

(2) 本系统备有减光片 3 组,窄带滤光片 1 块,参数如表 10-4-1 所示。

表 10-4-1　系统元件参数表

名　　称	透过率/%	反射率/%	备注
窄带滤波器	88	—	中心波长 500 nm
减光片 AB_2	2	—	—
减光片 AB_5	5	—	—
减光片 AB_{10}	10	—	—
半透半反镜	36	28	

（3）启动软件，执行桌面的快捷方式"GSZF 单光子计数器"即可启动控制处理系统。进入系统等待 5 s 后马上显示工作界面。工作界面主要由菜单栏、主工具栏、辅工具栏、工作区、状态栏、参数设置区以及寄存器信息提示区等组成。将寄存器中记录的光子数按出现的次数统计，再除以总的计数次数，便得到光子数出现的概率。然后以光子数为横坐标，概率为纵坐标，得到图 10-4-5。其中曲线实线为理论泊松分布曲线，点代表实际的光子分布概率。

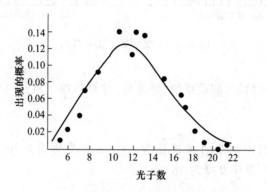

图 10-4-5　光子数分布概率图

2. 测量

（1）为了标定入射到光电倍增管上的光功率 P_0，先用光功率计测出入射光功率 P，并按下式计算：

$$P_0 = ATaK\frac{\Omega_2}{\Omega_1}P$$

其中：A 代表窄带滤光片的衰减系数；T 代表减光片的透过率（见表 10-4-1）；$a = N(1\% \sim 2\%)$，N 为光路中镜片反射面数，百分数代表光学元件反射率，一般为 $2\% \sim 5\%$；K 代表半透半反镜的透过率（见表 10-4-1）；Ω_1 为功率计接收面积相对于光源中心所张的立体角；Ω_2 为光电倍增管前的光阑面积相对于光源中心所张的立体角，即

$$\Omega_1 = \frac{\pi r_1^2}{S_1^2} \quad (r_1 = 3\ \text{mm}, S_1 = 128\ \text{mm})$$

$$\Omega_2 = \frac{\pi r_2^2}{S_2^2} \quad (r_2 = 1.5\ \text{mm}, S_2 = 480\ \text{mm})$$

$$\frac{\Omega_2}{\Omega_1} = \frac{\pi r_2^2}{480^2} \cdot \frac{128^2}{\pi r_1^2} = 0.018$$

（2）光子计数率 R_p 与入射光功率 P 的对应关系如下。

① 画出接收光信号的信噪比与接收光功率 P_0 的曲线，确定最小可监测功率（即探测灵敏度）。

② 测量几种入射光功率的光子计数率 R_p。

③ 接收光功率 P_0 可按下式计算：

$$P_0 = E_p\frac{R_p}{\eta}$$

其中：E_p 光子在 500 nm 处的能量，$E_p = h\nu = hc/\lambda$，其中 $c = 3 \times 10^8$ m/s 代表真空中光速；$h = 6.6 \times 10^{34}$ J·s 代表普朗克常数；$\lambda = 500$ nm（本实验）；$E_p = 4 \times 10^{-19}$ J；$\eta = 0.8$（光电倍增管对 500 nm 波段光子的量子效率）。

（3）测量光子数概率分布曲线。

将计数时间设定为 2 s，发光二极管的电流调到最小，测量 500 次。计算同样光子数出现的次数，并除以测量的总次数，得到该光子数的概率。以光子数为横坐标，概率为纵坐标，绘出光子数概率分布曲线，并与理论分布曲线比较，再计算光子数平均值和方差（计算理论分布曲线时，需要光子数平均值）对于泊松分布：

$$P_n = \frac{\bar{n}^{2n}}{n!} e^{\bar{n}^2}$$

对于超泊松分布

$$P_n = \frac{\bar{n}^n}{(1+\bar{n})^{1+n}}$$

其中：n 为光子数；$\bar{n} = \sum_n n p_n$ 为光子数平均值；$\Delta n = \dfrac{\sum\limits_n \sqrt{(n-\bar{n})^2}}{N}$ 为方差。

【注意事项】

测量中，尽量减小背景杂散光，并关闭窗帘和门窗，关闭照明日光灯。

【实验仪器】

单光子计数器、制冷系统、外光路、计算机控制软件等。

参 考 文 献

[10-4-1]　WALLS D F，MILLBURN G J. Quantum Optics. [M]. 2nd ed. Berlin：Springer Verlag，1995.

附录 现代光学实验装置及实验注意事项

　　现代光学实验将用到各种光路系统,不管这些光路系统如何复杂,它们实际都是由一些通用性强的光学元器件构成的(个别需要专用设备的实验除外),因此将一些常用的典型光学元器件集中在本附录中,使读者了解它们的结构和性能,以便能在安排实验光路系统时,正确选择合适的光学元器件,并在实验中能够正确地操作和使用。

　　概括说来,现代光学实验系统大体是由防震工作台、光源、各种光学元件和记录介质(或记录仪、记录器件)4部分组成的,下面分别予以简要介绍。

1. 防震工作台

　　在现代光学实验和测试系统中,常常需要精确的机械校准。在全息照相实验中,需要记录每毫米内千条甚至数千条的干涉条纹;利用高级的光学仪器,甚至有可能研究在纳米尺度上的现象,例如现行的相移光学干涉仪能够测量分辨率大约为1 nm的表面粗糙度;在半导体集成电路领域,研制亚微米线宽的元件常常需要对其制造过程实施必要的控制并进行精度优于50 nm的测量;等等。所有这些过程都要求工作台具有高度的稳定性,必须具有减震和隔震的功能。例如在全息记录期间,若物光和参考光两者的光程差(或位相差)有变化,就会影响两者干涉条纹的调制度V。通常要求该光程差的变化小于激光波长的十分之一。为此,在曝光过程中,必须尽力避免实验工作台的振动。振动主要来自地基的震动,例如实验室周围若有汽车经过、机器开动、人员走动、抽风机工作等都会引起地基的震动,这时如果工作台上光学系统元部件的机构有松动,就会把这种震动放大,所以全息照相实验的工作台都要有减震和隔震的措施。外部的震动源具有很宽的频率范围,对实验的影响主要是其中以实验工作台的固有振动频率振动的振幅峰值。因此,希望将实验台的固有振动频率降低到曝光时间的倒数值以下,以使全息记录中不包含上述峰值。

　　附图1表示光学实验台及其等效图。设其质量为M,气垫的柔量(Compliance)为k,则实验台和气垫组合系统的固有频率f_0可表示为

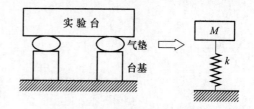

附图1　光学实验台及其等效图

$$f_0 = \frac{1}{2\pi\sqrt{Mk}} \tag{1}$$

显然,M和k的乘积越大,f_0就越小,这就要求重而惯性大的工作台。可以采用厚重的钢板或

砂箱加钢板作为工作台。由于软的气垫(例如汽车和飞机轮子的内胎)具有很好的减震和隔震作用,即使地基有震动时,台基向上碰击,工作台也不会发生振动。附图 2 表示一种商品防震工作台的工作性能,其自振频率介于 3～5 Hz 之间。该图中 3 条曲线分别对应于不同的台面重量(最下端一条曲线对应于更重的台面)。

防震工作台性能的优劣对实验成败举足轻重,切不可轻视。最好在实验前对防震工作台的稳定性能进行检测,办法是在工作台面上精心设置一个迈克耳孙干涉仪来估计其振动特性。如附图 3 所示,它包括激光器、分束镜 BS、两个平面反射镜 M_1 和 M_2、一个扩束镜 L。布置干涉仪时须注意将两路反射光束调准,使其在进入扩束镜之前能完全重合,并使干涉仪的两臂长相等。当干涉仪校准后,在观察屏上就会形成干涉条纹。这些条纹的变动情况即表示光学平台的隔震效果;条纹变动快表示不能有效地隔震;条纹变化缓慢则表示隔震效果良好。

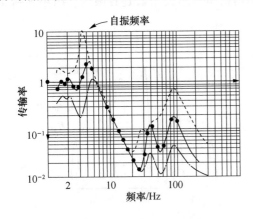

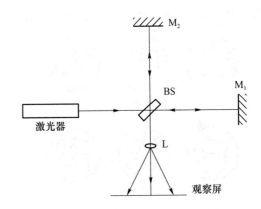

附图 2　一种商品防震台的性能　　　　附图 3　用迈克耳孙干涉仪估计工作台振动特性

除了应有一个有效的隔震系统外,还应仔细选择光学元件的安装支座。支座单薄会对气流高度敏感,甚至即使在最好的隔震系统下,它们也会使系统的光程发生变化。通常应选用磁性表座,使各光学元件牢牢地固定在防震工作台上。磁性表座的磁性吸力可达 30 kg,用磁性开关控制磁路的闭合或开启状态。

2. 光源

在现代光学实验中,大多采用单色性、方向性好的激光作光源。下面对这类光源的一些重要参数做一简要的介绍。

(1) 激光器的模式

激光器的模式有横模和纵模。通常提到激光器模式时,主要是指横模。激光器模式的好坏直接影响实验的成败和质量。横模直接影响空间相干性,在同一个横模中激光束波面的位相差是固定的。通常总是选择单横模输出,即基模 TEM_{00},其光强分布是高斯型的,可表示为

$$I(r) = I_0 e^{-2r^2/\omega^2} \tag{2}$$

其中:I_0 为光斑中心的光强;r 是波面上一点与光斑中心的距离;ω 是高斯光束的光斑半径,定义为在光束横截面内,光强下降到光斑中心光强 I_0 的 $1/e^2$ 时所对应的圆半径。若基模上叠加了其他高阶模,将破坏空间相干性,使干涉条纹对比度下降,甚至模糊不清,从而导致实验失败。检查激光器的横模有多种方法,最简便的是用肉眼直接观察经扩束的光斑,看其光强分布是否为平滑的高斯型分布。若是,则为基模;若出现对称的双瓣或多瓣光斑,则为多横模,如

附图 4 所示。

纵模影响激光器的时间相干性。由光腔共振条件有

$$L = m\frac{\lambda}{2} \tag{3}$$

其中：L 为腔长；m 是干涉级。考虑到 $\lambda = c/\nu$，则得

$$\nu = m\frac{c}{2L} \tag{4}$$

$$\Delta\nu = \frac{c}{2L} \tag{5}$$

式（4）中：ν 表示纵模频率，该式称为频率条件；$\Delta\nu$ 是纵模的频率间距。由于激光束的输出必须同时满足频率条件和振荡阈值条件，所以激光器输出的纵模个数是有限的。附图 5 所示的情况有 3 个纵模，图中 $\delta\nu$ 表示单模频宽。

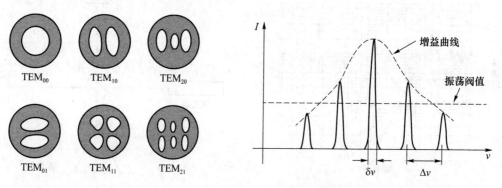

附图 4　激光器的模式　　　　附图 5　激光器输出的纵模个数举例

对于单纵模的激光输出，相干长度 L_c 由式（6）确定：

$$L_c = \frac{c}{\delta\nu} = \frac{\lambda^2}{\delta\lambda} \tag{6}$$

由此可见，相干长度只与频宽 $\delta\nu$ 有关。但单纵模的激光器管长很短，例如 He-Ne 激光器管长小于 10 cm 时才能是单纵模输出，因而功率很小。通常实验室用的激光器管长都在 1～1.5 m，都为多纵模输出。这时，在全息照相中，若取参、物光束比为 1，偏振方向相同的情况下，所记录的干涉条纹的调制度与光程差的关系如实验 2-5 中图 2-5-4 所示。由该图可见，在使参、物光的光程差为管长的偶数倍附近便可记录高质量的全息图。一般在多纵模情况下使用时，参、物光的光程差应控制在管长的 1/4 左右。

（2）激光的偏振方向

两个互相垂直的线偏振光之间不会产生干涉，所以在进行全息照相及干涉计量之类的实验时，必须考虑物光束与参考光束的偏振状态。当激光束的振动方向垂直于防震工作台面时，物光与参考光的振动方向相同，满足相干条件。如果激光束的振动方向平行于防震工作台面，那么当到达记录介质的两束光有夹角时，其振动方向就不再平行了。当夹角较小时，两光束还具有较大的振动方向相同的分量，这两个分量满足相干条件；当夹角超过一定值（大约 25°）时，相干性就很差了。

外腔式激光器由于使用了布儒斯特窗，输出的激光束是完全线偏振的。布儒斯特窗必须向上或向下，以保证输出光的振动方向垂直于防震工作台面，如附图 6 所示。图中 i_B 为布儒

斯特角。

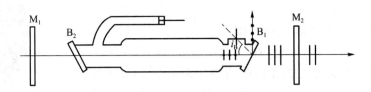

附图 6　布儒斯特窗

内腔式激光器不加布儒斯特窗,光束的偏振方向是随机的,并且相邻的两个纵模的振动方向是互相垂直的,不再存在优势方向。使用时应在激光器的输出处加上一块偏振片,只让垂直于台面振动的光束通过。这样虽然损失了一部分激光功率,但保证了两束光振动方向的平行性,以满足相干条件。

（3）激光器的输出功率

激光器在正常使用过程中输出功率常常会下降,其原因很多。当激光器点燃后,由于腔内温度升高,谐振腔的腔长发生变化会引起模式的变化。因此激光器点燃后要稳定半小时再使用。若室内防尘条件差,激光器置放时间长了,室内尘埃会污染布儒斯特窗和反射镜,也会使激光输出功率下降,这时要用脱脂棉球蘸上体积比为 1:1 的乙醇和乙醚混合液轻轻擦拭窗口,用吹气球清除反射镜上的灰尘。夏天室内空气潮湿,易使谐振腔的胶合件脱胶,发生漏气,致使激光器的功率大幅度下降。当发现激光器的毛细管颜色发蓝时,表示激光器内的氖气已全部漏掉,故激光器长期不使用时,要定期点燃激光器,以排除室内潮湿空气对激光器的影响。剧烈振动或操作不小心碰动了外腔式激光器的调节螺钉,功率也会下降。这时应在功率计监视下,通过微调螺钉把功率调到额定值。

附表 1 列出了几种在实验室中常用的激光器,供读者参考。

附表 1　几种实验室常用的激光器

名　称	输出波长/nm	输出功率/mW	输出方式	激光管长度/m
He-Ne 激光器	632.8	10～100	连续	1.0～2.0
He-Cd 激光器	441.6,325.0	10～150	连续	1.0～2.0
Ar$^+$ 激光器	457.9,488.0,514.5	1～10×10^3	连续	0.5～2.0
Kr$^+$ 激光器	476.2,568.1,647.1	1～5×10^3	连续	0.5～2.0
红宝石激光器	694.3	200 mJ～2 J(能量)	脉冲	1.0～2.0

3. 各种光学元件

（1）电子快门

电子快门用于控制光路的开启和关闭,在全息照相及干涉计量实验中即用于控制曝光时间,定时量程一般为 0.1～999.9 s,还设有 T 门(常开)、B 门(手控开关)等按钮。

（2）分束镜

分束镜是用于将一束光分成两束光(例如全息照相中的物光和参考光)的半透半反玻璃片,通过在玻璃片上镀多层介质膜和金属膜而制成。它可以做成条状的,也可以是圆形的。附图 7 为条状分束镜的照片,分光后两路光强之比称为分束比。分束比可以是连续可调的,也可以是阶跃变化(分级可调)的,以使两束光的光强比控制在适当的范围。以全息照相实验为例,由于一张全息图能重现从弱到强物点亮度的全部变化,物光动态范围较大,为了产生预定的偏置曝光量,都要使参考光强度大于物光强度。特别是在拍摄三维物体时,如果物光过强,就容易产生每对物点之间在记录底片上所形成的有害干涉条纹,称为调制噪声。为了减小调制噪声,在记录全息图时,要求参考光比物体上任意点到达记录平面上的光强都强,对于透射式全息图记录,介质表面处参、物光强比保持在 2:1～6:1 为宜。还需要注意的是,在使用时最好用未镀膜的那个玻璃表面分光。

附图 7 条状分束镜照片

(3) 针孔滤波器

针孔滤波器又称空间滤波器,用于消除由激光中的散射和反射所引起的杂光波,由针孔和显微镜物镜组成,其原理光路如附图 8 所示。让细激光束通过一个焦距短、放大倍数高的显微物镜聚焦再扩束。由于光束扩得很大,故一些小的尘埃或光学元件缺陷所引起的衍射光,将以同心干涉环的形式在扩展光束的不同位置产生大大小小的衍射图样(对应于光束的较高空间频率成分)。这种光学噪声是极其讨厌的,它可能使全息图重现像或干涉条纹图样的观察和分析变得困难。为了消除这种噪声,可在激光束的聚焦点处安置一个针孔,只让所希望的基本上在零空间频率附近的光波频谱通过,而挡掉高频率的衍射光。

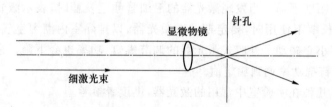

附图 8 空间滤波器原理

针孔的尺寸可以按下面的方法来估算:由于针孔是放在扩束镜后焦点处的,其孔径应等于后焦面上衍射中心的艾里斑直径。根据圆孔的夫琅禾费衍射,艾里斑半径为

$$r_0 = 1.22 \frac{\lambda f}{d} \tag{7}$$

其中:f 为扩束镜的焦距;d 为扩束镜上激光束的实际通光孔径。激光束的能量为高斯型分布,由于高斯光束的束腰宽度决定了激光束存在一个平均发散角,这一发散角将使聚焦光斑的面积增大,因此,通常滤波孔半径应按式(8)计算:

$$r_0 = 2 \frac{\lambda f}{d} \tag{8}$$

例如,设 $d = 1.5 \text{ mm}$,$f = 5 \text{ mm}$,$\lambda = 0.6328 \text{ μm}$,则 $r_0 = 4.2 \text{ μm}$,即针孔的直径为 8.4 μm。实际上,为了不使光能损失太多,通常采用直径为 15～30 μm 的针孔滤波器。由于针孔的直径非常小,故必须应用能进行精密调节且机械上稳定的夹具,将它准确地安置在扩束镜的焦点上。其实际结构如附图 9 所示。

(4) 傅里叶变换透镜

傅里叶变换透镜是光学信息处理系统中最常用的基本部件。一般由两个傅里叶变换透镜串联构成相干光学信息处理系统,典型的如图 7-3-2 所示。根据透镜的傅里叶变换性质,当物体置于透镜的前焦面上时,在其后焦面上将获得物体的傅里叶变换频谱。对于这种透镜,首先要求能很好地消除焦平面像差,即要求前焦面上不同点源发射的光经透镜以后,都能变成平行光;不同方向的平行光经透镜后都能很好地聚焦于后焦面上。由于在信息处理中,该类透镜兼有频谱分析和成像两方面的作用,故同时要求傅里叶变换透镜既能消除焦平面像差,又能对特定的一对物像共轭面校正像差。当它被用于白光信息处理系统中时,还应具有消除焦平面色差的良好性能。因此一个傅里叶变换透镜由多个镜片胶合而成。

(a) 实物照片　　　　　　　(b) 带有可调底座的空间滤波器

附图 9　空间滤波器的实际结构

傅里叶变换透镜的相对孔径一般不大,在 1/3～1/10 左右,待处理的图片线度(视场)约为透镜孔径的一半为宜。

（5）多维调节架

在现代光学实验装置中,各光学元件的机械调节是十分重要的。各元件均应和 5 维调节架配合使用。这种 5 维调节架具有平移(x、y 方向)、高度升降(z 方向)、旋转(θ)、俯仰(φ)等 5 个方位独立调节的功能。

（6）其他辅助元件

这里包括载物台、升降台、毛玻璃、白屏、孔屏、光阑、可调方位干板架、实时冲洗架等。其中实时冲洗架用于对干板就地实时显影、定影处理,这在全息干涉计量中的实时法、特征识别中匹配滤波器的制作等实验中都要用到。白屏、毛玻璃用作成像屏,光阑、孔屏在光路调整中做等高测试或限制光束范围时使用。

4. 记录介质

在现代光学实验中所用的记录介质主要分为两类:普通照相胶片和全息记录介质。普通照相胶片常用于制作实验用的目标,以便将输入物或数据馈送到光学信息处理系统中,也可用于记录输出结果。全息记录介质主要用于记录全息图和干涉图样,也可用于制作光学信息处理系统中的目标和滤波器。常用的全息记录介质有卤化银乳胶、重铬酸盐明胶、光致抗蚀剂、光致聚合物、光导热塑料和光折变晶体等。下面以最常用的卤化银乳胶为例,介绍全息记录介质的基本性质。

（1）灵敏度

灵敏度是指记录介质接受光的作用后,其反应的灵敏程度,通常用曝光量 $E(=It)$ 的倒数 $1/E$ 来标志记录介质的灵敏度,其中 I 为曝光强度,t 为曝光时间。底片的感光过程是一种光化学作用,光子的能量与光波波长有关,波长越长,光子的能量越小。因此,每一种记录介质都有一个波长的红限,当光波长大于红限时对该记录介质不能起光化学作用。另外,每一种记录介质都有它自己的吸收带,只有在吸收带内的波长方能起光化学作用。这就是各种记录介质对光谱灵敏度不同的原因。

（2）衍射效率

衍射效率定义为全息图衍射成像的光通量与重现用照明光的总光通量之比。衍射效率不仅与记录介质性质有关,还与全息图的类型和条纹的调制度有关。当参、物光束比取为1∶1时,条纹调制度最大,这时衍射效率也可达到最大。但因物光常伴有散斑噪声(空间位相噪声)和调制噪声,故常采用降低物、参光强比的办法来提高信噪比,这里是以牺牲衍射效率为代价的。一般说来,位相型记录介质和位相型全息图的衍射效率较振幅型的高。附表2列出了各种全息图衍射效率的理论值,以供比较参考。

附表2　各种全息图衍射效率的理论值

全息图类型	平面透射型				体积透射型		体积反射型	
调制方式	余弦振幅	矩形振幅	余弦位相	矩形位相	余弦振幅	余弦位相	余弦振幅	余弦位相
衍射效率/%	6.3	10.1	33.9	40.4	3.7	100	7.2	100

（3）分辨率

记录介质的分辨率是指它在曝光时所能记录的最高空间频率,其单位是线/毫米(Cy/mm)。记录介质的颗粒越细,则其分辨率越高,衍射效率也越高,噪声越小,但其灵敏度变低。普通照相底片的分辨率大约为200线/毫米。对于全息底片而言,因为是记录物光波与参考光波的干涉条纹,故对其分辨率的要求较高。例如美国依尔福(Ilford)公司生产的一种超细微粒卤化银乳胶全息底片,其分辨率高达7 000线/毫米。

记录全息图时对底片分辨率的要求与参、物光束间的夹角有关,这可由全息图所形成的条纹光栅满足的关系式导出:

$$2d\sin(\theta/2)=\lambda \tag{9}$$

其中:θ为参、物光束间的夹角。附表3、附表4给出了用对称光路记录透射全息图时,参、物光束间最大夹角对记录介质分辨率的要求。

附表3　透射全息图对记录介质分辨率的要求(一)

参、物光束最大夹角		30°	60°	90°	120°	150°	180°
分辨率 Cy/mm	$\lambda=632.8$ nm	>818	>1 580	>2 235	>2 740	>3 053	>3 160
	$\lambda=514.5$ mm	>1 006	>1 944	>2 749	>3 366	>3 755	>3 887

附表4　透射全息图对记录介质分辨率的要求(二)

参、物光束最大夹角		25°	30°	36°	40°	45°	50°
分辨率 Cy/mm	$\lambda=457.9$ nm	>945	>1 130	>1 350	>1 494	>1 670	>1 846
	$\lambda=441.6$ mm	>980	>1 172	>1 400	>1 550	>1 733	>1 914

（4）特性曲线

人们常用两条曲线来表明全息照相底片的特性。一条是$D\sim\lg E$曲线(或称$H\sim D$曲线),表示光密度(底片经显影、定影后单位面积的含银量)与曝光量对数之间的关系,如附图10所示。其中:AB段是线性曝光区,是底片通常应用的工作区;BC段称为灰雾区段,表示曝光量不足;*AD* 段是过度曝光区段。线性曝光区的斜率称为底片的 γ 值,即 $\gamma=\tan \alpha=\Delta D/\Delta \lg E$,$\Delta \lg E$ 表示线性工作区范围,叫宽容度。γ 值大表示当曝光量有较小改变时,就可以引起光密度较大的改变,这种底片称为高反差底片;γ 值小则表示与上述相反,相应地称为低反差底片。值得注意的是,特性曲线是要在显影、定影等化学处理后才能形成。所以,一张经曝光、显影和定影处理的底片,其实际的 γ 值不仅与乳胶类型有关,还与显影液的配方和显影时间有关。对全息照相来讲,希望底片的宽容度较大,γ 值也要大,灰雾值要小。当然得考虑具体情况。

另一条用来描述全息底片特性的曲线是 $\tau \sim E$ 曲线,如附图 11 所示,其中横轴代表曝光量,纵轴代表振幅透过率,曲线中央部分代表底片的线性工作区。从图中看出,底片的反差越高,则曲线越陡。

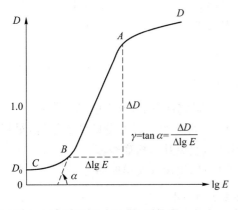

附图 10　$D \sim \lg E$ 曲线

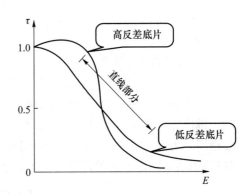

附图 11　$\tau \sim E$ 曲线

（5）底片的处理过程

超微粒卤化银乳胶是将微粒度小到 $0.03 \sim 0.08~\mu m$ 的卤化银混合在明胶中,再加上适量的补加剂(包括坚膜剂、增感剂和稳定剂等),均匀涂布在平面度很好的玻璃片基上而成。

国产卤化银乳胶的处理过程一般是:

$$曝光 \rightarrow 显影 \rightarrow 定影 \rightarrow 漂白 \rightarrow 烘干$$

底片曝光时,卤化银晶粒吸收光能量,发生光化学作用而变成银斑,称为显影中心。

显影就是将已曝光的底片进行化学处理,在处理过程中,由于单个细小的显影中心的存在,会促使整个卤化银晶粒变成金属银沉积下来。而不含显影中心的晶粒则不发生这样的变化。显影过程是处理的重点,从技术上讲,应根据不同的显影液配方和稀释程度,在一定的温度下,控制一个适当的显影时间,以求达到理想的特性曲线。这通常靠经验来进行。

定影也是一种化学处理过程,其目的是清洗掉剩余的卤化银晶粒而留下金属银,防止未感光的晶粒以后再变质成为金属银。金属银粒在可见光频段是不透明的,因此,经显影、定影后干板的不透明度,将取决于其上各区域中的银粒统计分布密度(光密度)。这样得到的全息图即是振幅型全息图。

漂白是用氧化剂〔例如氯化汞 $HgCl_2$、重铬酸铵 $(NH_4)_2Cr_2O_7$ 和溴化铜 $CuBr_2$ 等〕将金属银还原为透明的银盐,其结果是使全息图上曝光部分的明胶折射率不同,从而使上述振幅型全息图变成位相型全息图。

下面列出最常用的显影液、定影液和漂白液配方,供读者做全息照相实验时参考。

①D19 显影液配方　　　　　　②F5 定影液配方

蒸馏水(45℃)	600 ml	蒸馏水(45℃)	600 ml
米吐尔	2 g	硫代硫酸钠	240 g
无水亚硫酸钠	90 g	无水亚硫酸钠	15 g
对苯二酚	8 g	冰醋酸	13.5 ml
无水碳酸钠	48 g	硼酸(结晶)	7.5 g
溴化钾	5 g	钾矾	15 g
加水至	1 000 ml	加水至	1 000 ml

③漂白液配方

A 液：　　　　　　　　　　　B 液：

蒸馏水	1 000 ml	蒸馏水	1 000 ml
重铬酸铵	3 g	溴化钾	92 g
浓硫酸	5 ml		

然后 A、B 液按 1:1 混合。

在上述各种溶液的配制和使用过程中应注意下列问题：

(1) 药品按配方的顺序称量放入烧杯中，必须一种药品溶解后再放入第二种药品。

(2) 底片每次从显影液、定影液或漂白液中取出后，都必须经过充分的清水漂洗，最后烘干才能使用。处理过程中，应使干板的乳胶面保持朝上，避免其与槽底摩擦。

最后，附表 5 列出了几种市售卤化银全息底片的信息，供读者实验时参考。

附表 5　几种市售卤化银全息底片

型　号	底片种类	乳胶厚度 /μm	颗粒直径 /nm	分辨率 (Cy/mm)	灵敏波长 /nm	适用波长 /nm	曝光量 (μy/cm²)
天津Ⅰ型	玻璃/胶片	7~8	60	3 000	633	530~700	30
天津Ⅱ型	玻璃/胶片	7~8	60	2 800	694	520~760	38/80
天津Ⅲ型	玻璃/胶片	7~8	60	3 000	514	400~560	20~30/7
Agfa 8E75HD	玻璃/胶片	7	30~37	5 000	633/694	600~750	20~40/10~20
Agfa 8E56HD	玻璃/胶片	7	30~37	5 000	400/550	<570	30~60/20~40

5. 光路布置与调整

最后讨论光路布置与调整的有关问题。仍以全息照相光路为例予以说明。

布置光路时应注意下列问题。

(1) 从分束镜到记录平面中心，参与干涉的物光和参考光两者的光程对记录物体的中心部位应保持相等。

(2) 物光和参考光两者的夹角应与记录介质的分辨率相适应，如附表 3 所示。

(3) 干板架尽可能放在光学实验台的边缘附近，便于在暗室中安放或取下全息干板。

(4) 激光束与实验台面平行，高度适中，保证所有光学元件的光轴都在同一水平线上。

(5) 安置扩束镜(不加针孔)时，应使其射出的光斑中心与激光束的中心重合；使用准直镜时，应在激光束未扩束前使透镜中心的位置与激光束中心重合，办法是观察透镜两表面反射的一系列光点是否位于同一条直线上(该直线应与入射的细激光束重合)。

(6) 各光学元件的机械性能要稳定，并用磁性表座把它们与实验台面固紧。

6. 激光防护

由于激光的功率密度大,亮度高,在调整光路和实验过程中,都要特别注意激光对人眼存在的潜在危险。绝对不可用眼睛直视细激光束,不要使细激光束指向任何人的眼部附近。对于不可见的红外激光,实验者更应了解实验的光路布局,并避免自己的头部处于激光束高度所在的水平面内。还要注意避免二次光(包括反射光、折射光和漫反射光)对人眼的伤害。不可以在有激光照射的情况下移动任何反射镜、透镜和能量计探头等。因此在操作前应认真检查实验台上所有光学元件的位置,一切不必要的镜面物体以及任何带闪亮表面的物体都应远离光路。调整反射镜时,不要让激光束向四处反射,更不允许将激光束瞄准任何人体、动物、车辆、门窗和天空等,以免伤害他人。对于由此带来的对目的物的伤害,操作者负有法律责任。最后,不得在未停机或未确认储能元件均已放电完毕的情况下,检修激光设备,避免造成电击伤害。

参 考 文 献

[1] 王仕璠.信息光学理论与应用[M].4 版.北京:北京邮电大学出版社,2020.